高等职业教育
自动化类专业系列教材

可编程控制器应用技术

（西门子S7-1200）

曾绍平　于梦琦　刘海涛　主　编
刘毅龙　田宝莲　严　飞　副主编
祝红芳　主　审

化学工业出版社

·北京·

内容简介

本书依据高职高专教学要求和办学特点，采用"产教融合、多元互动"以及教、学、做、评、用一体的信息化教学模式编写，突出PLC的实际应用。本书结合工程实际案例，主要介绍了西门子S7-1200系列PLC的编程及应用技术。全书包括六个项目：认识西门子S7-1200 PLC、S7-1200 PLC基本指令应用、S7-1200 PLC顺序控制指令应用、S7-1200 PLC功能指令应用、S7-1200 PLC通信及工艺指令应用、S7-1200 PLC综合设计。书中项目二～项目六包含若干个任务，按照任务驱动、实践主导、能力拓展、教学做一体的思路进行介绍。本书深入贯彻党的二十大精神和理念，落实立德树人的根本任务，将传统文化、理想信念、职业道德等思政元素融入项目，以期达到润物无声的育人效果。

本书还配备有省级精品课程等教学资源，读者通过扫描书中二维码可以获得相关的数字资源。

本书可作为各类职业院校机电一体化技术、工业机器人技术、电气自动化技术及相关自动化类专业的教材，也可作为相关工程技术人员的参考书。

图书在版编目（CIP）数据

可编程控制器应用技术 ：西门子S7-1200 / 曾绍平，于梦琦，刘海涛主编. -- 北京 ：化学工业出版社，2025. 6. --（高等职业教育自动化类专业系列教材）.

ISBN 978-7-122-48065-1

Ⅰ．TP332.3

中国国家版本馆CIP数据核字第202595FW10号

责任编辑：葛瑞祎　　　　　　文字编辑：王　硕
责任校对：宋　夏　　　　　　装帧设计：张　辉

出版发行：化学工业出版社
　　　　　（北京市东城区青年湖南街13号　邮政编码100011）
印　　装：北京云浩印刷有限责任公司
787mm×1092mm　1/16　印张15½　字数346千字
2025年10月北京第1版第1次印刷

购书咨询：010-64518888　　　　　售后服务：010-64518899
网　　址：http://www.cip.com.cn
凡购买本书，如有缺损质量问题，本社销售中心负责调换。

定　　价：49.00元　　　　　　　　版权所有　违者必究

前言

根据高职高专人才培养方案，结合高职高专的教学改革和课程改革要求，相关院校专业教师将多年的教学实践经验进行梳理和总结，联合行业企业专家共同编写了本书。本书重点介绍西门子 S7-1200 系列 PLC 的工作原理和应用技术，以体现学科专业新进展、行业发展新动态，反映新知识、新技术、新工艺和新规范。

本书共有六个项目，主要内容包括：认识西门子 S7-1200 PLC、S7-1200 PLC 基本指令应用、S7-1200 PLC 顺序控制指令应用、S7-1200 PLC 功能指令应用、S7-1200 PLC 通信及工艺指令应用、S7-1200 PLC 综合设计。从项目二开始，本书从实际工业控制的具体案例中提炼出十六个工作任务，每个任务都包含任务导入和分析、相关知识、任务实施、知识拓展、任务评价，在任务实施中有 I/O 设备的选择、I/O 接线图、程序设计及调试等内容，力求使"教、学、做、练"紧密结合。本书在内容上注重精选素材、结合实际、突出应用、融入思政，力求简明扼要、图文并茂、通俗易懂，便于教学和自学。本书非常适合作为高职高专院校电类、机电类相关专业的教材，也可作为工程技术人员学习 PLC 的参考书。

本书为读者免费提供立体化的教学资源，读者可以到化工教育网站 http://www.cipedu.com.cn 免费下载使用。本书还配有丰富的课程数字资源，读者可以登录"学银在线"后搜索"可编程控制器技术　祝红芳"，或进入"学习通"客户端，新建课程时在示范教学包中查找"可编程控制器技术"。

本书由江西工业职业技术学院曾绍平、内蒙古化工职业技术学院于梦琦、绿萌科技股份有限公司刘海涛任主编，江西工业职业技术学院刘毅龙、江西工业职业技术学院田宝莲、南通职业大学严飞任副主编，江西工业职业技术学院熊媛、锡林郭勒职业学院姚宇参编。项目一由曾绍平、熊媛编写，项目二由刘毅龙编写，项目三由于梦琦、刘海涛编写，项目四由刘毅龙、于梦琦编写，项目五由刘毅龙、刘海涛、姚宇编写，项目六由田宝莲编写，附录 A、附录 B 及附录 C 由严飞编写。

本书由曾绍平组织统稿，由江西工业职业技术学院教授祝红芳担任主审。

由于编者的水平和经验有限，书中难免有不妥之处，敬请广大读者予以批评指正。

编者

目 录

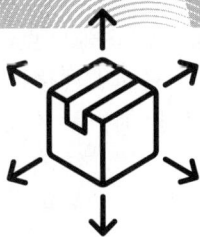

项目一
认识西门子
S7-1200 PLC

可编程控制器（PLC）是一种工业控制计算机，它是集计算机技术、自动控制技术和通信技术于一体的新型自动控制装置。由于其性能优越，已被广泛地应用于工业控制的各个领域。本项目主要介绍 PLC 的产生与发展过程、特点和分类，并介绍 PLC 的系统组成和工作原理，最后重点介绍西门子 S7-1200 系列 PLC 的基础知识。

📄 笔记

课程导读

知识点一　PLC 基础

◇ **知识目标**

了解 PLC 的基本概念；
了解 PLC 的特点和应用；
熟悉 PLC 的分类；
掌握 PLC 的硬件系统组成及各部件的作用。

◇ **能力目标**

能简述 PLC 的发展趋势；
能叙述继电接触器控制与 PLC 控制的主要区别。

◇ **素质目标**

培养爱国主义精神，树立以知识报国的高尚情操；
培养积极的人生观，对人生目的、意义、价值、信念有正确认识。

一、PLC 的产生和发展

1. PLC 的产生

在 PLC 被广泛应用之前，工业生产自动化控制领域中继电接触器控制系统占

📄 笔记

据着主导地位。继电接触器控制系统具有结构简单、易于掌握、价格便宜等优点，但是，这类控制装置的体积大、动作速度较慢、功能少，尤其是由于它靠硬件接线构成系统，接线繁杂，当生产工艺或控制对象改变时，原有的接线和控制柜就必须进行相应的改变或更换，而且这种变动工作量大、工期长、费用高。可见，继电接触器控制系统的通用性和灵活性差，它只适用于工作模式固定、控制要求较简单的场合。

随着工业生产的迅速发展，市场竞争越来越激烈，工业产品更新换代的周期日趋缩短，新产品不断涌现，传统的继电接触器控制系统难以满足现代社会小批量、多品种、低成本、高质量生产方式的生产控制要求，因此，迫切需要一种更可靠、通用、依靠用户程序实现逻辑控制的新型自动控制装置来取代继电接触器控制系统。

1968 年，美国最大的汽车制造商——通用汽车公司（GM）为了适应汽车型号不断翻新的要求，提出了这样的设想：将计算机的功能完善、通用灵活等优点与继电接触器控制简单易懂、操作方便、价格低廉等优点结合起来，将继电接触器控制的硬接线逻辑转变为计算机的软件逻辑编程，制造一种新型的通用控制装置取代生产线上的继电接触器控制系统。为此，GM 提出了 10 条要求，向制造商公开招标。新型的控制装置要达到以下 10 条要求：

① 编程简单，可在现场修改程序；

② 维修方便，最好是插件式结构；

③ 可靠性高于继电器控制装置；

④ 体积小于继电器控制装置；

⑤ 数据可直接送入管理计算机；

⑥ 成本可与继电器控制装置竞争；

⑦ 输入可为市电；

⑧ 输出可为市电，负载电流要求 2A 以上，能直接驱动电磁阀、接触器等负载元件；

⑨ 通用灵活，易于扩展，扩展时原系统只需很小变更；

⑩ 用户程序存储器容量至少能扩展到 4KB。

1969 年，美国数字设备公司（DEC）根据以上设想和要求研制出世界上第一台可编程控制器，型号为 PDP-14，并在通用汽车公司的自动装配线上试用成功。随后，日本、西德、法国等国家相继开发出各自的可编程控制器。我国从 1974 年开始研制可编程控制器，1977 年开始工业应用。限于当时的元器件条件及计算机发展水平，早期的可编程控制器主要由分立元件和中小规模集成电路组成，可以完成简单的逻辑控制及定时、计数功能，此时的控制装置为微机技术和继电器常规控制概念相结合的产物，所以将该控制装置称为可编程逻辑控制器（programmable logic controller），简称 PLC。

随着微电子技术和大规模集成电路的发展，20 世纪 70 年代后期，微处理器被应用到 PLC 中，从而极大扩展了其功能，不仅能进行开关量逻辑控制，还具有模拟量控制、数据处理、网络通信等多种功能，并且体积大大缩小，PLC 成了真正具有计算机特征的工业控制装置并步入了实用化发展阶段。这种采用了微处理器技术的 PLC 于 1980 年由美国电气制造商协会正式命名为可编程控制器（programmable controller），简称 PC。国际电工委员会（IEC）对可编程控制器的定义做了多次修改，于 1987 年 2 月颁布了第三稿并将其定义为：可编程控制器是一种数字运算操作的电子系统，专为在工业环境下应用而设计。它采用可编程序的存储器，用来在其内部存储执行逻辑运算、顺序控制、定时、计数和算术运算等操作的指令，并通过数字式、模拟式的输入和输出，控制各种类型的机械或生产过程。可编程控制器及其有关设备，都应按易于与工业控制器系统连成一个整体、易于扩充其功能的原则设计。

由于可编程控制器的缩写 PC 容易与个人计算机（personal computer）的简称 PC 相混淆，故人们通常仍把可编程控制器简称为 PLC。本书中，将用 PLC 来指代可编程控制器。

2. PLC 的发展

PLC 问世以来，其发展极为迅速，由最初的一位机发展为 8 位机，再到后来采用了 16 位、32 位、64 位微处理器，并可同时进行多任务操作，其技术已经相当成熟。

目前，世界上有 PLC 生产商 200 多家（国内 PLC 生产商有 30 多家，但尚未形成规模），比较著名的有：美国的 A-B 公司、通用电气公司，日本的三菱、松下电工、欧姆龙，德国的西门子，法国的施耐德等。生产的可编程控制器品种繁多，产品的更新换代也极快。PLC 的结构不断改进，功能日益增强，性能价格比越来越高。展望未来，PLC 在规模和功能上正朝着两个方向发展，大型 PLC 不断向大容量、高速度、多功能的方向发展，使之能取代工业控制微机，对大规模复杂系统进行综合性的自动控制；另一方面，小型 PLC 向超小型、简易、廉价方向发展，使之能真正完全取代最小的继电接触器系统，适应单机、数控机床和工业机器人等领域的控制要求。另外，不断增强 PLC 的联网通信功能，便于分散控制与集中管理的实现；大力开发智能 I/O（输入 / 输出）模块，极大地增强 PLC 的过程控制能力，提高它的适应性和可靠性；不断使 PLC 的编程语言与编程工具向标准化和高级化发展。

二、PLC 的特点和应用

1. PLC 的主要特点

（1）可靠性高

这是用户选择控制装置的首要条件。由于 PLC 是专为工业控制设计的，在设计和制造过程中采取了诸如屏蔽、隔离、滤波、联锁等安全保护措施，有效地抑制了外部干扰、防止误动作。另外，PLC 是以集成电路为基本元件的电子设备，内部处理过程不依赖机械触点，故障率大大降低。此外，PLC 自带硬件故障检测功能，出现故障时可及时发出报警信息。在应用软件方面，应用者可以编入外围器件的故障自诊断程序，使系统中除 PLC 以外的电路及设备也获得故障自诊断保护。这样，整个 PLC 系统具有极高的可靠性。

笔记

PLC 应用

（2）使用方便，通用性强

PLC 控制系统的构成简单，使用方便。PLC 的输入和输出设备与继电接触器控制系统类似，但它们可以直接连在 PLC 的 I/O 端。如：只需将产生输入信号的设备（按钮、开关等）与 PLC 的输入端子连接；将接收输出信号的被控设备（接触器、电磁阀等）与 PLC 的输出端子连接，仅用螺钉旋具就可完成全部的接线工作。

PLC 的通用性强。PLC 用程序代替了继电接触器控制中的硬接线，其控制功能是通过软件来完成的，当控制要求改变时一般可主要通过修改软件程序来满足新的要求，而不必改变或少量改变 PLC 的硬件设备。可见，PLC 具有极好的通用性。

（3）功能完善，组合方便

现代的 PLC 几乎能满足工业控制领域的所有需要。PLC 的产品已经标准化、系列化和模块化，不仅具有逻辑运算、定时、计数、步进等功能，而且还能完成 A/D、D/A 转换，以及数字运算和数据处理、通信联网、生产过程控制等。PLC 产品具有各种扩展单元，它能根据实际需要，方便地适应各种工业控制中不同输入、输出点数及不同输入、输出方式的系统：既可用于开关量控制，又可用于模拟量控制；既可控制单机、一条生产线，又可控制一个机群、多条生产线；既可用于现场控制，又可用于远程控制。

（4）编程简单，维护方便

目前 PLC 的编程语言中梯形图应用最广。梯形图编程沿用了继电接触器控制线路中的一些图形符号和定义，十分直观清晰，对于熟悉继电接触器控制系统的人员来说极易掌握。

PLC 具有完善的故障检测、自诊断等功能。一旦发生故障，能及时地查出自身故障并通过 PLC 机上各种发光二极管报警显示，使操作人员能迅速地检查、判断、排除故障。PLC 还具有较强的在线编程能力，使用与维护非常方便。

（5）体积小、重量轻、功耗低

由于 PLC 采用了大规模集成电路，因此整个产品结构紧凑、体积小、重量轻、功耗低，可以很方便地将其装入机械设备内部，对于实现机电一体化是一种较理想的控制设备。

2. PLC 的应用

自世界上第一台 PLC 诞生至今，PLC 技术得到了迅猛发展，获得了极其广泛的应用。早期的 PLC 仅仅用于取代继电接触器控制，而现在可以说，凡有控制系统存在的地方就有 PLC。PLC 的应用领域几乎覆盖了机械、冶金、矿山、石油化工、轻工、电力、建筑、交通运输等各行各业，PLC 成为工业自动化领域中最重要、应用最多的控制设备。

按 PLC 的控制类型，其应用可分为以下几个方面。

（1）开关量控制

这是 PLC 最基本、应用最广泛的方面。用 PLC 取代继电器控制和顺序控制器控制，在单机控制、群机控制和自动生产线控制方面都有很多成功的应用实例。例如：机床电气控制，纺织机械、注塑机、包装机械、食品机械的控制，汽车、轧钢自动生产线的控制，家用电器（电视机、电冰箱等）自动装配线的控制，电梯、皮带运输机的控制，等等。

（2）模拟量控制

PLC 通过模拟量 I/O 模块，可以实现模拟量和数字量之间的转换，并对温度、压力、速度、流量等连续变化的模拟量进行控制。具有 PID 闭环控制功能的 PLC，可用于闭环系统的过程控制、位置控制和速度控制等。如典型的闭环过程控制有锅炉运行控制、连轧机的速度和位置控制等。

（3）运动控制

PLC 可以用于圆周运动或直线运动的控制。从控制机构配置来说，PLC 早期直接用于开关量 I/O 模块连接位置传感器和执行机构，现在一般使用专用的运动控制模块。如可驱动步进电机或伺服电机的单轴或多轴位置控制模块。在机械加工行业，PLC 与计算机数控（CNC）紧密结合，实现对机床的运动控制，最典型的如数控机床。世界上各主要 PLC 厂家的产品几乎都有运动控制功能，广泛用于各种机床、机器人、电梯等场合。

（4）数据处理

现代 PLC 具有数学运算（含矩阵运算、函数运算、逻辑运算）、数据传送、数据转换、排序、查表、位操作等功能，可以完成数据的采集、分析及处理。这些数据可以与存储在存储器中的参考值比较，完成一定的控制操作，也可以利用通信功能传送到别的智能装置，或将它们打印制表。数据处理一般用于大型控制系统，如无人控制的柔性制造系统；也可用于过程控制系统，如造纸、冶金、食品工业中的一些大型控制系统。

（5）通信和联网

高功能性的 PLC 具有较强的通信联网功能，可实现 PLC 与 PLC 之间、PLC 与上位计算机或其他智能设备间的通信，从而可形成多层分布式控制系统或工厂自动化网络。通常采用多台 PLC 分散控制，由上位计算机集中管理。

三、PLC 的分类

PLC 的产品繁多，各厂家生产的型号、规格和性能也各不相同，通常可按以下几种情况分类。

（1）按产地分类

按产地分类可分为日韩、欧美、中国等。其中日韩系列具有代表性的为三菱、欧姆龙、松下、LG 等；欧美系列具有代表性的为西门子、A-B、通用电气等；中国系列具有代表性的为合利时、浙江中控、台达等。

（2）按 I/O 点分类

按 I/O 点数分类可分为小型机、中型机及大型机等。小型机 I/O 点数一般 < 256

📝笔记

点，如西门子 S7-200 SMART、S7-1200，三菱 FX3U 系列等。中型机 I/O 点数一般为 256 ～ 2048 点，如西门子 S7-300 系列、罗克韦尔 AB 系列的 Compact 等。大型机 I/O 点数一般＞ 2048 点，具有代表性的为西门子 S7-1500、S7-400 系列，通用电气公司的 GE- Ⅳ系列等。

小型机、中型机及大型机的差别不仅体现在 I/O 端子数量上，更体现在功能上。小型 PLC 具有逻辑运算、定时、计数、移位以及自诊断、监控等基本功能，还可有少量模拟量输入 / 输出、算术运算、数据传送和比较、通信等功能，主要用于逻辑控制、顺序控制或少量模拟量控制的单机控制系统。中型 PLC 除具有低档 PLC（小型机）的功能外，还具有较强的模拟量输入 / 输出、算术运算、数据传送和比较、数制转换、远程 I/O、子程序、PID 控制、通信联网等功能，适用于复杂控制系统。大型 PLC 除具有中档机（中型机）的功能外，还增加了带符号算术运算、矩阵运算、位逻辑运算、平方根运算及其他特殊功能函数的运算，以及制表及表格传送功能等。高档 PLC 机具有更强的通信联网功能，可用于大规模过程控制或构成分布式网络控制系统，实现工厂自动化。

（3）按结构分类

按结构分类主要可分为整体式和模块式。

整体式 PLC。将组成 PLC 的各个部分（CPU、存储器、I/O 部件等）集中于一体，安装在少数几块印刷电路板上，并连同电源一起装配在一个机壳内形成一个整体，这个整体通常称为主机或基本单元。这种结构具有简单紧凑、体积小、重量轻、价格低等优点，易于安装在工业设备的内部，适合于单机控制。一般小型和超小型 PLC 采用整体式结构。

模块式 PLC。将 PLC 划分为相对独立的几部分并制成标准尺寸的插件式模块，主要有 CPU 模块、输入模块、输出模块、电源模块等，然后用搭积木的方式将其组装在一个电源机架内。PLC 厂家备有不同槽数的机架供用户选用。用户可根据需要进行方便灵活的组合，构成不同功能的 PLC 控制系统。这种结构的 PLC 配置灵活、装配和维修方便、功能易于扩展，缺点是结构复杂、价格较高。一般大、中型 PLC 采用模块式结构。

还有一些 PLC 将整体式和模块式的特点结合起来，构成所谓叠装式 PLC。

四、PLC 的系统组成

PLC 实质上是一台工业控制专用计算机，因此，它的组成与微型计算机基本相同，也是由硬件系统和软件系统两大部分组成。

1. PLC 的硬件系统

图 1-1 为 PLC 的硬件系统简化框图。PLC 的基本单元主要由微处理器［中央处理器（CPU）的一种形式］、存储器、输入和输出（I/O）模块、电源模块、通信及编程接口（即外部设备 I/O 接口）、I/O 扩展接口以及编程器等部分组成。

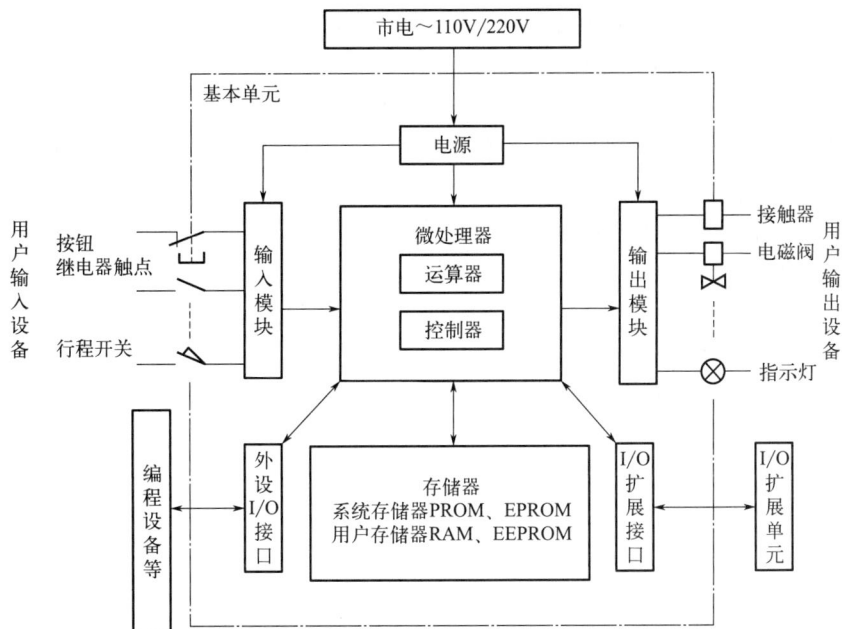

图1-1　PLC硬件系统简化框图

（1）微处理器

微处理器是整个 PLC 控制的核心，它指挥、协调整个 PLC 的工作。它主要由控制器、运算器、寄存器等组成，其中：控制器控制微处理器的工作，由它读取指令、解释指令及执行指令；运算器用于进行数字或逻辑运算，在控制器指挥下工作；寄存器参与运算，并存储运算的中间结果，它也是在控制器指挥下工作。微处理器的主要功能为：

① 接收并存贮从编程器输入的用户程序和数据；

② 用循环扫描的方式采集由现场输入设备送来的状态信号或数据，并存入规定的寄存器中；

③ 诊断电源和 PLC 内部电路的工作状态和编程过程中的语法错误等；

④ PLC 进入运行后，从用户程序存储器中逐条读取指令，经分析后再按指令规定的任务产生相应的控制信号，去指挥有关的控制电路；

⑤ 响应各种外围设备（如编程器、打印机等）的请求。

（2）存储器

存储器是 PLC 记忆或暂存数据的部件，用来存放系统程序、用户程序、逻辑变量及其他一些信息。常用的存储器类型如下。

① 随机读写存储器（RAM）：易失性存储器，电源中断后存储信息丢失，但工作速度高，价格便宜。

② 只读存储器（ROM）：非易失性存储器，电源中断后依然保存存储信息，通常用来保存 PLC 的操作系统。

③ 可编程只读存储器（PROM）：非易失性存储器，它的存储内容由用户用编程器一次性写入，不能再改变。

④ 紫外线可擦除可编程只读存储器（EPROM）：非易失性存储器，它的存储内容由用户用编程器写入，可以在紫外线灯照射下擦除，再重新写入。

⑤ 电可擦除可编程只读存储器（EEPROM）：非易失性存储器，可以用编程设备对它编程，写入新内容时原来的数据自动清除，用来存放用户程序和断电时需要保存的重要数据。

⑥ 快闪存储器（FEPROM）：非易失性存储器，特点与 EEPROM 相似。

PLC 的存储器分为系统存储器和用户存储器。

① 系统存储器用来存放系统程序，一般采用 PROM 或 EPROM。系统程序由 PLC 生产厂家编写并固化在只读存储器内，使 PLC 具有基本的智能，主要由系统管理（负责系统的运行管理、存储空间管理、系统自诊断管理等）、指令解释、标准程序及系统调用等程序组成。

② 用户存储器用来存放用户编制的控制程序和数据，采用 RAM 和 EEPROM。为了使断电后 RAM 存放的用户程序和数据信息不丢失，可以用锂电池作为备用电源，用于失电时保持 RAM 中的内容。现在大部分的 PLC 已经不用锂电池而改用大电容来完成临时的掉电保护功能。对于重要的用户程序和数据，则存储到 EEPROM 中。

（3）I/O 模块

I/O 模块（I/O 接口）是 PLC 与现场用户输入、输出设备之间联系的桥梁。

PLC 的输入模块用以接收和采集外部设备各类输入信号（如按钮、各种开关、继电器触点等送来的开关量；电位器、测速发电机、传感器等送来的模拟量），并将其转换成 PLC 能接收和处理的数据。

PLC 的输出模块则是将 PLC 内部的标准信号转换成外部设备所需要的控制信号去驱动控制元件（如接触器、指示灯、电磁阀、调节阀、调速装置等）。

PLC 提供多种用途和功能的 I/O 模块，供用户根据具体情况来选择。如开关量 I/O、模拟量 I/O、I/O 电平转换、电气隔离、A/D 或 D/A 变换、串/并行变换、数据传送、高速计数器、远程 I/O 控制等模块。其中开关量 I/O 模块是 PLC 中最基本、最常用的接口模块，在图 1-1 中绘出的就是这种 I/O 模块。

为了提高 PLC 的抗干扰能力，一般的 I/O 模块都有光电隔离装置。在数字量输入模块中广泛采用滤波电路和由发光二极管和光电三极管组成的光电耦合器；在数字量输出模块中广泛采用电气隔离技术；在模拟量 I/O 模块通常采用隔离放大器。

（4）电源模块

电源是整机的能源供给中心。PLC 系统的电源分内部电源和外部电源。PLC 内部配有开关式稳压电源模块，它为 PLC 的微处理器、存储器等电路提供 5V、±12V、24V 等直流电源。内部电源具有很高的抗干扰能力，性能稳定、安全可靠。小型 PLC 的内部电源往往和 CPU 单元合为一体，大中型 PLC 都有专用的电源模块。

PLC 的外部工作电源一般使用 220V 交流电源或 24V 直流电源。另外，用于传送现场信号或驱动现场负载的电源通常由用户另备，叫用户电源。

（5）外部设备 I/O 接口

PLC 的外部设备主要有编程器、计算机、EPROM 写入器（用于将用户程序写入到 EPROM 中）、打印机、触摸屏等。外部设备 I/O 接口是在主机外壳上与外部设备配接的插座，其作用就是将这些外部设备与 PLC 相连。某些 PLC 可以通过通信接口与其他 PLC 或上位计算机连接，以实现通信网络功能。

（6）I/O 扩展接口

当用户的输入、输出设备所需的 I/O 点数超过了主机（基本单元）的 I/O 点数或 PLC 控制系统需要进行特殊功能控制时，就需要用 I/O 扩展接口进行扩展。I/O 扩展接口用于将 I/O 点扩展单元或特殊功能模块与基本单元相连，它使得 PLC 的配置更加灵活以满足不同控制系统的需求。

（7）编程器

编程器是对用户程序进行编辑、输入、调试，通过其键盘去调用和显示 PLC 内部的一些状态和系统参数以实现监控功能的设备。它是 PLC 最重要的外围设备，是 PLC 不可缺少的一部分。它通过接口与 CPU 联系，完成人机对话。一般只是在要输入用户程序和检修时使用编程器，故一台编程器可供多台 PLC 共同使用。

编程器一般分为简易型和智能型两类。简易型编程器需要联机工作，且只能输入和编辑语句表程序，但它由 PLC 提供电源，体积小，价格低。智能型编程器，既可联机又可脱机编程，既可用语句表编程又可用梯形图编程，使用起来方便直观，但价格较高。

目前，许多 PLC 都用微型计算机作为编程工具，只要配上相应的硬件接口和软件包，就可以使用梯形图、语句表等多种编程语言进行编程。计算机功能强、显示屏幕大，使程序输入和调试以及系统状态的监控更加方便和直观。

2. PLC 的软件系统

PLC 的软件是指 PLC 工作所使用的各种程序的集合，它包括系统软件和应用软件两大部分。系统软件决定了 PLC 的基本智能，应用软件则规定了 PLC 的具体工作。

（1）系统软件

系统软件又叫系统程序，是由 PLC 生产厂家编制的用来管理、协调 PLC 的各部分工作，充分发挥 PLC 的硬件功能，方便用户使用的通用程序。系统软件通常被固化在 EPROM 中，与机器的其他硬件一起提供给用户。系统程序赋予了 PLC 各种各样的功能，包括 PLC 的自身管理及执行用户程序完成各种工作任务。通常系统程序有以下功能：

① 系统配置登记和初始化：不同的控制对象、不同的控制过程，其 PLC 控制系统的配置各不相同。系统程序在 PLC 上电或复位时首先对各模块进行登记、分配地址，做初始化，为系统管理及运行工作做好准备。

② 系统自诊断：对 CPU、存储器、电源、输入及输出模块进行故障诊断测试，若发现异常则停止执行用户程序、显示故障代码，等待处理。

③ 命令识别与处理：操作人员通过键盘操作对 PLC 发出各种工作指令，系统程序不断地监视、接收每一个操作指令并加以解释，然后按指令去完成相应操作，并显示结果。

笔记

④ 编译程序：用户编写的工作程序送入 PLC 后，首先要由系统编译程序对其进行翻译，变成 CPU 可以识别执行的指令码程序后，才被存入用户程序存储器。同时还要对用户输入的程序进行语法检查，发现错误及时提示。

⑤ 标准程序模块及系统调用：厂家为方便用户，常提供一些各自能完成不同功能的独立程序模块，如输入、输出、运算等。PLC 的各种具体工作都是由这部分程序来完成的，这部分程序的多少决定了 PLC 性能的强弱。用户需要时按调用条件进行调用即可。

（2）应用软件

应用软件又叫用户程序，是用户根据实际系统控制需要用 PLC 的编程语言编写的。同一厂家生产的同一型号 PLC，其系统软件是相同的，但不同用户，在用于不同的控制对象、解决不同的问题时所编写的用户程序则是不同的。

硬件系统和软件系统组成了一个完整的 PLC 系统，它们相辅相成，缺一不可。没有软件支持的 PLC 只是一台裸机，不起任何作用；反之，没有硬件支持，软件也就无立足之地，程序根本无法执行。

知识点二　西门子 S7-1200 PLC 简介

◇ 知识目标

掌握 S7-1200 PLC 硬件结构；
了解 S7-1200 PLC CPU 模块、信号板、信号模块的特征。

◇ 能力目标

能简述西门子 S7-1200 系列 PLC 产品的主要亮点；
能归纳 S7-1200 系列 PLC 五种主机的主要技术数据。

◇ 素质目标

培养集体主义价值观，弘扬中华传统美德，将个人价值和社会价值有机结合起来；
培养专业素养，能够积极主动地更新和拓展自己的专业知识。

1200 PLC 硬件组成

德国西门子（Siemens）公司生产的 PLC 具有世界领先水平，其 PLC 稳定、可靠且故障率低，它将先进的控制思想、现代通信技术和 IT 技术的最新发展集于一身，在 CPU 运算速度、程序执行效率、故障自诊断、联网通信等方面取得了业界公认的成就。西门子的 PLC 性价比高，占据了很大的市场份额，在我国得到了广泛的应用。

S7-1200 PLC 是小型机，主要由 CPU 模块、信号板、信号模块、通信模块及编程软件组成。各种硬件模块如图 1-2 所示。

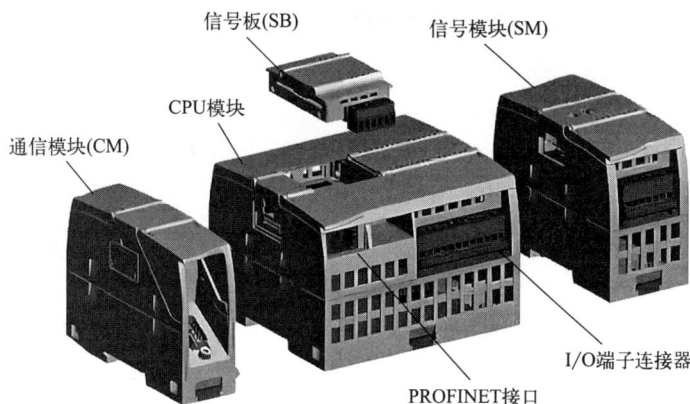

图 1-2　S7-1200 PLC 硬件

随着新的 SIMATIC S7-1200 紧凑型控制器模块的引进，在小型 PLC 市场上，西门子满足了客户对更高性能、更大内存和灵活通信的需求，在一个更广泛的范围内为客户提供应用方案。S7-1200 产品有如下亮点。

（1）可扩展性强、灵活度高的设计

信号模块：最大的 CPU 最多可连接八个信号模块，以便支持其他数字量和模拟量 I/O。

信号板：可将一个信号板连接至所有的 CPU，让用户通过在控制器上添加数字量或模拟量 I/O 来自定义 CPU，同时不影响其实际大小。SIMATIC S7-1200 提供的模块化概念可让用户设计控制器系统，以完全满足应用的需求。

（2）多种内存

为用户程序和用户数据之间的浮动边界提供多达 50KB 的集成工作内存。同时提供多达 2MB 的集成加载内存和 2KB 的集成记忆内存。可选的 SIMATIC 存储卡可轻松转移程序供多个 CPU 使用。该存储卡也可用于存储其他文件或更新控制器系统固件。

（3）集成的 PROFINET 接口

集成的 PROFINET 接口用于进行编程以及 HMI（人机界面）和 PLC-to-PLC 通信。另外，该接口支持使用开放以太网协议的第三方设备。该接口具有自动纠错功能的 RJ45 连接器，并提供 10 或 100Mbit/s 的数据传输速率。它支持多达 16 个以太网连接以及以下协议：TCP/IP native、ISO on TCP 和 S7 通信。

（4）SIMATIC S7–1200 的集成技术

SIMATIC S7-1200 具有用于计算和测量、闭环回路控制和运动控制的集成技术，是一个功能非常强大的系统，可以实现多种类型的自动化任务。

① 用于速度、位置或占空比控制的高速输出。

SIMATIC S7-1200 控制器集成了两个高速输出，可用作脉冲序列输出或调谐脉冲宽度的输出。当作为 PTO 进行组态时，以高达 100kHz 的速度提供 50% 的占空比脉冲序列，用于控制步进电机和伺服驱动器的开环回路速度和位置。使用其中两个高速计数器在内部提供对脉冲序列输出的反馈。当作为 PWM（脉冲宽度调制）输出进行组态时，将提供带有可变占空比的固定周期数输出，用于控制电机的速度、阀门的位置或发热组件的占空比。

② PLCopen 运动功能块。

SIMATIC S7-1200 支持控制步进电机和伺服驱动器的开环回路速度和位置。使用轴技术对象和国际认可的 PLCopen 运动功能块，在工程组态 SIMATIC STEP 7 Basic 中可轻松组态该功能。除了"home"和"jog"功能，也支持绝对移动、相对移动和速度移动。

驱动调试控制面板：工程组态 SIMATIC STEP 7 Basic 中随附的驱动调试控制面板，简化了步进电机和伺服驱动器的启动和调试操作。它提供了单个运动轴的自动控制和手动控制，以及在线诊断信息。

③ 用于闭环回路控制的 PID 功能。

SIMATIC S7-1200 最多可支持 16 个 PID 控制回路，用于简单的过程控制应用。借助 PID 控制器技术对象和工程组态 SIMATIC STEP 7 Basic 中提供的支持编辑器，可轻松组态这些控制回路。另外，SIMATIC S7-1200 支持 PID 自动调整功能，可自动为增益、积分时间和微分时间计算最佳调整值。

PID 调试控制面板：SIMATIC STEP 7 Basic 中随附的 PID 调试控制面板，简化了回路调整过程。它为单个控制回路提供了自动调整和手动控制功能，同时为调整过程提供了图形化的趋势视图。

一、S7-1200 CPU 模块

CPU 模块将微处理器、集成电源、输入和输出电路、内置 PROFINET、高速运动控制 I/O 以及板载模拟量输入组合到一个设计紧凑的外壳中来形成功能强大的控制器。每种 CPU 模块都可以内嵌一块信号板，安装后不改变 CPU 的外形和体积，为控制器增加数字量或模拟量输入 / 输出通道。

SIMATIC S7-1200 PLC 的外形如图 1-3 所示。

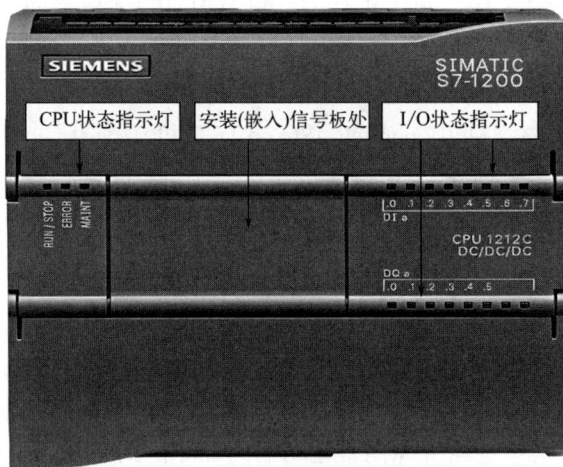

图 1-3　S7-1200 PLC 的外形

SIMATIC S7-1200 系统有五种不同 CPU 模块，分别为 CPU 1211C、CPU 1212C、CPU 1214C、CPU 1215C 和 CPU 1217C。其中的每一种模块都可以进行扩展，以完全满足客户的系统需要。可在任何 CPU 的前方嵌入一个信号板，轻松扩展数字或模拟量 I/O，同时不影响控制器的实际大小。可将信号模块连接至 CPU 的右侧，进一步扩展数字量或模拟量 I/O 容量。所有的 SIMATIC S7-1200 CPU 控制器的左侧均可连接多达 3 个通信模块，便于实现端到端的串行通信。

S7-1200 CPU 主要技术数据如表 1-1 所示。每种 CPU 的供电电源额定电压、输入电压、输出电压、输出电流，如表 1-2 所示。外部接线图如图 1-4 和图 1-5 所示。型号中的 DC/DC/DC、DC/DC/Relay 和 AC/DC/Relay（Relay 也写作 RLY）的含义如下。

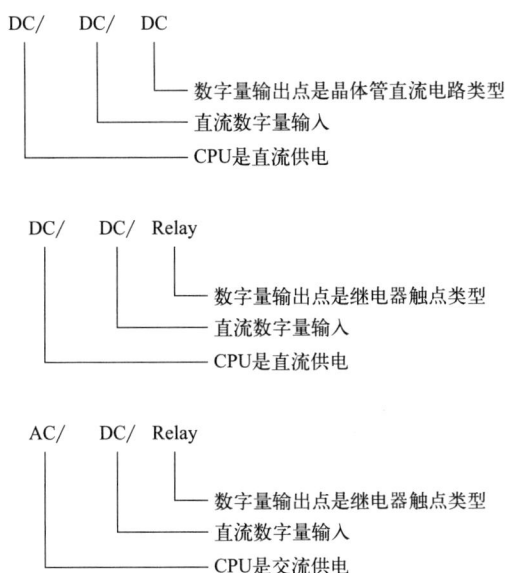

DC/ DC/ DC
      └─ 数字量输出点是晶体管直流电路类型
    └─ 直流数字量输入
  └─ CPU 是直流供电

DC/ DC/ Relay
      └─ 数字量输出点是继电器触点类型
    └─ 直流数字量输入
  └─ CPU 是直流供电

AC/ DC/ Relay
      └─ 数字量输出点是继电器触点类型
    └─ 直流数字量输入
  └─ CPU 是交流供电

表 1-1　S7-1200 CPU 主要技术数据

技术数据项目	CPU 1211C	CPU 1212C	CPU 1214C	CPU 1215C	CPU 1217C
主机数字量 I/O 点数	6 入 /4 出	8 入 /6 出	14 入 /10 出	14 入 /10 出	14 入 /10 出
主机模拟量 I/O 点数	2 入	2 入	2 入	2 入 /2 出	2 入 /2 出
信号模块扩展个数	不可扩展	2	8	8	8
最大本地数字量 I/O 点数	14	82	284	284	284
最大本地模拟量 I/O 点数	13	19	67	69	69
工作存储器 / 装载存储器容量	50KB/1MB	75KB/2MB	100KB/4MB	125KB/4MB	150KB/4MB
上升沿 / 下降沿中断点数	6/8	8/8	12/12	12/12	12/12
脉冲捕获输入点数	6	8	14	14	14
传感器电源输出电流 /mA	300	300	400	400	400
实时时钟保持时间	40℃时，典型 10 天，最低 6 天				
数学运算执行速度	2.3μs/ 条（指令）				
布尔运算执行速度	0.08μs/ 条（指令）				

表 1-2　S7-1200 CPU 三种型号参数

CPU 型号	电源额定电压	DI 输入电压	DQ 输出电压	DQ 输出电流
DC/DC/DC	DC 24V 容错：DC 20.4～28.8V	DC 24V	DC 24V	0.5A，MOSFET
DC/DC/Relay	DC 24V 容错：DC 20.4～28.8V	DC 24V	DC 5～30 V，AC 5～250V	2A，DC 30W/AC 200W
AC/DC/Relay	AC 120V/230V 容错：AC 85～264V	DC 24V	DC 5～30 V，AC 5～250V	2A，DC 30W/AC 200W

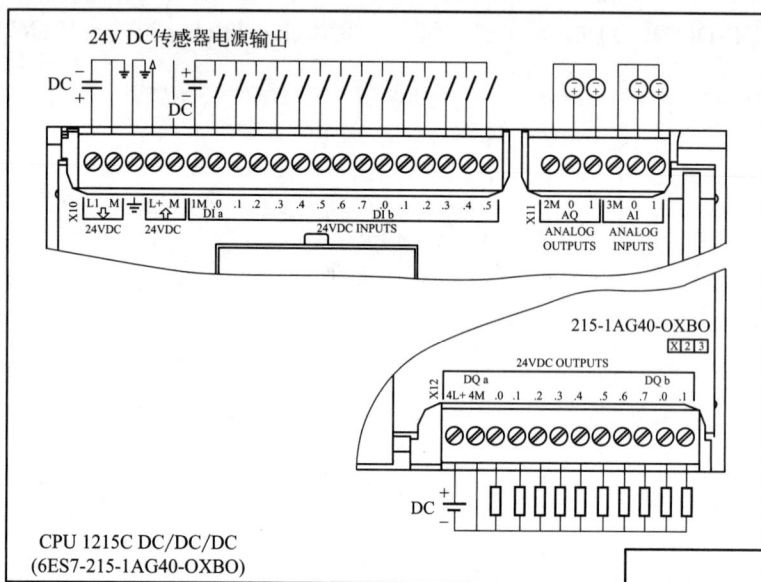

图 1-4　CPU 1215C DC/DC/DC 外部接线图

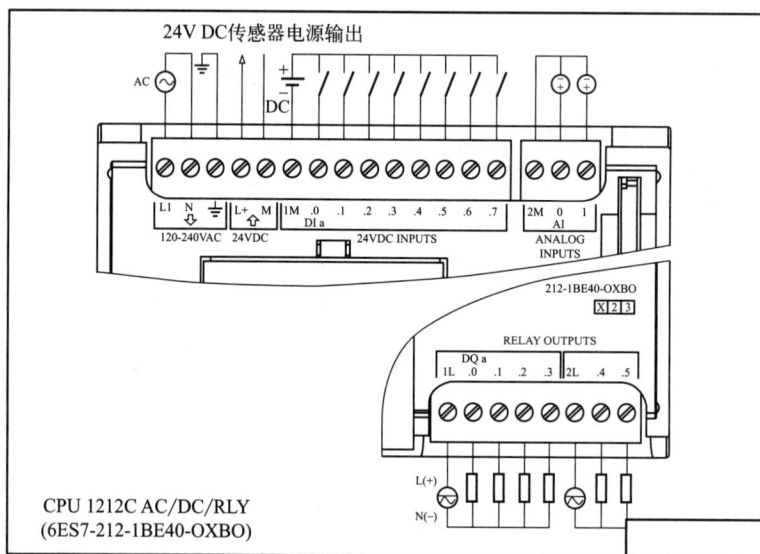

图 1-5　CPU 1212C AC/DC/RLY 外部接线图

二、S7-1200 信号板

S7-1200 CPU 支持一个插入式扩展板，即信号板 SB（signal board），可以为 CPU 增加输入和输出。信号板被嵌入在 CPU 的前端，安装后不会改变 CPU 的外形和体积。信号板有 8 种型号：一点模拟量输出信号板、两点数字量输入 / 输出信号板，以及 6 种 200kHz 的数字量输入 / 输出信号板。两点数字量输入 / 输出信号板的外形如图 1-6 所示。

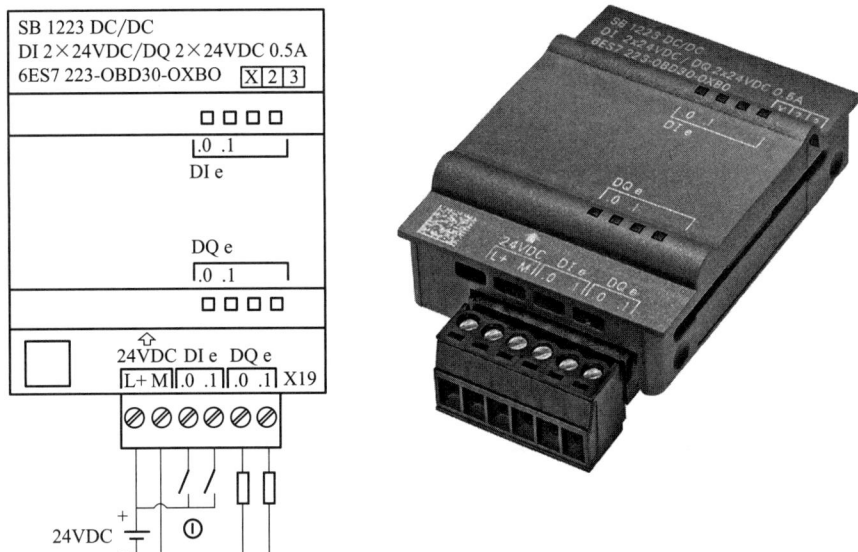

图 1-6　信号板的外形

三、S7-1200 信号模块

信号模块（简称 SM）就是 I/O 模块，它安装在 CPU 模块的右边，如图 1-7 所示。它用于进一步扩展数字量或模拟量 I/O 容量，具体分为：数字量输入模块（DI），数字量输出模块（DQ），模拟量输入模块（AI），模拟量输出模块（AQ）。部分信号模块的型号及扩展点数如表 1-3 所示。

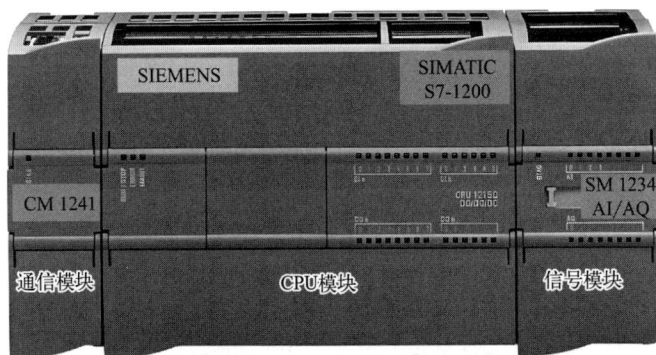

图 1-7　S7-1200 PLC 硬件连接示意图

表 1-3　S7-1200 信号模块

模块类型	模块型号	输入数量	输出数量
数字量输入扩展模块	SM 1221 DI 8×24V DC	8 点	
	SM 1221 DI 16×24V DC	16 点	
数字量继电器输出扩展模块	SM 1222 DQ 8× 继电器		8 点
	SM 1222 DQ16× 继电器		16 点
数字量直流输出扩展模块	SM 1222 DQ16×24V DC		16 点
数字量 输入 / 输出扩展模块	SM 1223 DI 16×24V DC，DQ16×DC24V	16 点	16 点
	SM 1223 DI 16×24V DC，DQ16× 继电器	16 点	16 点
模拟量输入扩展模块	SM 1231 AI 4×13 位	4 路	
模拟量热电偶输入扩展模块	EM 1231 AI 4×16 位 TC	4 路	
	EM 1231 AI 4×RTD×16 位	4 路	
模拟量输出扩展模块	SM 1232 AQ 2×14 位		2 路
模拟量输入 / 输出扩展模块	SM 1234 AI 4×13 位 /AQ 2×14 位	4 路	2 路

注：TC 是热电偶（thermocouple）的缩写；RTD 是电阻式温度传感器（resistance temperature detector）的缩写。

四、S7-1200 通信模块

通信模块（CM）可以增加 CPU 的通信选项，可以使用点对点通信模块、PROFIBUS 模块、工业远程通信模块、AS-I 接口模块和 IO-Link 模块。通信模块连接在 CPU 的左边，最多能连接 3 块。

知识点三　西门子 S7-1200 PLC 的程序结构和工作原理

◇ 知识目标

掌握 S7-1200 PLC 的程序结构；
掌握 S7-1200 PLC 三种工作模式；
掌握 S7-1200 CPU 的工作原理。

◇ 能力目标

能简述 S7-1200 PLC 在启动模式下 CPU 依次执行的任务；
能分析归纳 S7-1200 PLC 在运行模式下的扫描过程。

◇ **素质目标**

忠于职守，热爱工作，敬重职业；
培养强烈的责任感，形成迎难而上、不畏艰苦的品格。

一、S7-1200 PLC 的程序结构

S7-1200 PLC 采用模块化方式编程，就是将程序分解成独立的、自成体系的块，它具有类似于子程序的功能，但类型更多、功能更强大。S7-1200 PLC 采用块结构，可以大大地增强 PLC 程序的组织透明性、易理解性和易维护性。表 1-4 列出了 S7-1200 PLC 用户程序中的块。

表 1-4 S7-1200 PLC 用户程序中的块

块的名称		描述
组织块（OB）		操作系统与用户程序之间的接口，用户可以对组织块编程
功能块（FB）		用户编写的包含经常使用的功能的子程序，有专用的背景数据块
功能（FC）		用户编写的包含经常使用的功能的子程序，无专用的背景数据块
数据块（DB）	背景数据块	用于存储功能块输入参数、输出参数、输入输出参数和静态参数，其数据在编译时自动生成
	全局数据块	存储用户数据，供所有程序使用

1. 组织块

组织块（OB）充当操作系统和用户程序之间的接口。用户可以对 OB 编程，以此明确定义 CPU 的响应行为。组织块由操作系统调用，用于处理程序循环执行、启动行为、中断驱动程序的运行及错误处理，对应有程序循环 OB、启动 OB、中断 OB。

（1）程序循环 OB

程序循环 OB 是程序中较高层的程序块，可以调用其他块。OB1 是用户程序中的主程序，在 CPU 处于 RUN 模式时循环执行。程序循环事件发生后，CPU 会依次（按编号顺序）执行其他程序循环 OB。

（2）启动 OB

启动事件在运行模式从 STOP 切换到 RUN 模式时发生一次，并触发 CPU 执行启动 OB，它用来初始化程序中的变量，之后运行程序循环 OB。

（3）中断 OB

中断 OB 用来对内部或外部事件做出快速响应，一旦出现中断事件，就将执行中断 OB。中断 OB 主要包含下面几种。

① 延时中断 OB：将延时中断事件组态为在经过一个指定的延时后发生。延迟时间可通过 SRT_DINT 指令分配。延时事件将中断程序循环以执行相应的延时中

笔记

断 OB。注意，只能将一个延时中断 OB 连接到一个延时事件。CPU 支持四个延时事件。

② 循环中断 OB：在特定的时间段执行中断循环程序，创建循环中断 OB 时即可组态初始周期时间。

③ 硬件中断 OB：在发生相关硬件事件时执行。硬件中断 OB 将中断正常的循环程序执行来响应硬件事件信号，事件在硬件属性中定义。

④ 时间错误中断 OB：如已组态，那么当扫描周期超过最大周期时间或发生时间错误事件时，将执行时间错误中断 OB。如已触发，错误中断 OB 将中断正常的循环程序执行或其他任何事件 OB。

⑤ 诊断错误中断 OB：当 CPU 检测到诊断错误，或者具有诊断功能的模块发现错误且为该模块启用了诊断错误中断时，将执行诊断错误中断 OB。诊断错误中断 OB 将中断正常的循环程序执行。如果希望 CPU 在收到诊断错误信息后进入 STOP 模式，可在诊断错误中断 OB 中包含一个 STP 指令，以使 CPU 进入 STOP 模式。如果未在程序中包含诊断错误中断 OB，CPU 将忽略此类错误并保持 RUN 模式。

使用"添加新块"（Add new block）对话框可以在用户程序中创建新的 OB。

2. 功能块

功能块（FB）是使用背景数据块保存其参数和静态数据的代码块。FB 具有位于数据块（DB）或背景 DB 中的变量存储器。背景 DB 提供与 FB 的实例（或调用）关联的一块存储区并在 FB 完成后存储数据。可将不同的背景 DB 与 FB 的不同调用进行关联。通过背景 DB 可使用一个通用 FB 控制多个设备。

通过使一个代码块对 FB 和背景 DB 进行调用，来构建程序。然后，CPU 执行该 FB 中的程序代码，并将块参数和静态局部数据存储在背景 DB 中。FB 执行完成后，CPU 会返回到调用该 FB 的代码块中。背景 DB 保留该 FB 实例的值。随后在同一扫描周期或其他扫描周期中调用该功能块时可使用这些值。

3. 功能

功能（FC）是通常用于对一组输入值执行特定运算的代码块。FC 将此运算结果存储在存储器位置。例如，可使用 FC 执行标准运算和可重复使用的运算（例如数学计算）或者执行工艺功能（如使用位逻辑运算执行独立的控制）。FC 也可以在程序中的不同位置多次调用。此重复使用简化了对经常重复发生的任务的编程。

FC 不具有相关的背景 DB。对于用于该运算的临时数据，FC 采用了局部数据堆栈。不保存临时数据。要长期存储数据，可将输出值赋给全局存储器位置，如 M 存储器或全局 DB。

4. 数据块

在用户程序中创建数据块（DB）以存储代码块的数据。用户程序中的所有程序块都可访问全局 DB 中的数据，而背景 DB 仅存储特定功能块的数据。相关代码块执行完成后，DB 中存储的数据不会被删除。DB 分两种类型：

● 全局 DB：存储程序中代码块的数据。任何 OB、FB 或 FC 都可访问全局 DB

中的数据。

● 背景 DB：存储特定 FB 的数据。背景 DB 中数据的结构反映了 FB 的参数（Input、Output 和 InOut）和静态数据。（FB 的临时存储器不存储在背景 DB 中。）

还可以在 RUN 模式下修改和下载数据块。

说明：尽管背景 DB 反映特定 FB 的数据，然而任何代码块都可访问背景 DB 中的数据。

PLC 工作原理

二、S7-1200 PLC 的工作原理

S7-1200 CPU 有三种工作模式：STOP（停止）模式、STARTUP（启动）模式和 RUN（运行）模式。CPU 前面的状态指示灯会指示当前的工作模式。

① STOP 模式：CPU 处于该模式时不执行任何程序，但用户可以下载项目。

② STARTUP 模式：CPU 处于该模式时会执行启动组织块操作（如果存在），但不处理任何中断事件。

③ RUN 模式：CPU 处于该模式时重复执行循环组织块，在程序循环阶段的任何时刻都可能发生和处理中断事件。

PLC 的操作系统使 PLC 具有了基本的智能，通过运行 PLC 设计者开发的用户程序，能够使 PLC 完成用户要求的特定功能。S7-1200 PLC 在启动模式下依次执行六步，如表 1-5 所示。

表 1-5　STARTUP 模式下 CPU 执行的任务

序号	CPU 执行的任务
1	清除过程映像输入
2	使用上一次 RUN 模式最后的值或替换值对输出值进行初始化
3	执行启动组织块
4	将物理输入的状态复制到过程映像输入
5	将所有中断事件存储到要在进入 RUN 模式后处理的队列
6	将过程映像输出的值写到物理输出点

PLC 采用循环扫描的工作方式，在运行模式下扫描过程如图 1-8 所示。整个工作过程包含五个阶段：输出刷新、输入采样、执行程序、自诊断、处理中断事件和通信请求。

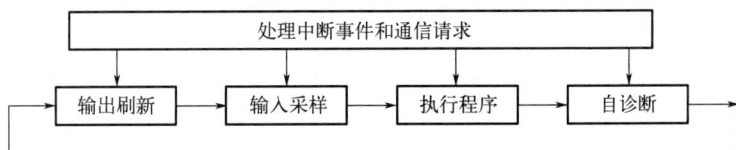

图 1-8　RUN 模式下 CPU 工作过程框图

① 输出刷新：在每个扫描周期的开始，将过程映像输出的状态转存到输出锁存器中，并通过 PLC 的输出模块转成被控设备所能接收的信号，驱动外部负载，这就是 PLC 的实际输出。

② 输入采样：CPU 对各个输入端进行扫描，将所有输入端的输入信号状态读入到过程映像输入。在输入采样结束后，即使输入信号状态发生了改变，过程映像输入区中的状态也不会发生改变。输入信号变化了的状态只能在下一个扫描周期的输入采样阶段被读入。所以说，为了避免输入信号的丢失，要求输入信号的宽度大于一个扫描周期。

③ 执行程序：读取输入后，CPU 将从第一条指令开始对用户程序顺序扫描并执行，直到最后一条。在扫描每一条指令时，对所需的输入状态可从过程映像输入中读入，从过程映像输出读入当前的输出状态，然后按程序进行相应的运算，运算结果再存入过程映像输出中。随着程序的执行，过程映像输出的内容会不断变化。

④ 自诊断：执行故障自诊断程序，自检 CPU、存储器、I/O 组件等。

⑤ 处理中断事件和通信请求：中断可能发生在扫描周期的任何阶段，并且由事件驱动。当事件发生时，CPU 将中断扫描程序，去调用被组态用于处理该事件的组织块，处理完该事件后，CPU 回中断点继续扫描循环执行用户程序。

知识点四　西门子 S7-1200 PLC 的存储器、数据类型和寻址

◇ 知识目标

了解 S7-1200 PLC 的存储器；
了解 S7-1200 PLC 的数据类型；
掌握 S7-1200 PLC 的数据访问与寻址方式。

◇ 能力目标

能阐述 S7-1200 PLC 的基本数据类型的属性；
能简述 S7-1200 CPU 系统存储器的地址区功能。

◇ 素质目标

培养精益求精、一丝不苟的工匠精神；
培养耐心、执着、坚持的精神。

一、S7-1200 PLC 的存储器

存储区中一般包含若干类型的存储器。S7-1200 PLC 的 CPU 提供了以下用于存储用户程序、数据和组态的存储器。

1. 装载存储器

装载存储器用于非易失性地存储用户程序、数据和组态。将项目下载到 CPU 后，CPU 会先将程序存储在装载存储器中。该存储区位于存储卡（如果存在）或 CPU 中。CPU 能够在断电后继续保持该非易失性存储区。每个 CPU 的装载存储器（内部装载存储器）的大小取决于所使用的 CPU 型号。

2. 工作存储器

工作存储器是易失性存储器，它是集成在 CPU 中的高速存取的 RAM，用于在执行用户程序时存储用户项目的某些内容。CPU 会将一些项目内容从装载存储器复制到工作存储器中。该易失性存储区内容将在断电后丢失，而在恢复供电时由 CPU 恢复。

3. 保持性存储器

保持性存储器用于非易失性地存储限量的工作存储器值。断电过程中，CPU 使用保持性存储区存储所选用户存储单元的值。如果发生断电或掉电，CPU 将在通电时恢复这些保持性值。

二、S7-1200 PLC 的数据类型

数据类型是用来描述数据的长度（即所包含二进制的位数）和属性的，每个指令参数至少支持一种数据类型，而有些参数支持多种数据类型。将光标停在指令的参数地址域上方，便可看到给定参数所支持的数据类型。表 1-6 列出了 S7-1200 PLC 的基本数据类型。

表 1-6　S7-1200 PLC 的基本数据类型

数据类型	符号	位数	数值范围	常数示例
布尔型	Bool	1	0～1	0，1，TRUE，FALSE
整型	Byte（字节）	8	16#00～16#FF	16#69，16#A7
	Word（字）	16	16#0000～16#FFFF	16#69CB，16#A7DE
	DWord（双字）	32	16#00000000～16#FFFFFFFF	16#017A66EF
	SInt（字节型有符号整数）	8	−128～127	167，−155
	Int（字型有符号整数）	16	−32768～32767	16700，−15577
	DInt（双字型有符号整数）	32	−2147483648～2147483647	1670001，−155227
	USInt（字节型无符号整数）	8	0～255	167

📝笔记

续表

数据类型	符号	位数	数值范围	常数示例
整型	Uint（字型无符号整数）	16	0～65535	167399
	Udint（双字型无符号整数）	32	0～4294967295	167001177
实型	Real（32 位单精度浮点数，即实数）	32	$\pm1.18\times10^{-38}\sim\pm3.40\times10^{-38}$	5.6，−3.3，−2.2E+22
	Lreal（64 位双精度浮点数）	64	$\pm2.23\times10^{-308}\sim\pm1.79\times10^{-308}$	3.141578438，−1.6E+211
字符型	Char（字符）	8	16#00～16#FF	"A" "k"
时间型	Time（时间）	32	T#−24d_20h_31m_23s_648ms～T#24d_20h_31m_23s_647ms	T#6m_27s，T#−4d

注：Time 数据作为有符号双整数存储，编辑器格式可以使用日期（d）、小时（h）、分钟（m）、秒（s）和毫秒（ms）信息。不需要指定全部时间单位。例如，T#5h10s 和 T#500h 均有效。

PLC 寻址

三、S7-1200 PLC 的寻址

1. S7-1200 数据的访问

为了更好地理解 CPU 的存储区结构及其寻址方式，在此对 PLC 变量所引用的绝对寻址进行说明。CPU 提供了以下几个选项，用于在执行用户程序期间存储数据。

（1）全局储存器

CPU 提供了各种专用存储区，其中包括输入（I）、输出（Q）和位存储器（M）。所有代码块可以无限制地访问该储存器。

（2）PLC 变量表

在 STEP 7 PLC 变量表中，可以输入特定存储单元的符号名称。这些变量在 STEP 7 程序中为全局变量，并允许用户使用应用程序中有具体含义的名称进行命名。

（3）数据块（DB）

可在用户程序中加入 DB 以存储代码块的数据。从相关代码块开始执行一直到结束，存储的数据始终存在。全局 DB 存储所有代码块均可使用的数据，而背景 DB 存储特定 FB 的数据并且由 FB 的参数进行构造。

（4）临时存储器

只要调用代码块，CPU 的操作系统就会分配要在执行块期间使用的临时或本地存储器（L）。代码块执行完成后，CPU 将重新分配本地存储器，以用于执行其他代码块。

系统存储器用于存放用户程序的操作数据，表 1-7 列出了 S7-1200PLC 的 CPU 系统存储器所划分的地址区，在用户程序中使用相应的指令可以对相应地址区的数据进行访问。

表 1-7　S7-1200 PLC 的 CPU 系统存储器的地址区

地址区	说明
过程映像输入（I）	过程映像输入的每一位对应一个数字量输入点，在每个扫描周期的开始阶段，CPU 对输入点进行采样，并将采样值存储于过程映像输入中。CPU 在本周期接下来的各阶段不再改变过程映像输入中的值，直到下一个扫描周期的输入处理阶段进行更新
过程映像输出（Q）	过程映像输出的每一位对应一个数字量输出点，在扫描周期最开始，CPU 过程映像输出中的数据传送给输出模块，输出模块再驱动外部负载
位存储器（M）	用来保存控制继电器的中间操作状态或其他控制信息
数据块（DB）	在执行程序的过程中存放中间结果，或用来保存工序或任务有关的其他数据。可以对其进行定义以便所有程序块都可以访问它们（全局数据块），也可以将其分配给特定的 FB 或 SFB（系统功能块）背景数据块
临时存储器（L）	可以作为临时存储器或给子程序传递参数，局部变量只在本单元有效
I/O 输入区域	I/O 输入区域允许直接访问集中式和发布式输入模块
I/O 输出区域	I/O 输出区域允许直接访问集中式和发布式输出模块

另外，表 1-8 对存储器的保持性进行了说明，保持性存储区用于在断电时存储所选用户存储单元的值，发生断电时，CPU 留出了足够的缓冲时间来保存几个有限的指定单元的值，这些保持性值在随后上电时进行恢复。

表 1-8　S7-1200 CPU 存储器的保持性

存储器	说明	强制	保持性
过程映像输入	在扫描周期开始时从物理输入复制	无	无
I：P（物理输入）	立即读取 CPU、SB 和 SM 上的物理输入点	支持	无
过程映像输出	在扫描周期开始时复制到物理输出	无	无
Q：P（物理输出）	立即写入 CPU、SB 和 SM 上的物理输出点	支持	无
位存储器	控制和数据存储器	无	支持（可选）
临时存储器	存储块的临时数据。这些数据仅在该块的本地范围内有效	无	无
数据块	数据存储器，同时也是 FB 的参数存储器	无	支持（可选）

注：要立即访问（读取或写入）物理输入和物理输出，都需要在地址或变量后面添加“：P”。例如，“I 0.0：P”“Q0.1：P”或“Stop：P”。

2. S7-1200 数据的寻址

S7-1200 将信息存于不同的存储器单元，每个单元都有唯一的地址，只要明确指出要存取的存储地址，用户程序就可以存取其中的信息。S7-1200 CPU 使用存储地址访问存储单元中的数据，称为绝对寻址，简称寻址。寻址方式分为直接寻址和间接寻址两种。

直接寻址方式：按给定地址所找到的存储单元中的内容就是操作数。

笔记

间接寻址方式：使用指针来存取存储器中的数据。在存储单元中放置一个地址指针，按照这一地址找到的存储器中的数据才是所要取的操作数。本节仅介绍直接寻址。

在 S7-1200 PLC 中可以按位、字节、字和双字对存储单元进行寻址。寻址存储单元地址时使用存储区标识符（如 I、Q 等）以及要访问的数据大小（如 B 表示字节 Byte、W 表示字 Word、D 表示双字 DWord），也就是说，各存储区均用字母来命名，不同的名称实质上代表了不同的存储器区域。对于同名存储区域又按一定的规则进行编号。访问存储单元时必须用存储区域名称和存储区域内编号来加以识别。图 1-9 和图 1-10 分别是位寻址的格式和字节寻址的格式。

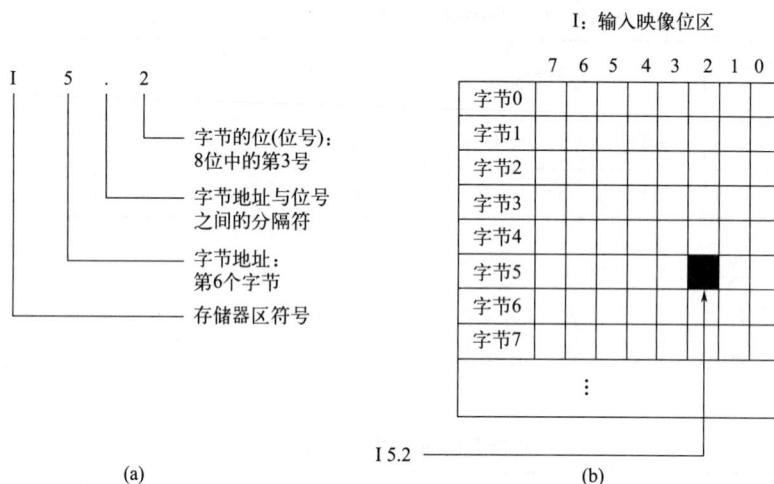

图 1-9 位寻址举例

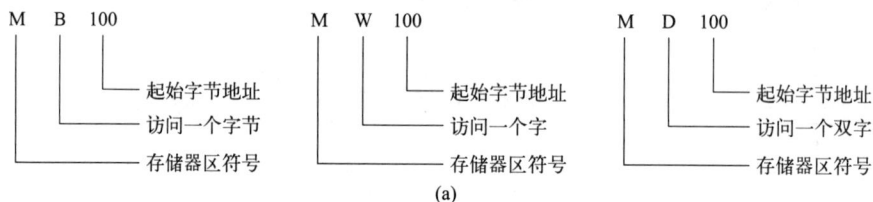

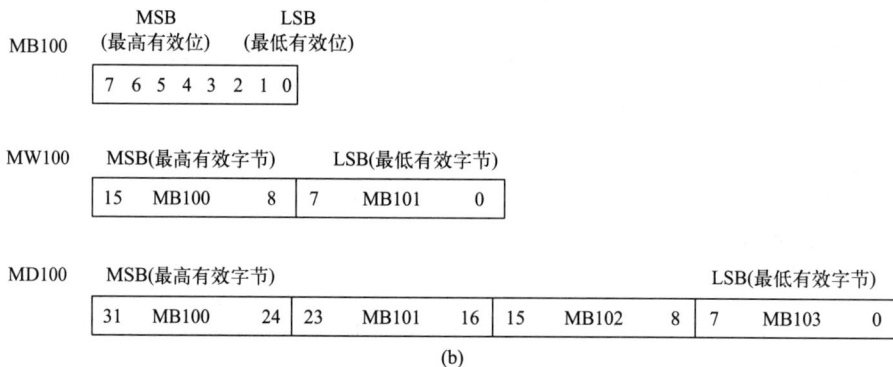

图 1-10 字节寻址举例

下面具体介绍对 S7-1200 PLC 存储单元进行直接寻址的方式。以下各部分的实例介绍了如何输入操作数。程序编辑器会自动在操作数前面插入 %。

（1）I（过程映像输入）

CPU 仅在每个扫描周期的循环 OB，执行之前对外围（物理）输入点进行采样，并将这些值写入到过程映像输入。可以按位、字节、字或双字访问过程映像输入。允许对过程映像输入进行读写访问，但过程映像输入通常为只读。通过在地址后面添加"：P"，可以立即读取 CPU、SB、SM。

位寻址：　　　　　　　　I + 字节地址 . 位地址　　　　如 I0.1

字节、字、双字寻址：　　I + 大小 + 起始字节地址　　如 IB0、IW1、ID11

（2）Q（过程映像输出）

CPU 将过程映像输出中的数据复制到物理输出端点上。可以按位、字节、字及双字来存取过程映像输出中的数据。过程映像输出允许读访问和写访问。通过在地址后面添加"：P"，可以立即写入 CPU、SB、SM。

位寻址：　　　　　　　　Q + 字节地址 . 位地址　　　　如 Q0.2

字节、字、双字寻址：　　Q + 大小 + 起始字节地址　　如 QB0、QW1、QD3

（3）M（位存储器）

针对控制继电器及数据的位存储器（M 存储器）用来存储中间操作状态和控制信息。同样可以按位、字节、字及双字来存取位存储器中的数据。M 存储器允许读访问和写访问。

位寻址：　　　　　　　　M + 字节地址 . 位地址　　　　如 M0.2

字节、字、双字寻址：　　M + 大小 + 起始字节地址　　如 MB10、MW26、MD100

（4）L（临时存储器）

CPU 根据需要分配临时存储器。启动代码块（对于 OB）或调用代码块（对于 FC 或 FB）时，CPU 将为代码块分配临时存储器并将存储单元初始化为 0。临时存储器与 M 存储器类似，可以按位、字节、字及双字来存取局部存储器中的数据。

位寻址：　　　　　　　　L + 字节地址 . 位地址　　　　如 L1.2

字节、字、双字寻址：　　L + 大小 + 起始字节地址　　如 LB0、LW1、LD6

M 存储器和临时存储器主要区别如下。

M 存储器在"全局"范围内有效，任何 OB、FC 或 FB 都可以访问 M。M 存储器中的数据，可以全局性地用于用户程序中的所有元素。

临时存储器在"局部"范围内有效，CPU 限定只有创建或声明了临时存储单元的 OB、FC 或 FB 才可以访问临时存储器中的数据。临时存储单元是局部有效的，并且其他代码块不会共享临时存储器，即使在代码块调用其他代码块时也是如此。例如：当 OB 调用 FC 时，FC 无法访问对其进行调用的 OB 的临时存储器。只能通过符号寻址的方式访问临时存储器。

（5）DB（数据块）

DB 存储器用于存储各种类型的数据，其中包括操作的中间状态或 FB 的其他控

笔记

制信息参数，以及许多指令（如定时器和计数器）所需的数据结构。可以按位、字节、字或双字访问数据块存储器。读／写数据块允许读访问和写访问。只读数据块只允许读访问。

位寻址：

DB + 数据块编号 .DBX+ 字节地址 . 位地址　　如 DB1.DBX2.3

字节、字、双字寻址：

DB + 数据块编号 .DB+ 大小 + 起始字节地址　　如 DB1.DBB2、DB20.DBW8

说明：

在梯形图（LAD）或功能块图（FBD）中指定绝对地址时，STEP 7 会为此地址加上"%"字符前缀，以指示其为绝对地址。编程时，可以输入带或不带"%"字符的绝对地址（例如 %I0.0 或 I0.0）。如果忽略，则 STEP 7 将自动加上"%"字符。

在结构化控制语言（SCL）中，必须在地址前输入"%"来表示此地址为绝对地址。如果没有"%"，STEP 7 将在编译时生成未定义的变量错误。

项目小结

可编程控制器（PLC）是当今工业控制领域占主导地位的一种新型自动控制装置，微电子技术和计算机技术的发展是 PLC 出现的技术基础和物质基础，GM10 是促使其问世的直接原因。目前，PLC 正向着标准化、小型化、大容量、高速度、多功能等方面发展。

PLC 专为工业环境而设计，具有抗干扰能力强、可靠性高、通用性好、功能强、编程简单、使用维护方便等特点，主要应用于开关量控制、模拟量控制、运动控制及通信联网等领域。

PLC 按结构形式分为整体式和模块式两类；按功能和 I/O 点数可分为低档机（小型、超小型）、中档机（中型）、高档机（大型、超大型）三类。衡量 PLC 性能的技术数据主要有：I/O 总点数、存储器容量及各类模块扩展块数等。

PLC 主要由 CPU、存储器、I/O 模块、电源模块、I/O 扩展模块、外设接口及编程器等部分组成；软件部分包括系统软件和用户软件两大部分。

S7-1200 PLC 是小型机，主要由 CPU 模块、信号板、信号模块、通信模块及编程软件组成。

S7-1200 系列 PLC 有 CPU 1211C、CPU 1212C、CPU 1214C、CPU 1215C、CPU 1217C 五种主机 CPU 型号，全部是整体式结构，体积小、可靠性高、运行速度快。它是规模不太大的控制领域中理想的控制设备。

S7-1200 PLC 采用模块化方式编程，将程序分解成独立的、自成体系的块，包含了组织块（OB）、功能块（FB）、功能（FC）及数据块（DB）。

S7-1200 CPU 有三种工作模式：STOP（停止）模式、STARTUP（启动）模式和 RUN（运行）模式。CPU 前面的状态指示灯会指示当前的工作模式。

PLC 的操作系统使 PLC 具有了基本的智能，通过运行 PLC 设计者开发的用户程序，能够使 PLC 完成用户要求的特定功能。PLC 采用循环扫描的工作方式，在运行模式下扫描工作过程包含五个阶段：输出刷新、输入采样、执行程序、自诊断、处理中断和通信请求。

S7-1200 CPU 支持一个插入式扩展板，即信号板（SB），它可以为 CPU 增加输入和输出点数。用信号模块（就是 I/O 模块），可以进一步扩展数字量或模拟量 I/O 容量。另外，通信模块（CM）可以增加 CPU 的通信选项，可以使用点对点通信模块、PROFIBUS 模块、工业远程通信模块、AS-I 接口模块和 IO-Link 模块。

S7-1200 PLC 的基本数据类型有：布尔型、整型、实型、字符型和时间型等。

S7-1200 CPU 系统存储器的地址区分：过程映像输入 (I)、过程映像输出 (Q)、位存储器 (M)、数据块 (DB)、临时存储器（L）、I/O 输入区域及 I/O 输出区域。

S7-1200 将信息存储于不同的存储器单元，每个单元都有唯一的地址，只要明确指出要存取的存储地址，用户程序就可以存取其中的信息。访问存储单元时必须用存储区域名称和存储区域内编号来加以识别。

✏️ 思考与练习

1.1　什么是 PLC ？它有哪些特点？

1.2　PLC 是如何分类的？

1.3　选择题：

◇ 下列选项中（　　）不是 PLC 的特点。

A. 抗干扰能力强　　　　　　　　B. 编程方便

C. 安装调试方便　　　　　　　　D. 功能单一

◇ 可编程控制器在硬件设计方面采用了一系列措施，如对干扰的（　　）。

A. 屏蔽、隔离和滤波　　　　　　B. 屏蔽和滤波

C. 屏蔽和隔离　　　　　　　　　D. 隔离和滤波

◇ 可编程控制器在输入端使用了（　　）来提高系统的抗干扰能力。

A. 继电器　　　　B. 晶闸管　　　　C. 晶体管　　　　D. 光电耦合器

1.4　按 PLC 的控制类型，其应用主要分为哪些方面？

1.5　PLC 主要技术数据有哪些？

1.6　简述 S7-1200 系列 PLC 的硬件构成。

1.7　S7-1200 PLC 用户程序中有哪些块？

1.8　S7-1200 PLC 在启动模式下会依次执行哪些任务？

1.9　S7-1200 CPU 系统存储器包含哪些地址区？

1.10　PLC 采用什么工作方式？PLC 工作过程的各个阶段的作用是什么？

1.11　简述过程映像输入和过程映像输出的作用。

1.12　简述 S7-1200 系列 PLC 位寻址和字节寻址的格式。

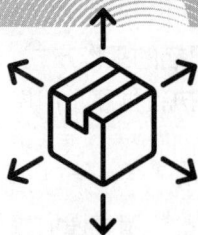

项目二
S7-1200 PLC 基本指令应用

📝 笔记

本项目从传统的电气控制项目三相异步电动机控制入手，通过直接启停控制、正反转控制、Y-△换接启动控制三个任务将 S7-1200 PLC 的编程基础知识、外围 I/O 硬件配置、基本逻辑指令、定时器指令融入其中。货物数量统计和水塔水位控制两个任务详细介绍了计数器和边沿指令的应用。

任务一　三相电动机的直接启停控制

◇ **知识目标**

掌握 S7-1200 PLC 基本位逻辑指令；
掌握程序运行过程；
了解将继电接触器控制系统改造为 PLC 控制系统的步骤。

◇ **能力目标**

会进行 I/O 地址的分配；
会正确进行 PLC 外围硬件的接线；
能安装 S7-1200 PLC 的编程软件；
会使用编程软件编写电动机长动程序并进行程序调试。

◇ **素质目标**

具备团队合作和沟通协调的能力，能够与同学有效地合作和交流；
具备良好的专业素养和职业道德，能够积极主动地更新和拓展自己的专业知识。

一、任务导入和分析

小型三相交流异步电动机通常采用直接启停控制，图 2-1 所示为其继电接触器控制的原理图。按下启动按钮 SB1，交流接触器 KM 的线圈得电，其三对常开主触点闭合，接通主电路，电动机 M 通电全压启动，KM 的常开辅助触点闭合，实现自锁；按下停止按钮 SB2，接触器 KM 失电，所有触点复位，电动机断电而停止运行。所谓自锁控制又叫自保控制，就是利用接触器自身常开辅助触点而使线圈保持通电的控制，常将实现该控制作用的常开辅助触点称为自锁触点。下面用 PLC 对电动机进行控制。

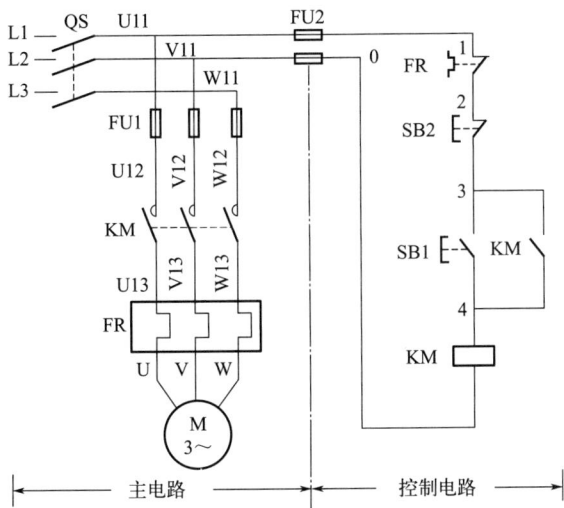

图 2-1　三相电动机的直接启停控制电路

用 PLC 进行控制时，只需要改变图 2-1 中的控制电路。PLC 控制系统中的控制任务由 PLC 完成。设计 PLC 控制系统通常包含以下步骤：选择 PLC 及输入 / 输出设备、硬件电路设计、编制 PLC 程序、程序调试等。

输入设备是发布控制信号的按钮、开关、传感器、热继电器触点等设备。一般情况下，一个输入设备可输入一个控制信号。

输出设备是执行控制任务的执行元件，如接触器、电磁阀、信号灯等。

根据继电接触器控制原理，完成本控制任务需要有启动按钮 SB1 和停止按钮 SB2 作为输入设备输入控制信号，有执行元件接触器 KM 作为输出设备，控制电动机主电路的通断，从而控制电动机的启停。

接下来要进行 PLC 硬件电路设计和程序编制，在此需要先学习 PLC 的基本位逻辑指令。

二、相关知识：位逻辑指令与操作

1. 位逻辑指令

最常用的位逻辑指令是触点、线圈指令，它们的梯形图及语句表格式如图 2-2 所示。

位逻辑指令

(a) 初始装载指令   (b) 初始装载非指令   (c) 输出指令

图 2-2 输入 / 输出指令格式

常开触点： 与左母线连接，语句表中将位 bit 值装入栈顶。其中操作数 "bit" 是存储器中指定的地址位。常开触点对应的存储器地址位为 1 状态时，该触点闭合。自动化系统中 PLC 内部的常开触点一般对应着外部的常开系统。如图 2-3 所示，如果外部常开按钮没有按下，I0.0 的状态为 0，Q0.0 没有输出。如果外部按钮按下，I0.0 的状态就变为 1，Q0.0 有输出。

常闭触点： 与左母线连接，将 bit 值取反后装入栈顶。常闭触点对应的存储器地址位为 0 状态时，该触点闭合。如图 2-4 所示，如果外部常开按钮没有按下，I0.0 是接通的，状态为 1，Q0.0 有输出。如果外部按钮按下，I0.0 就断开，状态变为 0，Q0.0 没有输出。

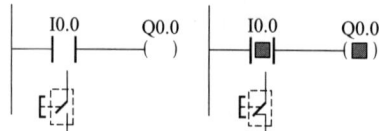

图 2-3 常开触点与常开按钮组合   **图 2-4 常闭触点与常开按钮组合**

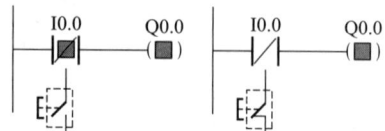

线圈指令 为输出指令，是将线圈的状态写入到指定的地址。在一行由触点和线圈指令构成的梯形图程序中，当前面的触点接通时，程序左侧的 "能流" 将会经过触点到达线圈指令。此时，PLC 将会对线圈指令上所指向的寄存器置位为 1，反之为 0。如果是 Q 区地址，CPU 将输出的值传送给对应的过程映像输出。PLC 在 RUN（运行）模式时，接通或断开连接到相应输出点的负载。输出线圈指令可以放在梯形图的任意位置，变量类型为 Bool 型。

2. 逻辑 "与" "或" "非" 操作

位逻辑指令按照一定的控制要求进行逻辑组合，可以构成基本的逻辑控制，即 "与" "或" "非" 及其组合。位逻辑指令使用 "0" "1" 两个布尔（Bool）操作数对逻辑信号状态进行逻辑操作，逻辑操作的结果送入存储器状态字的逻辑运算结果（RLO）。

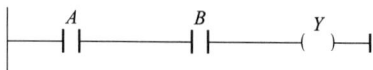

图 2-5 逻辑 "与" 梯形图

图 2-5 为逻辑 "与" 梯形图，是用串联的触点进行表示的。表 2-1 为对应的逻辑 "与" 真值表。

表 2-1 逻辑 "与" 真值表

A	B	Y
0	0	0
0	1	0

续表

A	B	Y
1	0	0
1	1	1

图 2-6 为逻辑"或"梯形图，是用并联的触点进行表示的。表 2-2 为对应的逻辑"或"真值表。

图 2-7 为逻辑"非"梯形图。表 2-3 为对应的逻辑"非"真值表。

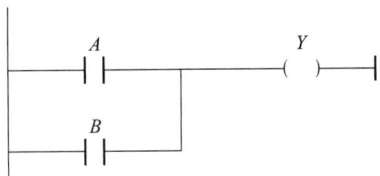

图 2-6　逻辑"或"梯形图　　　　**图 2-7　逻辑"非"梯形图**

表 2-2　逻辑"或"真值表

A	B	Y
0	0	0
0	1	1
1	0	1
1	1	1

表 2-3　逻辑"非"真值表

A	Y
0	1
1	0

需要注意的是，西门子 S7-1200 PLC 内部输入触点（I）的闭合与断开仅与输入映像寄存器相应位的状态有关，与外部输入按钮、接触器、继电器的常开 / 常闭连接方法无关。如果输入映像寄存器的相应位为 1，内部的常开触点闭合，常闭触点断开。如果输入映像寄存器的相应位为 0，则内部的常开触点断开，常闭触点闭合。典型的逻辑"与""或"操作控制电路如图 2-8 所示。

三、任务实施

1. 分配 I/O 地址，绘制 PLC 输入 / 输出接线图

三相电动机直接启停控制任务的 I/O 地址分配如表 2-4 所示。

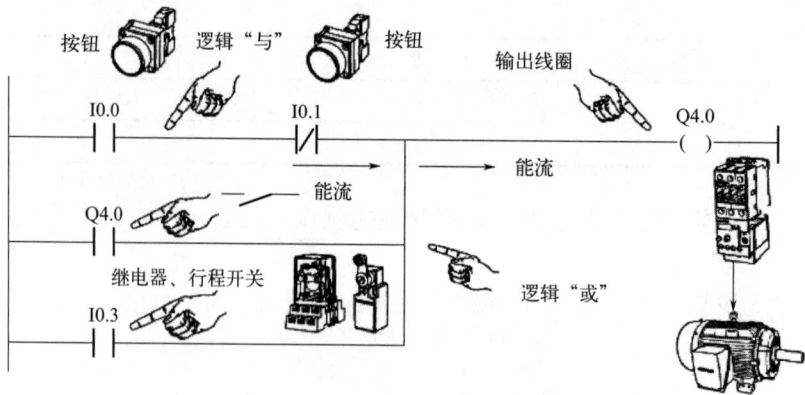

图 2-8 典型的逻辑"与""或"操作控制电路

表 2-4 三相电动机直接（全压）启停控制 I/O 地址分配

输入		输出	
启动按钮 SB1	I0.0	接触器线圈 KM	Q0.0
停止按钮 SB2	I0.1		
热继电器触点 FR	I0.2		

将已选择的输入 / 输出设备和分配好的 I/O 地址一一对应连接，形成 PLC 的 I/O 接线图，如图 2-9 所示。

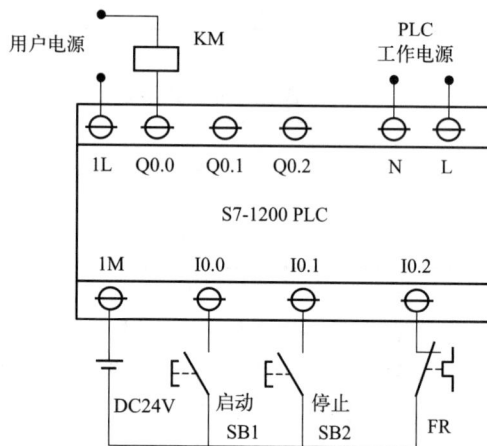

图 2-9 电动机直接启停控制输入 / 输出接线图

2. 编制 PLC 程序

（1）创建项目

如图 2-10 所示，打开 TIA Portal（即 TIA 博途，或简称博途）软件并创建新项目，创建好新项目并命名。

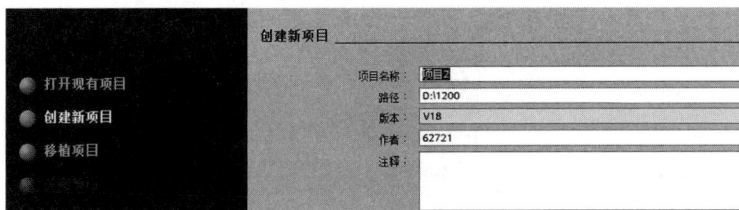

图 2-10　创建并命名项目

（2）添加 CPU

如图 2-11 所示，项目打开后，点击"添加新设备"→"控制器"→"SIMATIC S7-1200"→"CPU"，选择项目的 CPU 信号和版本即可。

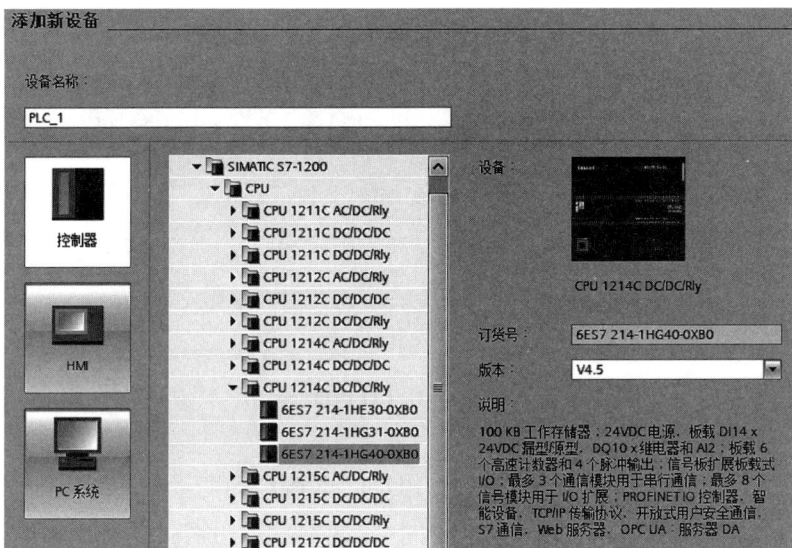

图 2-11　添加 CPU

（3）定义设备属性，完成硬件配置

如果要完成硬件配置，则在选择 PLC 的 CPU 类型后，还需要添加和定义其他扩展模块及网络等重要信息。对于扩展模块来说，只需要从右边的"硬件目录"中拖入相应的扩展模块即可。本任务只用到 CPU 一个模块，因此不用再添加其他的扩展模块。在设备视图中，单击 CPU 模块，就会出现 CPU 的属性窗口。因为 CPU 没有预组态的 IP 地址，所以必须手动分配 IP 地址，如图 2-12 所示，在组态 CPU 的属性时，组态 PROFINET 接口的 IP 地址和其他参数。在 PROFINET 网络中，制造商会为每个设备都分配一个唯一的"介质访问控制"地址（MAC 地址）以进行标识。每个设备也都必须具有一个 IP 地址。

西门子 S7-1200 PLC 硬件配置的一个特点就是灵活、自由，包括寻址的自由。在西门子 S7-200 PLC 中，CPU 和扩展模块的寻址是固定的，而西门子 S7-1200 PLC 则提供了自由寻址的功能，如图 2-13 所示。它可以对 I/O 地址进行起始地址的自由选择，如 0～1023 均可以。

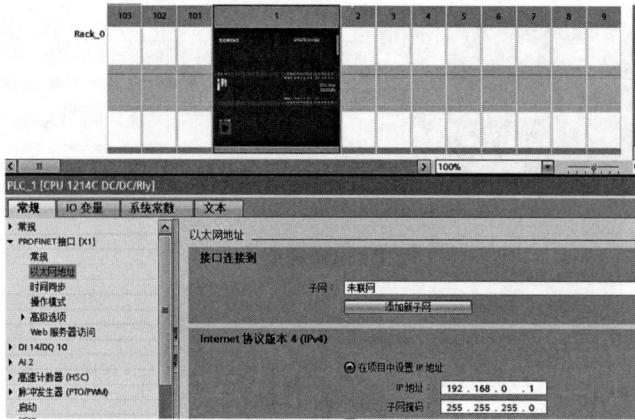

图 2-12　CPU 属性

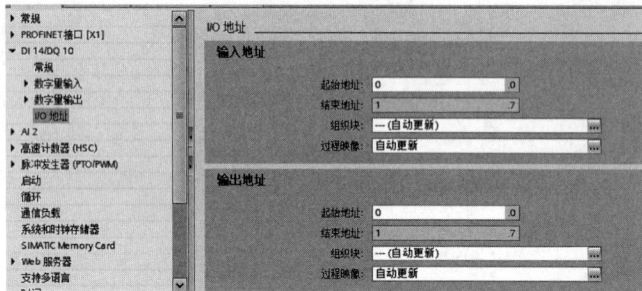

图 2-13　I/O 地址

（4）变量定义

变量是 PLC I/O 地址的符号名称。用户创建 PLC 的变量后，TIA Portal 软件将变量存储在变量表中。项目中的所有编辑器（如程序编辑器、设备编辑器、可视化编辑器及监视表格编辑器）均可访问该变量表。在项目树中，单击"PLC 变量"就可以创建所需要用到的变量，具体使用三个变量，分别为"启动""停止"和"接触器"，如图 2-14 所示。

图 2-14　变量表

（5）梯形图的编程

TIA Portal 软件提供了包含各种程序指令的指令窗口，包括收藏夹、基本指令及扩展指令。如果用户要创建程序，则只需将指令从任务卡中拖动到程序段即可。在选择完具体的指令后，必须输入具体的变量名，最基本的方法是：双击触点上方的默认地址＜？？？＞，直接输入固定地址变量即可，如图 2-15 所示。

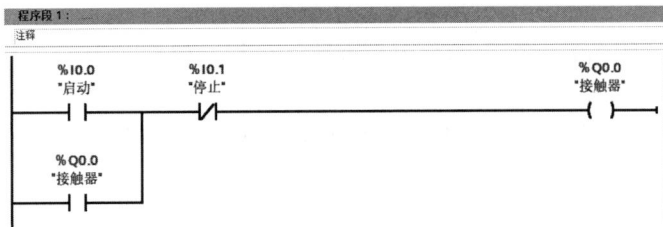

图 2-15　三相电动机的直接启停控制 PLC 程序

3. 程序调试

将 IP 地址下载到 CPU 之前，必须先确保计算机的 IP 地址与 PLC 的 IP 地址相匹配。如图 2-16（a）所示，在计算机的本地连接属性窗口中，选择常规选项的"Internet 协议版本 4（TCP/IPv 4）"，如将协议地址从自动获得的 IP 地址变为手动设置的 IP 地址 192.168.0.23，如图 2-16（b）所示。

三相电机直接
启停控制

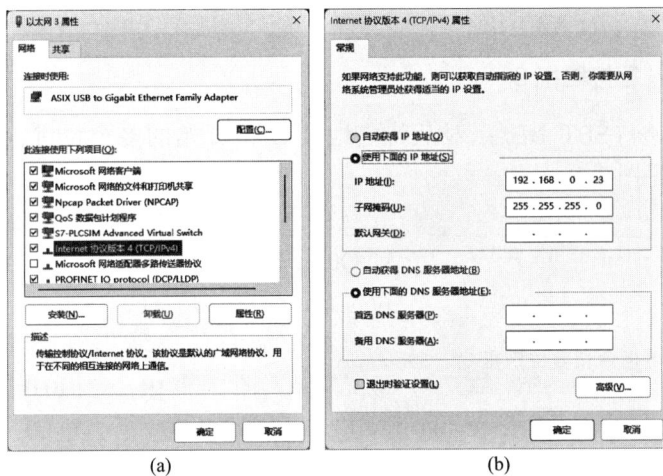

(a)　　　　　　　　　　(b)

图 2-16　修改电脑 IP 地址

按照图 2-9 连接好线路，将梯形图程序下载到 PLC，分别加入输入信号运行程序，观察运行结果。如果运行结果与控制要求不符，则需要对控制程序或外部接线进行检查，直到符合要求为止。

四、知识拓展：置位 / 复位相关指令

1. 置位 / 复位指令

置位 / 复位指令格式如图 2-17 所示。

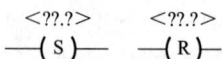

图 2-17　置位 / 复位指令格式

置位指令 S（set）：激活时，OUT 地址处的数据值设置为 1；未激活时，OUT 不变。

复位指令 R（reset）：激活时，OUT 地址处的数据值设置为 0；未激活时，OUT 不变。

OUT 是要置位或复位位置的位变量。

梯形图如图 2-18（a）所示，让 I0.4 信号由 0 变为 1 时，Q0.2 置位并一直保持为状态 1。I0.5 信号由 0 变为 1 时，Q0.2 瞬间复位为 0。

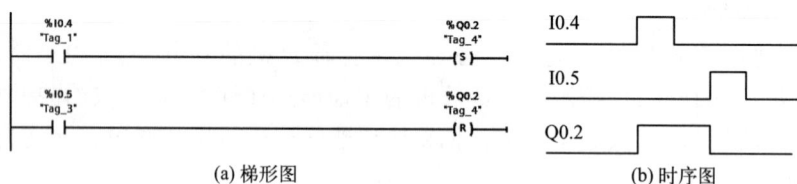

图 2-18　置位指令实例

2. 置位域 / 复位域指令

置位域指令（SET_BF）：对从特定地址 Q0.0 开始的多个位进行置位操作，N 为置位位数，见图 2-19（a）。

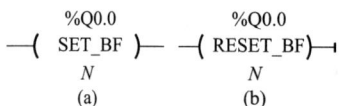

图 2-19　置位域指令和复位域指令

复位域指令（RESET_BF）：对从特定地址 Q0.0 开始的多个位进行复位操作，N 为复位位数，见图 2-19（b）。

置位域和复位域指令必须在程序段的最右端。图 2-20 中，当 I0.0=1，I0.1=0 时，Q4.0 ～ Q4.4 被置位，此时即使 I0.0 和 I0.1 不再满足上述关系，Q4.0 ～ Q4.4 仍然保持为 1。当 I0.2=1 时，Q4.0 ～ Q4.6 被复位为零。

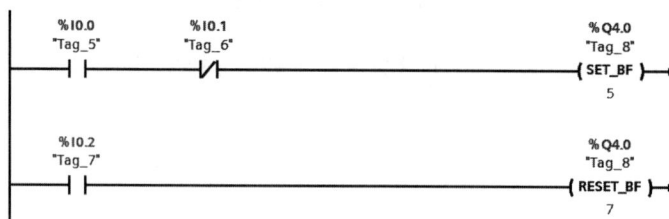

图 2-20　置位域指令和复位域指令实例梯形图

五、任务评价

根据任务完成情况，完成附录 C 的任务评价表。

任务二　三相电动机的正反转控制

◇ 知识目标

掌握 S7-1200 PLC 基本位逻辑指令；
掌握互锁控制的实现方法；
掌握梯形图的编程规则。

◇ 能力目标

会使用编程软件编写电动机正反转程序并进行程序调试；
能够进行西门子 PLC 系统的硬件配置和连接，确保系统能够正常工作。

◇ 素质目标

具备问题解决和分析能力，能够定位和解决在 PLC 控制系统中遇到的问题；
具备责任心和积极性，能够主动参与实验项目，完成任务并按时提交。

三相电机正反
转控制

一、任务导入和分析

三相异步电动机正反转运行的继电接触器控制电路如图 2-21 所示。按下正转启动按钮 SB2，电动机正向启动运行；按下反转启动按钮 SB3，电动机反向启动运行；按下停止按钮 SB1，电动机断电停转。为了避免接触器 KM1 和 KM2 同时接通导致主电路短路，控制电路中采用了 KM1 和 KM2 常闭触点实现互锁。所谓互锁控制就是禁止两个接触器线圈同时得电的控制，通常是将一个接触器的常闭触点串入另一个接触器线圈的控制电路中。下面用 PLC 对电动机进行正反转控制。

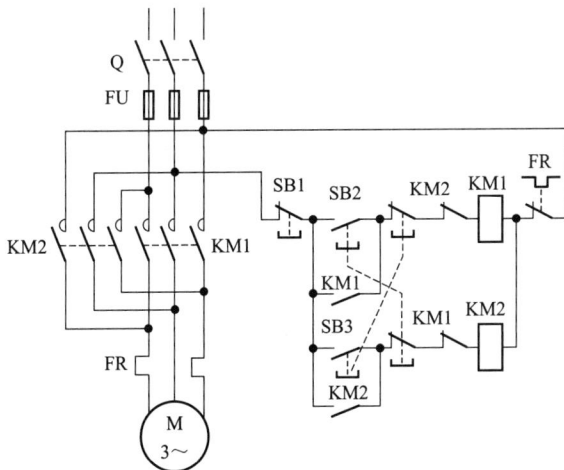

图 2-21　三相电动机的正反转控制电路

二、相关知识：复位优先 / 置位优先触发器

1. SR 复位优先触发器

SR 复位优先触发器的功能是根据输入端 S 和 R1 的信号状态，置位或复位指定操作数的位，指令格式如图 2-22 所示。其中，S 连接置位输入，R 连接复位输入，置位、复位输入均以高电平状态有效。如果输入端 S 的信号状态为 1，且输入端 R1 的信号状态为 0，则将指定的操作数置位为 1。如果输入端 S 的信号状态为 0，且输入端 R1 的信号状态为 1，则将指定的操作数复位为 0。输入端 R1 的优先级高于输入端 S。如果输入端 S 和 R1 的信号状态都为 1，指定操作数的信号状态将复位为 0。如果输入端 S 和 R1 的信号状态都为 0，则不会执行该指令，因此操作数的信号状态保持不变。操作数的当前信号状态被传送到输出端 Q，并可在此进行查询。

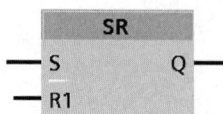

图 2-22　SR 复位优先触发器

表 2-5 为 SR 复位优先触发器真值表。当置位信号和复位信号都有效时，复位信号优先，输出线圈不接通。

表 2-5　SR 复位优先触发器真值表

S	R1	Q
0	1	0
1	0	1
1	1	0
0	0	不变

下面通过一个例子说明该指令的使用。SR 复位优先触发器指令的应用如图 2-23 所示。当 I0.0 为 "1" 且 I0.1 为 "0" 时，M10.0 被置位为 "1"。同时在该指令的 Q 端会输出置位的结果，也就是它后面连接的 Q0.0 也会被置位为 "1"，在具体的应用中一般也是用 Q 端来置位指定的位。当 I0.0 为 "0" 且 I0.1 为 "1" 时，M10.0 被复位为 "0"，Q0.0 也会被复位为 "0"。当 I0.0 为 "1" 且 I0.1 为 "1" 时，M10.0 被复位为 "0"，Q0.0 也会被复位为 "0"。当 I0.0 为 "0" 且 I0.1 为 "0" 时，M10.0 和 Q0.0 维持之前的状态。

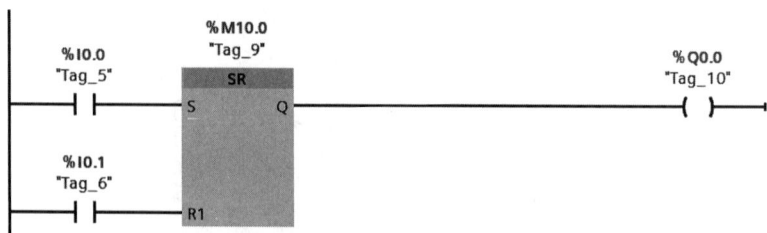

图 2-23　SR 复位优先触发器指令的应用

2. RS 置位优先触发器

RS 置位优先触发器的功能是根据输入端 S 和 R1 的信号状态，置位或复位指定操作数的位，指令格式如图 2-24 所示。如果输入端 R 的信号状态为 1，且输入端 S1 的信号状态为 0，则将指定的操作数置位为 0。如果输入端 R 的信号状态为 0，且输入端 S1 的信号状态为 1，则将指定的操作数复位为 1。输入端 S1 的优先级高于输入端 R。如果输入端 R 和 S1 的信号状态都为 1，指定操作数的信号状态将置位为 1。如果输入端 R 和 S1 的信号状态都为 0，则不会执行该指令，因此操作数的信号状态保持不变。操作数的当前信号状态被传送到输出端 Q，并可在此进行查询。

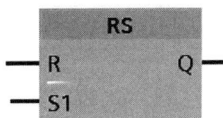

图 2-24　RS 置位优先触发器

表 2-6 为 RS 置位优先触发器真值表。当置位信号和复位信号都有效时，置位信号优先，输出线圈接通。

表 2-6　RS 置位优先触发器真值表

R	S1	Q
0	1	1
1	0	0
1	1	1
0	0	不变

RS 置位优先触发器指令的应用如图 2-25 所示，如果输入 I0.0 的信号状态为 "1"，I0.1 的信号状态为 "0"，则复位存储器 M10.0，输出 Q0.0 的信号状态为 "0"；如果输入 I0.0 的信号状态为 "0"，I0.1 的信号状态为 "1"，则置位存储器 M10.0，输出 Q0.0 的信号状态为 "1"；如果两个输入的信号状态均为 "0"，则输出的信号状态不变化；如果两个输入的信号状态均为 "1"，则置位 M10.0，输出 Q0.0 的信号状态为 "1"。

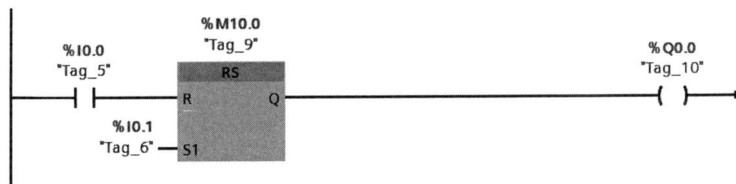

图 2-25　RS 置位优先触发器指令的应用

三、任务实施

1. 分配 I/O 地址，绘制 PLC 输入 / 输出接线图

本控制任务的 I/O 地址分配如表 2-7 所示。

表 2-7　三相电动机正反转控制 I/O 地址分配

输入		输出	
正向启动按钮 SB2	I0.0	正转接触器线圈 KM1	Q0.0
反向启动按钮 SB3	I0.1	反转接触器线圈 KM2	Q0.1
停止按钮 SB1	I0.2		
热继电器触点 FR	I0.3		

将已选择的输入 / 输出设备和分配好的 I/O 地址一一对应连接，形成 PLC I/O 接线图，如图 2-26 所示。图中 PLC 外部负载输出回路中串入了 KM1 和 KM2 常闭触点进行电气互锁，确保 KM1 和 KM2 线圈不同时接通。

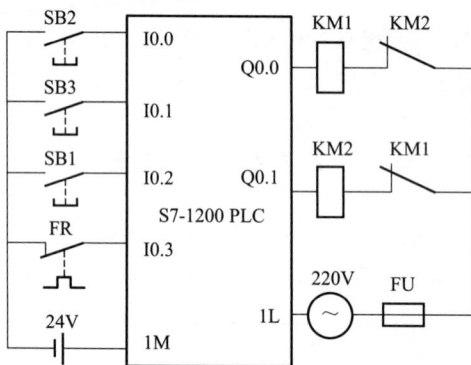

图 2-26　三相电动机的正反转控制电路接线图

2. 编制 PLC 程序

三相电动机正反转控制的 PLC 梯形图程序在此用了两种指令方式去实现：第一种是用前文所介绍的常开常闭触点及线圈输出实现，如图 2-27 所示；第二种是用 SR 指令实现电动机正反转控制的梯形图程序，如图 2-28 所示。

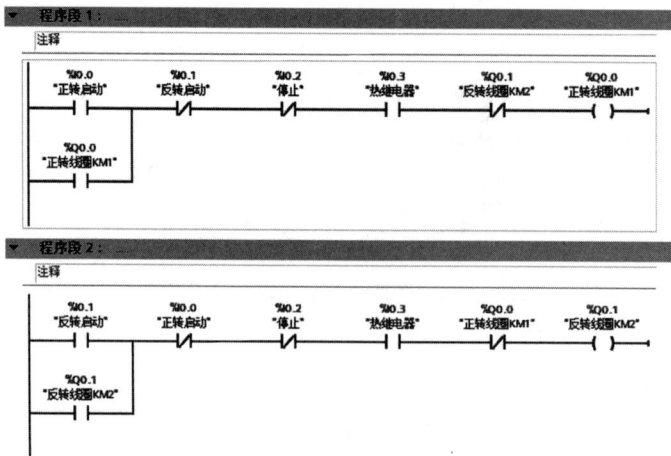

图 2-27　电动机正反转控制的梯形图程序

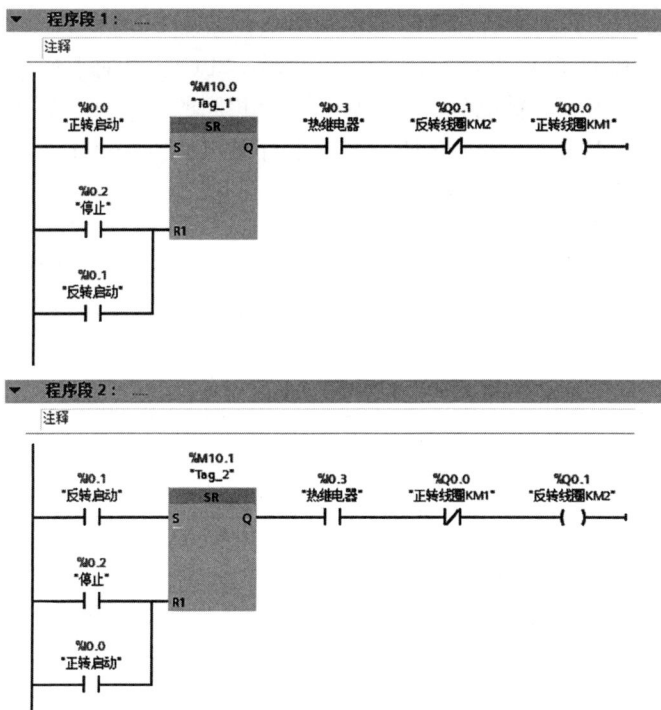

图 2-28　用 SR 指令实现电动机正反转控制的梯形图程序

3. 程序调试

在上位计算机上启动博途编程软件，将图 2-27 所示梯形图程序输入到计算机。

按照图 2-26 连接好线路，将梯形图程序下载到 PLC，分别加入输入信号运行程序，观察结果，直到运行情况与控制要求相符。

四、知识拓展：梯形图编程规则及优化

1. 梯形图编程规则

梯形图被广大的电气设计师群体使用并广泛应用于工业现场的控制领域。为了能更快更好地使用这种编程语言，需要掌握梯形图的编程规则。

（1）总体编程顺序

① 程序总体上应按自上而下、从左至右的顺序编写。

② 每条程序都必须从左母线画起，在右边终止于输出线圈或指令块。

③ 线圈不能直接接在母线上，线圈后面不能再接指令。

④ 同一个程序编程元件的触点可以多次重复使用。

（2）注意事项

① 避免双线圈输出。

双线圈输出就是在同一个程序中，同一元件的线圈被使用了两次甚至多次。同

笔记

一操作数的输出线圈在一个程序中不能使用两次。如图 2-29 所示，程序在两处使用同一线圈 Q0.0，根据 PLC 循环扫描的工作过程，PLC 从上而下扫描用户程序，输出映像寄存器里的值不断被刷新。程序中有两个相同的线，PLC 真正输出的是后一个线圈的状态，当 I0.4=1、I0.5=0 时，Q0.0 没有输出。当 I0.5=1 时，无论 I0.4 的值是什么，Q0.0 的值都为 1。

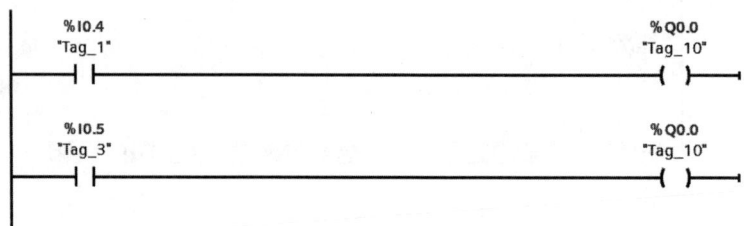

图 2-29 双线圈输出

② 串联电路中指令多的支路要在上方。

当同一条程序中有多个支路串联时，串联电路中指令多的那条支路尽量安排在程序的上面，指令少的支路在下面，如图 2-30 所示。

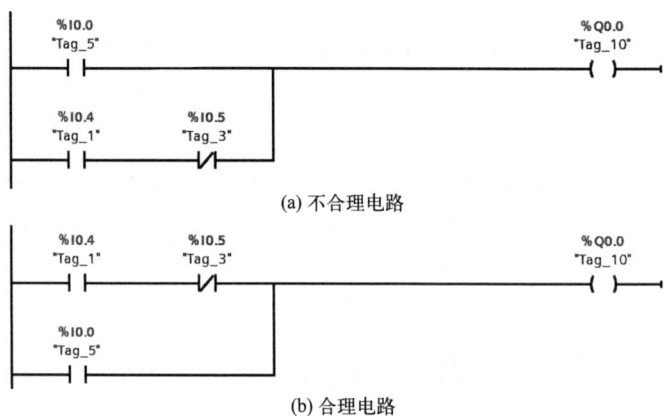

(a) 不合理电路

(b) 合理电路

图 2-30 串联电路的编程

③ 并联电路中指令多的支路要靠近母线。

当同一条程序中有多个支路并联时，并联电路中指令多的那条支路尽量安排在程序的母线上，如图 2-31 所示。

2. 编程优化

（1）设置中间单元

前面的双线圈输出举例中，多个输入点控制一个输出线圈，这需要设置中间点来实现，类似于继电器电路中的中间继电器，优化后的梯形图如图 2-32 所示。

（2）减少重复输出

尽量使用连续输出，避免使用多重输出，如图 2-33 所示。

(a) 不合理电路

(b) 合理电路

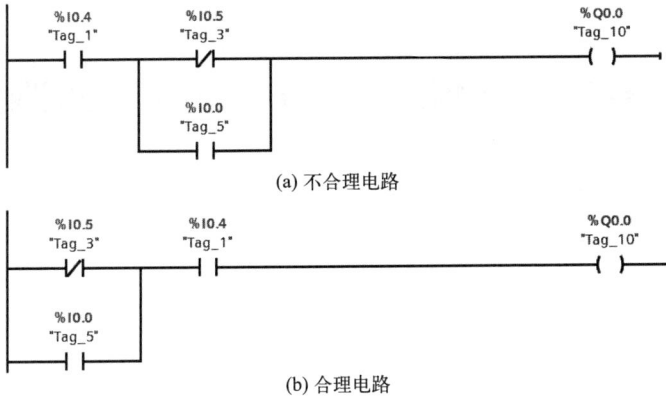

图 2-31　并联电路的编程

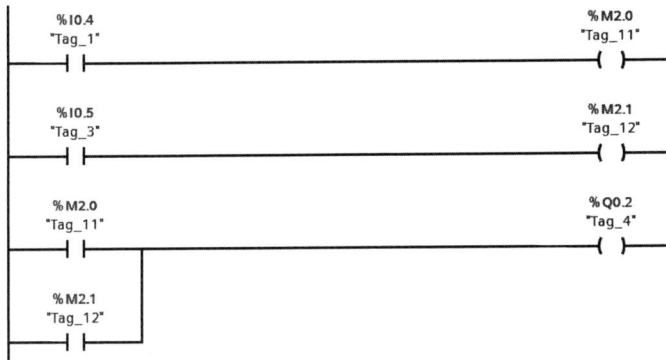

图 2-32　设置中间点

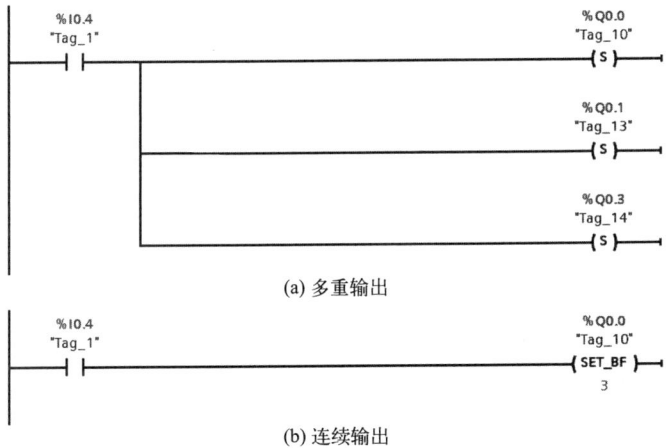

(a) 多重输出

(b) 连续输出

图 2-33　多重输出与连续输出

五、任务评价

根据任务完成情况，完成附录 C 的任务评价表。

笔记

任务三 三相电动机的 Y-△换接启动控制

◇ 知识目标

掌握定时器 TON 指令；
了解定时器 TP、TOF、TONR 指令。

◇ 能力目标

能够熟练说出定时器指令功能原理；
能说出 TIA Portal 进行仿真调试流程步骤；
能进行定时范围的扩展；
能正确选用定时器指令编写控制程序；
能进行电动机 Y-△换接控制的电路连接、编程和调试。

◇ 素质目标

培养安全意识和电工安全规范操作意识；
培养团结协作和效率意识；
具备批判性思维和创新能力，能够提出优化方案和改进控制策略，以提高系统性能和效率。

三相电机的星三降压启动控制

一、任务导入和分析

三相异步电动机 Y-△换接启动的继电接触器控制电路如图 2-34 所示。按下启动按钮 SB2，交流接触器 KM1、KM3 和时间继电器 KT 线圈同时得电，而 KM2 线圈不得电，KM1 的辅助常闭触点断开，起互锁保护作用；KM1 的辅助常开触点和 KT 的无延时常开触点闭合，起自锁作用；KM1 和 KM3 的主触点闭合，电动机以 Y 形接法降压启动；KM3 的辅助常闭触点断开，为线圈 KM1 失电和再次得电作好准备。同时，KT 开始计时，经过所整定的时间，KT 的得电延时断开的常闭触点断开，KM1 线圈失电，其主触点断开，切断电动机的电源；KM1 辅助常开触点断开，此时仅由 KT 的无延时常开触点起自锁作用；KM1 的辅助常闭触点闭合，KM2 线圈得电，其辅助常开触点闭合起自锁作用，KM2 主触点闭合，使电动机以△形接法连接；KM2 的辅助常闭触点断开，KM3 线圈失电，其主触点断开，解除电动机的 Y 形接法；KM3 的辅助常闭触点闭合，KM1 线圈再次得电，其主触点再次闭合，电动机以△形接法全压运行；KM1 的辅助常开触点再次闭合，强化自锁；KM1 的辅助常闭触点断开，由于 KM2 已建立自锁，故不影响 KM2 线圈的得电状态。至此，整个启动过程结束。

此控制电路的优点：Y-△换接是在接触器 KM1 断电情况下进行的，避免了

KM3 尚未断开而 KM2 已闭合造成电源短路的严重事故，同时让 KM3 在电动机脱离电源时断开，不会产生电弧，可延长电器的使用寿命。

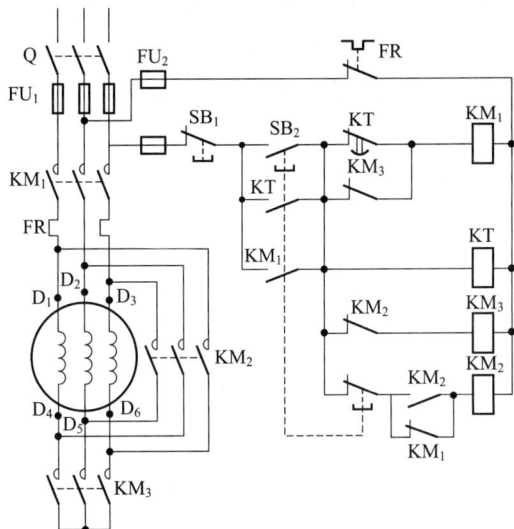

图 2-34　三相异步电动机 Y- △换接启动控制电路

二、相关知识：定时器

定时器是 PLC 内部重要的编程元件，它的作用与继电器控制线路中的时间继电器基本相似。定时器在工业场合应用非常广泛，如设备的延时启动、延时停止或设备的定期保养提醒。

S7-1200 系列 PLC 提供四种类型的定时器（表 2-8）：脉冲定时器（TP，timer pulse），接通延时定时器 (TON，timer on-delay)，断开延时定时器（TOF，timer off-delay），时间累加器（TONR）。S7-1200 不支持 S7 定时器，只支持 IEC 定时器。IEC 定时器集成在 CPU 的操作系统中，IEC 定时器的数据（设定值、当前值等）存储在指定的数据块中，用户程序中可以使用的定时器数仅受 CPU 存储器容量限制。每个定时器均使用 16 字节的 IEC_Timer 数据类型的 DB 结构来存储功能框或线圈指令顶部指定的定时器数据，编程会在插入指令时自动创建该 DB。

表 2-8　S7-1200 系列 PLC 定时器

类型	功能
脉冲定时器	可生成具有预设宽度时间的脉冲
接通延时定时器	定时器在预设的延时过后将输出 Q 设置为 ON
断开延时定时器	定时器在预设的延时过后将输出 Q 重置为 OFF
时间累加器	定时器在预设的延时过后将输出 Q 设置为 ON。在使用 R 输入重置经过的时间之前，会跨越多个定时时段一直累加经过的时间

1. 脉冲定时器

脉冲定时器（TP）的指令名称为"生成脉冲"，指令格式见图 2-35，其作用是将输出 Q 置位为 PT 预设的一段时间。在输入端 IN 的上升沿（RLO 从"0"变"1"）启动该定时器，Q 输出变为 1 状态，开始输出脉冲。定时开始后，当前时间 ET 从 0ms 开始不断增大，达到 PT 预设的时间时，Q 输出变为 0 状态。ET 计时期间，即使检测到新的信号上升沿，输出端 Q 信号状态也不受影响。如果达到 PT 预设的时间时，IN 输入信号为 0 状态，则当前时间变为 0s。

图 2-35　TP 指令

在博途环境下添加 IEC 定时器时，系统会自动为其分配背景数据块。添加一个 TP 定时器，背景数据块如图 2-36 所示。

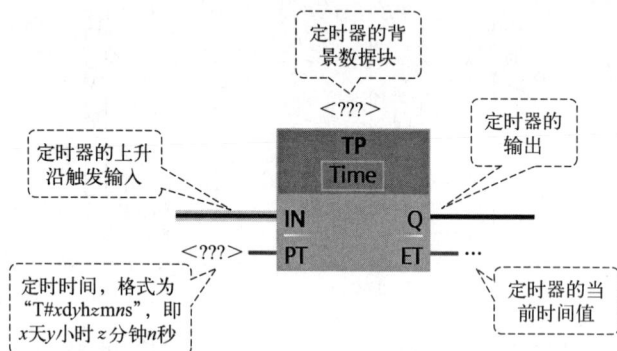

图 2-36　TP 的背景数据块

可以修改背景数据块的名称，也可以使用默认值。自动生成的 IEC 定时器的背景数据块包含如下参数：

① IN（input，输入）。定时器的输入 IN 为启动输入端，在输入 IN 的上升沿（从 0 状态变为 1 状态），启动脉冲定时器 TP。

② PT（preset time，时间预设值）。PT 必须大于 0。各定时器的输入参数 PT、输出参数 ET 的数据类型为 32 位的 Time，单位为 ms，最大定时时间为 T#24D_20H_31M_23S_647MS，D、H、M、S、MS 分别为日、小时、分、秒和毫秒。

③ ET（elapse time，当前时间值）。ET 为定时开始后经过的时间，数据格式同 PT。

④ Q（output，输出）。Q 为定时器的位输出，可以不给 Q 和 ET 指定地址。

各参数均可以使用 I（仅用于输入参数）、Q、M、D、L 存储区，IN 和 PT 可以使用常量。定时器指令可以放在程序段的中间或结束处。

要掌握定时器，就要会分析其时序图。接下来通过具体的程序来分析其工作原理和使用方法，如图 2-37 所示，四种情况分析如下：

① 当 I0.0 变为"1"时，定时器启动且 Q 端变为"1"，到达设定的时间（如本例中为 10s）后，Q 端变为"0"。此时，如果 IN 端依然是"1"，则定时器会保持当

前的时间值；当 IN 端变为"O"时，定时器的时间值会清零。

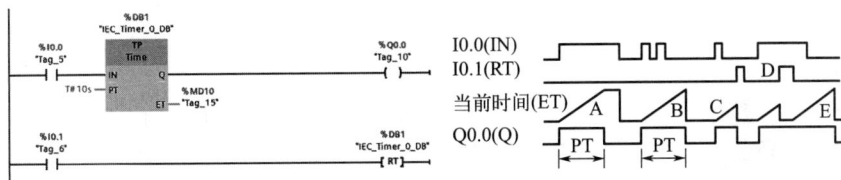

图 2-37　脉冲定时器

② 当 I0.0 变为"1"启动定时器后，定时器的 Q 端变为"1"。如果计时还未结束 I0.0 就变为"0"，甚至又变为"1"，都不会影响定时器计时，直到计时结束；如果 I0.0 是"0"，则定时器时间值清零，且其 Q 端变为"0"。

③ 当 I0.0 变为"1"启动定时器后，定时器的 Q 端变为"1"。在计时还未结束时，I0.0 变为"0"，紧接着在 I0.1 变为 1，就会通过定时器复位指令（RT）将定时器复位；此时定时器的时间值被清零，同时 Q 端也会变为"0"。

④ 当 I0.0 变为"1"启动定时器后，定时器的 Q 端变为"1"；在计时还未结束时，I0.0 保持"1"不变，紧接着 I0.1 变为"1"，这同样会复位定时器；但是如果在计时还没结束的情况下，I0.1 又变为"0"，此时定时器会重新启动，在这期间定时器的 Q 端一直保持"1"。

2. 接通延时定时器

接通延时定时器（TON，见图 2-38），用于将 Q 输出的置位操作延时 PT 指定的一段时间。在输入端 IN 的上升沿（RLO 从"0"变"1"）启动该定时器。定时时间大于或等于预设时间 PT 值时，输出 Q 从"0"变为"1"状态，ET 保持不变。输入端 IN 断开时（RLO 从"1"变"0"），定时器被复位，当前时间被清零，输出 Q 变为"0"。如果输入端 IN 信号在未达到 PT 设定的时间时变为 0 状态，输出 Q 保持 0 状态不变。

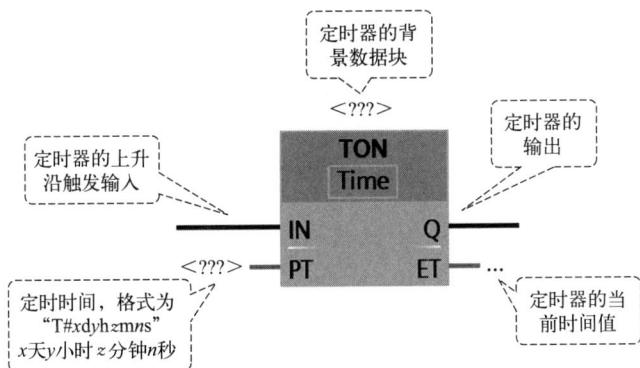

图 2-38　TON 指令

如图 2-39 所示，当 I0.2 变为"1"时，定时器开始计时，但是定时器没有输出，Q0.1 为"0"；定时器计时到达设定的时间（如本例中为 10s）后，Q 接通，Q0.1 为

笔记

"1"，此时如果 I0.2 依然是 "1"，则 ET 保持当前的时间值；当 I0.2 变为 "0" 时，定时器的时间值会清零。

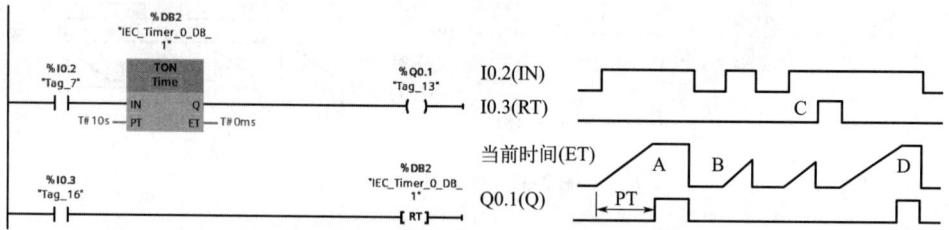

图 2-39 TON 示例

当 I0.2 从 "0" 变为 "1" 时，定时器开始计时，但是定时器没有输出，Q0.1 为 "0"；如果定时器计时还未达到设定的时间时 I0.2 变为 "0"，定时器的时间值会清零。

当 I0.2 变为 "1" 时，定时器开始计时，在定时器计时还未达到设定的时间时，I0.3 变为了 "1"，此时定时器被复位，且时间值被清零；如果接下来 I0.3 又变为了 "0"，此时定时器又重新开始计时；在计时时间到后，如果 I0.2 仍然为 "1"，Q 端变为 "1"。

3. 断开延时定时器

断开延时定时器（TOF，见图 2-40），用于将 Q 输出的复位操作延时 PT 指定的一段时间。在输入端 IN 的上升沿（RLO 从 "0" 变 "1"），输出 Q 从 "0" 变为 "1" 状态，当前时间被清零。输入端 IN 断开时（RLO 从 "1" 变 "0"），该定时器启动 PT 开始计时，定时时间大于或等于预设时间 PT 值时，输出 Q 变为 "0"。断开延时定时器可以用于大型设备停机后冷却风扇延时停止。

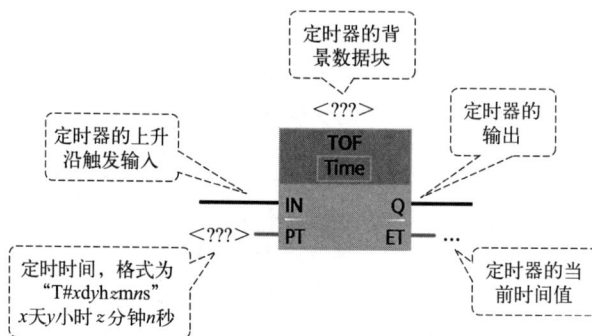

图 2-40 TOF 指令

断开延时定时器应用举例如图 2-41 所示。如果当前时间 ET 没有达到 PT 设定的时间，IN 端的信号就变为 "1"，ET 清零且输出 Q 将保持 "1" 状态不变（见波形 B）。当 I0.1 接通为 "1" 时，定时器的复位线圈 RT 通电，定时器复位，ET 清零，输出 Q 变为 0 状态（见波形 C）。如果复位时 IN 端为 "1" 状态，则复位信号不起作用（见波形 D）。

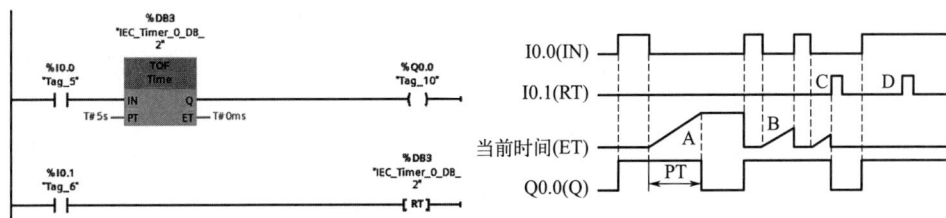

图 2-41　TOF 应用举例

4. 时间累加器

时间累加器（TONR）也叫保持型接通延时定时器，指令格式如图 2-42 所示。当使能输入端 IN 接通时，定时器开始计时；当使能输入端断开时，该定时器保持当前值不变；当使能输入端再次接通时，则定时器从原保持值开始再向上继续计时；当定时器的当前值等于或大于设定值时，定时器的状态位置 1，定时器继续计时，一直计到最大值。以后即使定时器输入端再断开，定时器也不会复位；若要定时器复位，必须用复位指令（R）清除其当前值。

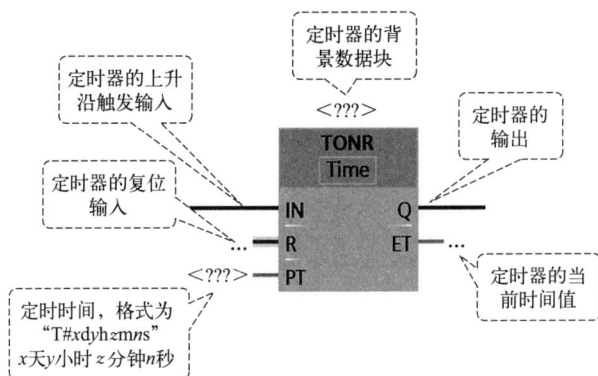

图 2-42　TONR 指令

三、任务实施

1. 分配 I/O 地址，绘制 PLC 输入 / 输出接线图

本控制任务的 I/O 地址分配如表 2-9 所示。

表 2-9　三相电动机 Y- △换接启动控制 I/O 地址分配

输入		输出	
停止按钮 SB1	I0.0	电源接触器线圈 KM1	Q0.0
启动按钮 SB2	I0.1	Y 接触器线圈 KM3	Q0.1
热继电器触点 FR	I0.2	△接触器线圈 KM2	Q0.2

笔记

将已选择的输入 / 输出设备和分配好的 I/O 地址一一对应连接，形成 PLC I/O 接线图，如图 2-43 所示。为了防止电源短路，接触器 KM2 和 KM3 线圈不能同时得电，故在电路中设置了电气互锁。

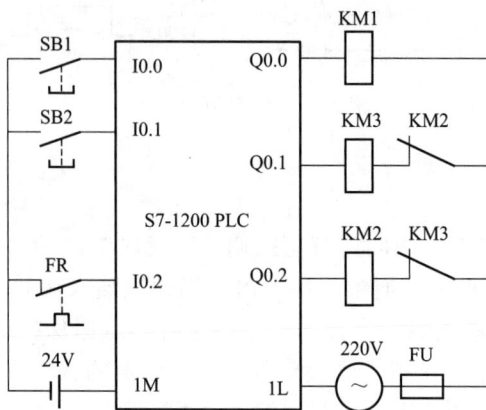

图 2-43　电动机 Y- △换接启动 PLC I/O 接线图

2. 编制 PLC 程序

三相电动机 Y- △换接启动控制的 PLC 梯形图程序如图 2-44 所示。

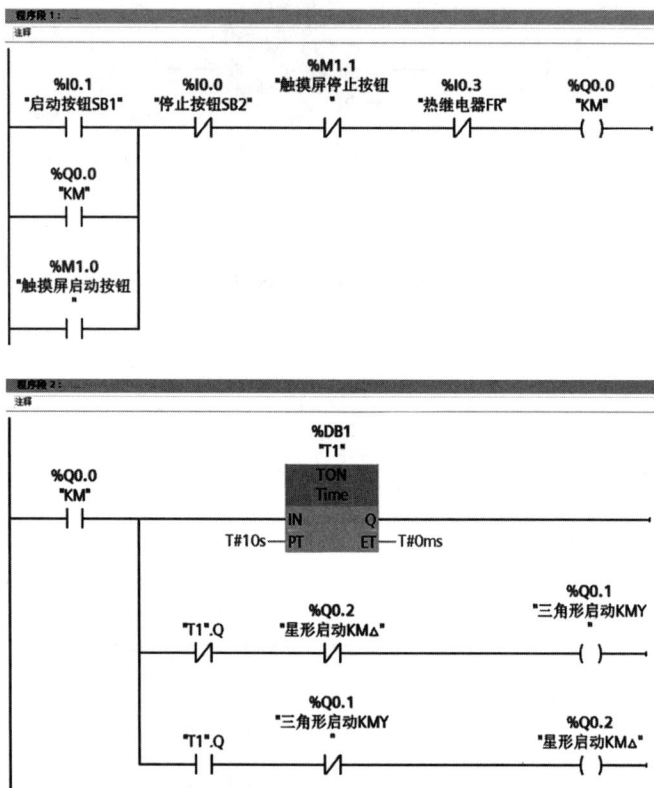

图 2-44　三相电动机 Y- △换接启动控制梯形图

3.程序调试

在上位计算机上启动博途编程软件，将梯形图程序输入到计算机。

按照图连接好线路，将梯形图程序下载到 PLC 后运行程序，观察定时器的延时作用。如果运行结果与控制要求不符，则需要对控制程序或外部接线进行检查，直到符合要求。

四、知识拓展：背景数据块

1. IEC_TIMER 变量的背景数据

在新建一个定时器时，需要给定时器添加一个背景数据块，单个实例的数据块只包含一个 IEC_TIMER 类型的变量（如图 2-45 所示）。单个实例的数据块虽然便于对定时器进行区别，但是多个定时器就需要建立多个独立的数据块，会造成程序结构的散乱，更会浪费 PLC 的资源。

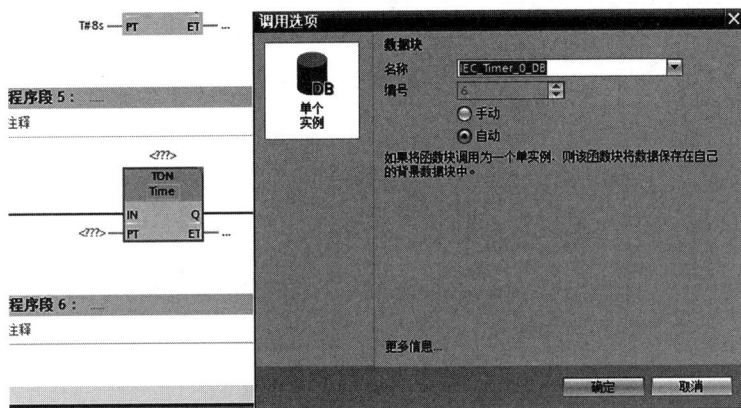

图 2-45　添加定时器数据块

可以采用建立全局数据块来解决这个问题。先建立一个单独的数据块，更改名称为"定时器数据"（见图 2-46）。然后在这个数据块中定义 IEC_TIMER 类型的变量（见图 2-47），根据工程需要建立所需数量的定时器，不会增加额外的数据块。然后根据需要把建好的定时器数据分配给程序中使用的定时器指令，见图 2-48。

2.定时器组成的振荡电路

定时器组成的振荡电路如图 2-49 所示。当输入 I0.0 接通时，输出 Q0.0 以 0.2s 为周期闪烁变化（断开 0.1s，接通 0.1s），即输出方波占空比为 50%（占空比＝脉冲导通时间 / 脉冲周期）。

五、任务评价

根据任务完成情况，完成附录 C 的任务评价表。

图 2-46　添加全局数据块

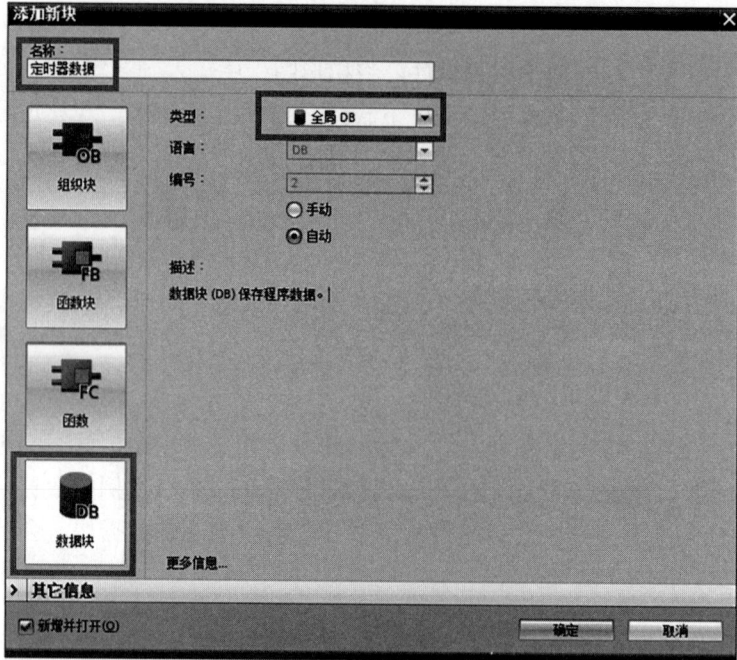

图 2-47　定义 4 个定时器变量

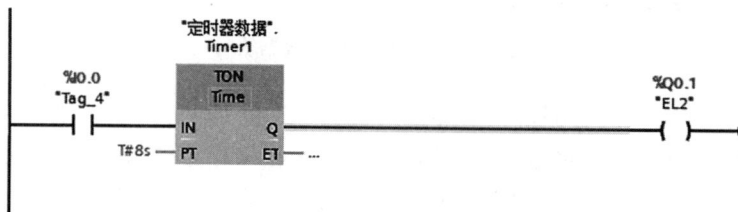

图 2-48　定时器变量分配

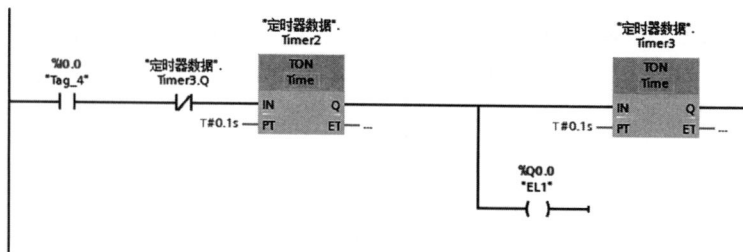

图 2-49　定时器组成的振荡电路

📄笔记

任务四 仓库货物数量统计控制

货物数量的统计

◇ **知识目标**

掌握计数器 CTU、CTUD 指令；

了解计数器 CTD 指令。

◇ **能力目标**

能利用计数器与定时器编程扩展延时时间；

能正确选用计数器指令编写控制程序；

能进行仓库货物数量统计控制的电路连接、编程和调试。

◇ **素质目标**

具备安全意识和风险意识，能够在操作 PLC 设备和系统时，注重安全，遵守相关的安全规范和操作流程；

具备良好的沟通和表达能力，能够清晰地向他人解释 PLC 程序中运用的计数器指令和定时器指令的原理并演示使用方法。

一、任务导入和分析

一般每个生产线都需要对进出的货物进行统计。某生产线对每天的进货统计控制要求是：当进货数量达到 80 件时，生产线监控室的绿灯亮；当进货数量达到 100 件时，生产线监控室的红灯以 1s 为周期闪烁报警。

根据控制要求可知，需要对每件入库的货物进行计数。因此需要在进库口安装传感器检测是否有货物入库，然后对传感器检测信号进行计数，如图 2-50 所示。要完成这一控制任务，需要用到 PLC 的内部编程元件——计数器。

指示灯Q0.0

传感器输入 I0.0

图 2-50 生产线计数应用

二、相关知识：计数器

西门子 PLC 计数器也是广泛应用的重要编程元件，用来对输入脉冲的个数进行累计，实现计数操作。

1. 计数器的类型

西门子 S7-1200 PLC 有 3 种计数器：加计数器（CTU）、减计数器（CTD）和加减计数器（CTUD）。它们属于软件计数器，指令格式如图 2-51 所示。其最高计数速率受所在组织块执行速率的限制。如果需要速率更高的计数器，则可以使用 CPU 内置的高速计数器。

(a) 加计数   (b) 减计数   (c) 加减计数

图 2-51　计数器的指令格式

2. 加计数器指令功能

在 CU 输入端，每当一个上升沿（从 OFF 到 ON）信号输入时，计数器的当前值增加 1，直至计数器计数达到预设最大值。当计数器的当前值等于或超过预设值（PV）时，该计数器的状态位将被置位（置为 1）。如果在 CU 端仍有上升沿信号输入，计数器将继续计数，但并不会影响计数器的状态位。当复位端（R）有效时，计数器将被复位，即当前值被清零，状态位也将清零。

【计数器使用说明】

① 用户程序中可以使用的计数器数仅受 CPU 存储器容量限制。计数器占用以下存储器空间：对于 SInt 或 USInt 数据类型，计数器指令占用 3 个字节；对于 Int 或 UInt 数据类型，计数器指令占用 6 个字节；对于 DInt 或 UDInt 数据类型，计数器指令占用 12 个字节。

② S7-1200 PLC 计数器是 IEC 计数器，IEC 计数器指令是函数块，所以调用计数器指令时，跟定时器一样需要生成保存计数器数据的背景数据块。打开 IEC 计数器的背景数据块，可以看到其结构含义如图 2-52 所示，其他计数器的背景数据块与之类似，不再赘述。

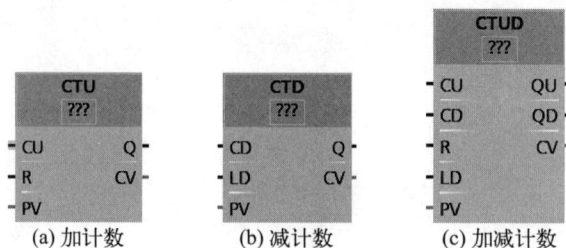

	名称	数据类型	起始值	注释
	▼ Static			
	CU	Bool	false	加计数输入
	CD	Bool	false	减计数输入
	R	Bool	false	复位
	LD	Bool	false	转载输入
	QU	Bool	false	加计数输出
	QD	Bool	false	减计数输出
	PV	Int	0	预设计数值
	CV	Int	0	当前计数值

图 2-52　计数器背景数据块

③ 计数器还可以与定时器（TON 和 TOF 指令）进行组合编程，实现对时间和数量的双重控制。例如，可以设定一个定时器，当定时时间到达时，触发加计数器计数；当计数器计数值达到要求时，触发输出控制信号。

加计数器 CTU 指令应用的梯形图及对应时序图如图 2-53 所示。当计数器对 CU 输入端（I0.0）的脉冲累加值达到 3 时，计数器的状态位被置 1。Q0.0 被接通直至 I0.1 触点闭合，使计数器复位，Q0.0 被断开。

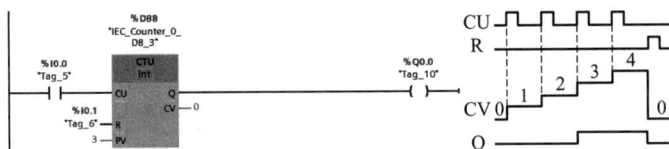

图 2-53　CTU 指令的应用

三、任务实施

1. 分配 I/O 地址，绘制 PLC 输入 / 输出接线图

本控制任务的 I/O 地址分配如表 2-10 所示。

表 2-10　生产线货物数量统计控制 I/O 地址分配

输入		输出		内部编程元件	
生产线货物检测传感器	I0.0	监控室绿灯 L0	Q0.0	计数器	CTU
监控系统启动按钮 SB（计数器复位按钮）	I0.1	监控室红灯 L1	Q0.1		

将已选择的输入 / 输出设备和分配好的 I/O 地址一一对应连接，如图 2-54 所示。

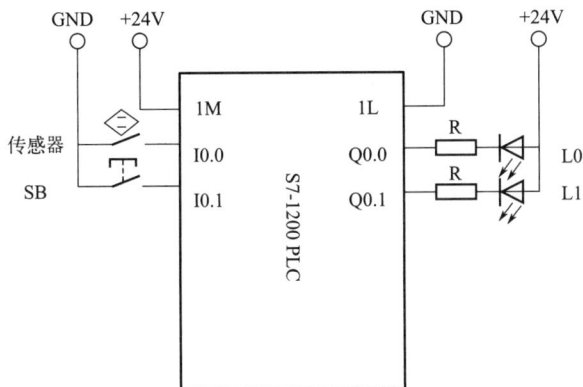

图 2-54　生产线货物数量统计 PLC I/O 接线图

2. 编制 PLC 程序

编制生产线货物数量统计的梯形图程序，如图 2-55 所示。

程序中的 M0.5 是 S7-1200 PLC 自带的"时钟存储器位"。时钟存储器是按 1∶1 占空比周期性改变二进制状态的位存储器。它可以提供秒脉冲，对某个变量进行周

📝笔记

期性自加来实现定时器功能。激活方式："设备组态"→双击 CPU →"常规"→"系统和时钟存储器"→勾选"启用时钟存储器字节"，默认为"0"，这对应 MB0，其中"M0.5 为每秒一次周期的定时器位"（见图 2-56）。

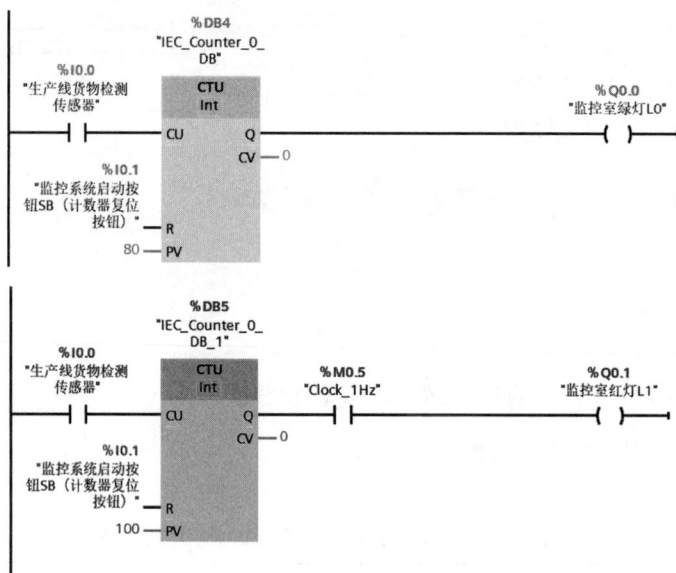

图 2-55　生产线货物数量统计梯形图

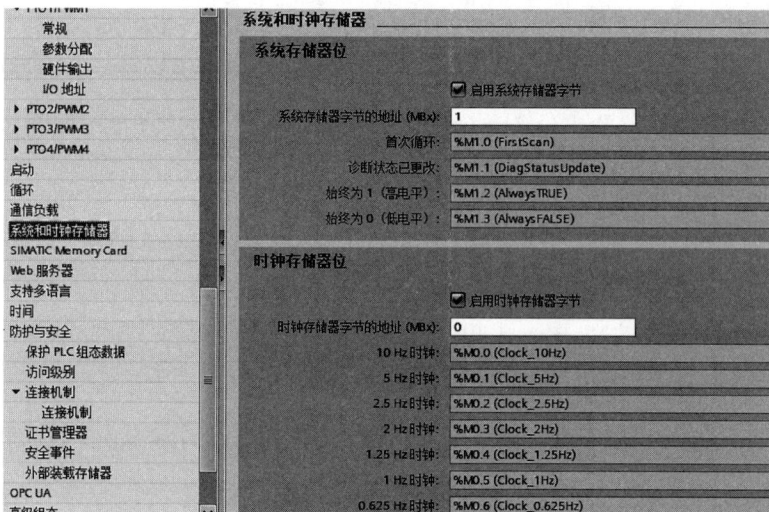

图 2-56　启用时钟存储器

3. 程序调试

在上位计算机上启动博途编程软件，将梯形图程序输入到计算机。

按照图连接好线路，将梯形图程序下载到 PLC 后运行程序，观察计数器的延时作用。如果运行结果与控制要求不符，则需要对控制程序或外部接线进行检查，直到符合要求。

四、知识拓展：减计数器和加减计数器

1. 减计数器

减计数器（CTD）功能：当装载复位端（LD，即 LOAD 缩写）有效时，计数器状态位被清零并将预设值（PV）装入当前值寄存器。当 CD 输入端有一个上升沿信号到来时，计数器当前值减 1；当计数器的当前值等于 0 时，计数器状态位被置位（置 1），计数器停止计数。如果在 CD 端仍有上升沿到来，计数器当前值仍保持为 0，且不影响计数器的状态位。

图 2-57 所示为减计数器指令的简单应用。

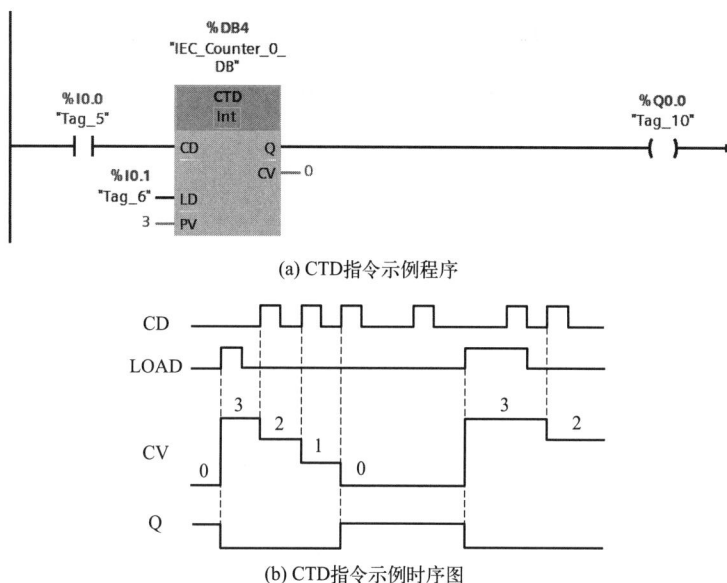

(a) CTD 指令示例程序

(b) CTD 指令示例时序图

图 2-57　CTD 指令的应用

2. 加减计数器

在加减计数器（CTUD）中，加计数（CU，count up）或减计数（CD，count down）输入的值从 0 跳变为 1 时，CTUD 会使计数值加 1 或减 1。如果参数 CV（当前计数值）的值大于或等于参数 PV（预设值）的值，则计数器输出参数 QU=1。如果参数 CV 的值小于或等于零，则计数器输出参数 QD=1。如果参数 LD 的值从 0 变为 1，则参数 PV 的值将作为新的 CV 装载到计数器。如果复位参数 R 的值从 0 变为 1，则当前计数值复位为 0。图 2-58 所示为 CTUD 指令的应用。

3. PLC 延时范围的扩展

计数器还可以与定时器（TON 和 TOF 指令）进行组合编程，实现对延时范围的扩展。图 2-59 所示为定时器与计数器组合实现延时范围的扩展。读者可以自己分析：当 I0.0 置 1 后，延时多久 Q0.0 线圈才被置位？

笔记

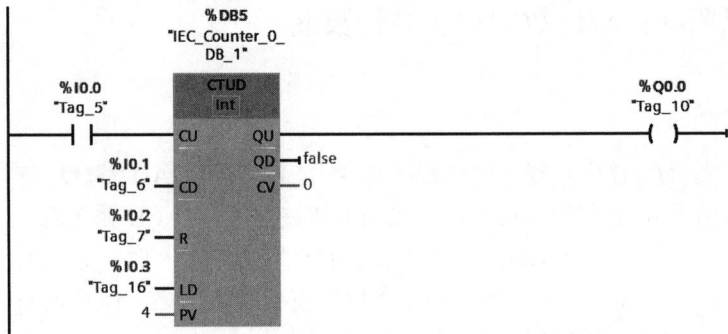

(a) CTUD指令示例程序

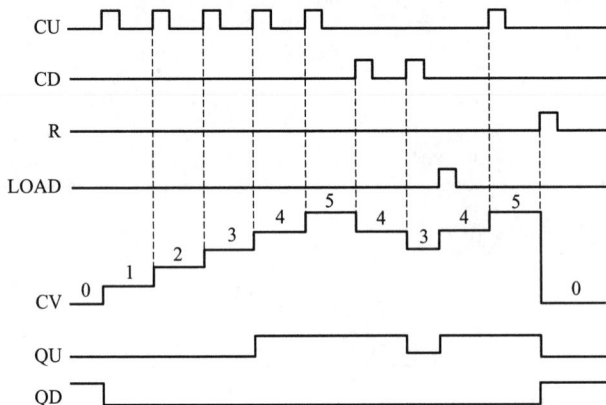

(b) CTUD指令示例时序图

图 2-58　CTUD 指令的应用

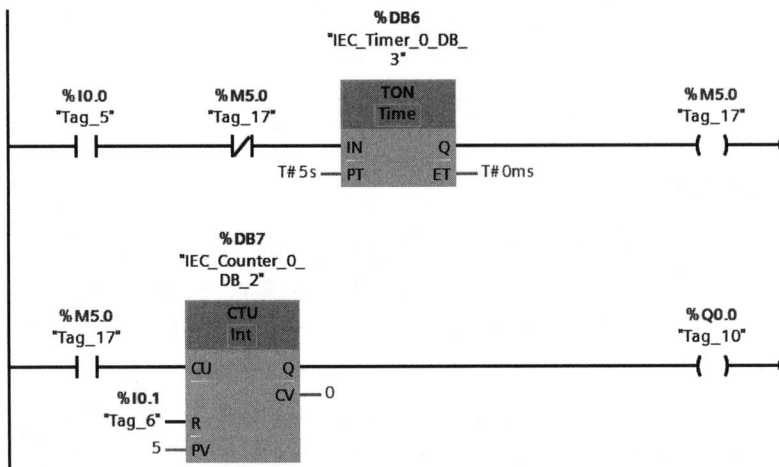

图 2-59　定时器与计数器结合使用

五、任务评价

根据任务完成情况，完成附录 C 的任务评价表。

📄 笔记

任务五 水塔水位控制

◇ **知识目标**

掌握边沿触发指令；

掌握用指令编写控制程序的方法；

了解边沿指令的功能及应用。

◇ **能力目标**

能进行水塔水位控制系统的电路连接、编程和调试；

能够设计和实现西门子 PLC 控制程序，包括运用边沿指令实现水塔水位的控制功能；

能够对水位传感器进行正确配置和参数设置，并编写适当的 PLC 程序，确保水位控制的准确性和稳定性。

◇ **素质目标**

具备安全意识和风险意识，能够在实验和项目中注意安全，并正确使用相关设备和工具；

具备创新思维和解决问题的能力，能够根据实际需求设计并优化 PLC 程序，提高水塔水位控制的精确度和可靠性。

水塔水位的控制

一、任务导入和分析

图 2-60 是水塔水位控制示意图。按下初始启动按钮 SB0，进水阀 Y 开启，系统给水池注水，10s 后电机 M 启动，抽水给水塔。之后每当水池水位到达高位（S3 液面传感器为 ON）时，进水阀 Y 关闭；水塔水位到达高位（S1 液面传感器为 ON）时，电机 M 停止运行。每当水池水位处于低位（S4 液面传感器为 OFF）时，进水阀 Y 开启；水塔水位处于低位（S2 液面传感器为 OFF）时，电机 M 启动。

根据以上控制要求，本控制除需要用定时器外，还要用到 PLC 的边沿触发指令。

二、相关知识：边沿指令

1. 跳变沿

如图 2-61 所示，当信号边沿的状态信号变化时，就会产生跳变沿。当边沿的状态信号从 "0" 变到 "1" 时，产生一个上升沿（正跳沿）；当边沿的状态信号从 "1"

📝 笔记

变到"0"时，产生一个下降沿（负跳沿）。每个扫描周期都把信号状态与前一个扫描周期的信号状态进行比较，若不同，则表明有一个跳变沿。因此，前一个扫描周期的信号状态必须被存储，以便能与新的信号状态相比较。

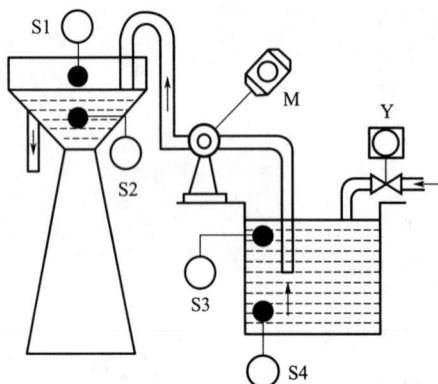

图 2-60　水塔水位控制示意图

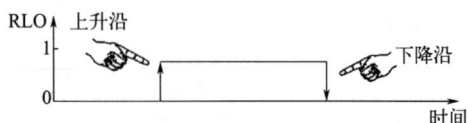

图 2-61　跳变沿

2. 扫描操作数边沿指令

扫描操作数边沿指令包括 P 触点指令和 N 触点指令，是当触点地址位的值从"0"到"1"或从"1"到"0"变化时，该触点地址保持一个扫描周期的高电平，即对应常开触点接通一个扫描周期。触点边沿指令的 LAD 格式和说明见表 2-11。

表 2-11　扫描操作数边沿指令

名称	LAD 格式	说明
P 触点指令	<??.?> ─┤ P ├─ <??.?>	扫描操作数的信号上升沿。 在触点分配的"IN"位上检测到正跳变（0 → 1）时，该触点的状态为 TRUE。该触点逻辑状态随后与能流输入状态组合以设置能流输出状态。P 触点可以放置在程序段中除分支结尾外的任何位置
N 触点指令	<??.?> ─┤ N ├─ <??.?>	扫描操作数的信号下降沿。 在触点分配的"IN"位上检测到负跳变（1 → 0）时，该触点的状态为 TRUE。该触点逻辑状态随后与能流输入状态组合以设置能流输出状态。N 触点可以放置在程序段中除分支结尾外的任何位置

扫描操作数的信号上升沿示例如图 2-62 所示，当 I0.0 为 1 且 I0.1 为 1 时，在 I0.2 从 0 变成 1 的上升沿，M10.1 变成 1 并持续一个周期后变成 0，Q0.0 由于被 M10.1 接通，将置位为 1。

扫描操作数的信号下降沿示例如图 2-63 所示，当 I0.0 为 1 且 I0.1 为 1 时，在 I0.2 从 1 变成 0 的下降沿，M10.1 变成 1 并持续一个周期后变成 0，Q0.0 由于被 M10.1 接通，将置位为 1。

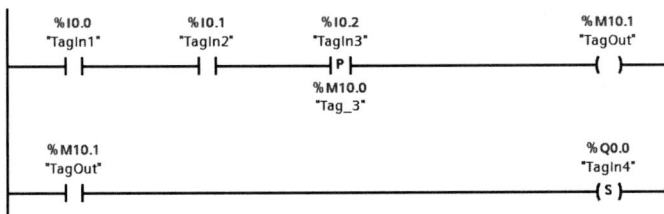

(a) 扫描操作数的信号上升沿示例程序

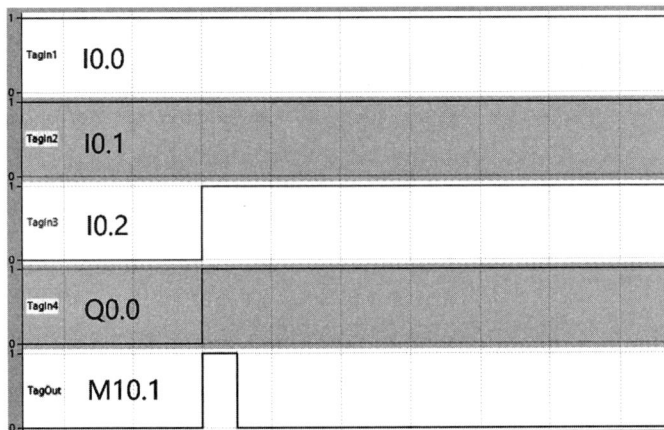

(b) 扫描操作数的信号上升沿示例时序图

图 2-62 扫描操作数的信号上升沿示例

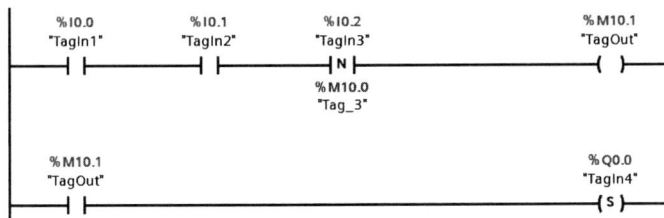

(a) 扫描操作数的信号下降沿示例程序

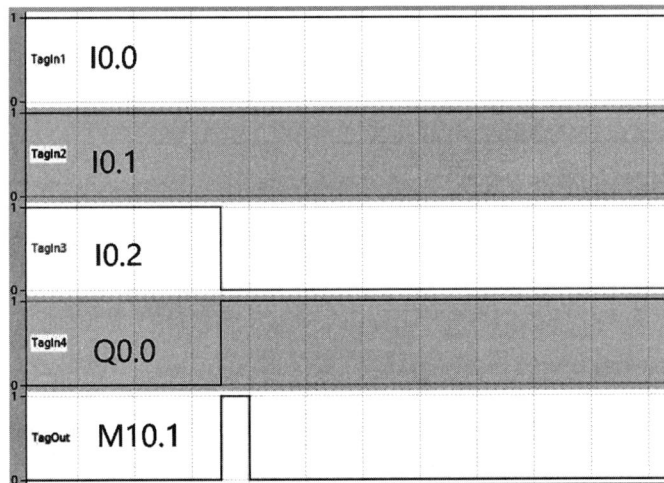

(b) 扫描操作数的信号下降沿示例时序图

图 2-63 扫描操作数的信号下降沿示例

3. 信号边沿置位操作数指令

信号边沿置位操作数指令见表 2-12，与扫描操作数边沿指令相同的是也有 2 条指令：P 触点指令和 N 触点指令。不同的是这个指令结果不会影响逻辑运算结果 RLO，对能流是畅通无阻的，可以放在程序段的中间或最后。

表 2-12　信号边沿置位操作数指令

名称	LAD 格式	说明
P 触点指令	`<??.?>` —(P)— `<??.?>`	在信号上升沿置位操作数。 在进入线圈的能流中检测到正跳变（0 → 1）时，分配的位 "OUT" 为 TRUE。能流输入状态总是通过线圈后变为能流输出状态。P 线圈可以放置在程序段中的任何位置
N 触点指令	`<??.?>` —(N)— `<??.?>`	在信号下降沿置位操作数。 在进入线圈的能流中检测到负跳变（1 → 0）时，分配的位 "OUT" 为 TRUE。能流输入状态总是通过线圈后变为能流输出状态。N 线圈可以放置在程序段中的任何位置

三、任务实施

1. 分配 I/O 地址，绘制 PLC 输入 / 输出接线图

本控制任务的 I/O 地址分配如表 2-13 所示。

表 2-13　水塔水位的控制 I/O 地址分配

输入		输出	
初始启动按钮 SB0	I0.0	抽水电机接触器 KM	Q0.1
水塔水位上限 S1	I0.1	进水阀门 Y	Q0.2
水塔水位下限 S2	I0.2		
水池水位上限 S3	I0.3		
水池水位下限 S4	I0.4		

将已选择的输入 / 输出设备和分配好的 I/O 地址一一对应连接，如图 2-64 所示。

2. 编制 PLC 程序

编制水塔水位控制的 PLC 梯形图程序如图 2-65 所示。

3. 程序调试

在上位计算机上启动博途编程软件，将图 2-65 所示梯形图程序输入到计算机。

按照图连接好线路，将梯形图程序下载到 PLC，按控制要求加入输入信号运行程序，观察运行结果。如果运行情况与控制要求不符，则需要对控制程序或外部接线进行检查，直到符合要求。

接初始启动按钮SB0 —— I0.0

接水塔水位上限传感器S1 —— I0.1

接水塔水位下限传感器S2 —— I0.2

PLC

接水池水位上限传感器S3 —— I0.3

接水池水位下限传感器S4 —— I0.4

M

Q0.1 —— KM

Q0.2 —— Y

1L —— 220V FU

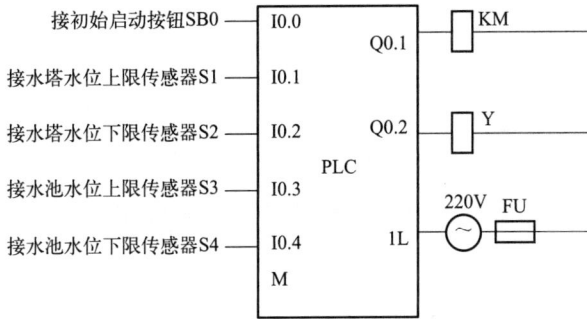

图 2-64　水塔水位控制输入 / 输出接线图

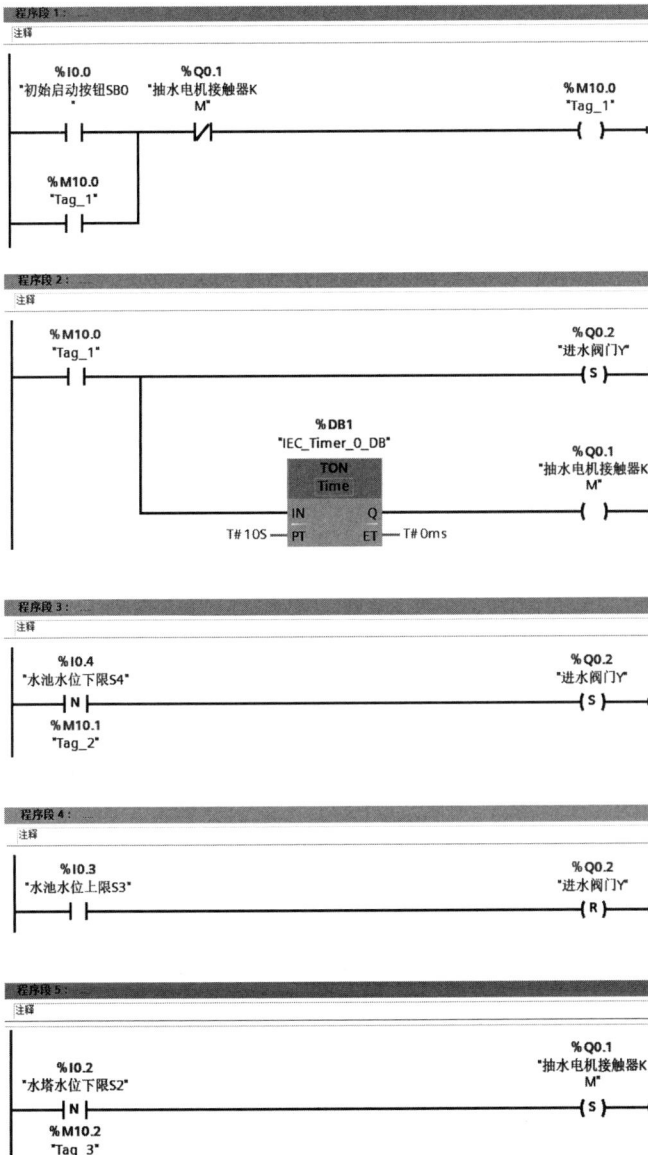

程序段 1：
注释

```
  %I0.0              %Q0.1                                        %M10.0
"初始启动按钮SB0"    "抽水电机接触器K                              "Tag_1"
  —| |——              M"
                    ——|/|————————————————————————————————————————( )——

  %M10.0
  "Tag_1"
  —| |——
```

程序段 2：
注释

```
  %M10.0                                                          %Q0.2
  "Tag_1"                                                       "进水阀门Y"
  —| |——————————————————————————————————————————————————————————(S)——

                        %DB1
                   "IEC_Timer_0_DB"
                        TON                                       %Q0.1
                        Time                                    "抽水电机接触器K
                                                                    M"
              —————————IN        Q——————————————————————————————( )——
        T#10S ——PT       ET—— T#0ms
```

程序段 3：
注释

```
  %I0.4                                                          %Q0.2
"水池水位下限S4"                                                "进水阀门Y"
  —|N|——————————————————————————————————————————————————————————(S)——
  %M10.1
  "Tag_2"
```

程序段 4：
注释

```
  %I0.3                                                          %Q0.2
"水池水位上限S3"                                                "进水阀门Y"
  —| |——————————————————————————————————————————————————————————(R)——
```

程序段 5：
注释

```
                                                                 %Q0.1
  %I0.2                                                        "抽水电机接触器K
"水塔水位下限S2"                                                    M"
  —|N|——————————————————————————————————————————————————————————(S)——
  %M10.2
  "Tag_3"
```

图 2-65

笔记

程序段 6 :

注释

```
    %I0.1                                          %Q0.1
 "水塔水位上限S1"                                "抽水电机接触器K
                                                      M"
 ─────┤ ├──────────────────────────────────────────( R )──────
```

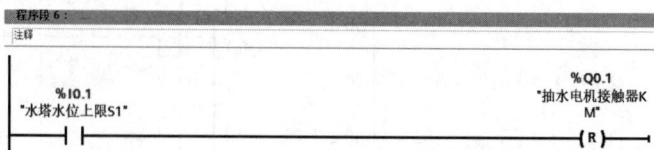

图 2-65　水塔水位控制的 PLC 梯形图程序

四、知识拓展：扫描 RLO 信号边沿指令和检测信号边沿指令

1. 扫描 RLO 信号边沿指令

扫描 RLO 信号边沿指令见表 2-14，有两条指令：

（1）扫描 RLO 的信号上升沿（P_TRIG）

如果上一次扫描的 CLK（<操作数>）为"0"，当前 CLK 信号状态为"1"，则说明出现了一个信号上升沿。检测到信号上升沿时，输出 Q 信号状态将在一个程序周期内保持置位为"1"。在其他任何情况下，输出 Q 的信号状态均为"0"。

（2）扫描 RLO 的信号下降沿（N_TRIG）

如果上一次扫描的 CLK（<操作数>）为"1"，当前 CLK 信号状态为"0"，则说明出现了一个信号下降沿。检测到信号下降沿时，输出 Q 信号状态将在一个程序周期内保持置位为"1"。在其他任何情况下，输出 Q 的信号状态均为"0"。

表 2-14　扫描 RLO 信号边沿指令

名称	LAD 格式	说明
P_TRIG	**P_TRIG** ─ CLK　　Q ─	扫描 RLO 的信号上升沿。 在 "CLK" 能流输入中检测到正跳变（0 → 1）时，Q 输出能流或者逻辑状态为 TRUE。P_TRIG 指令不能放置在程序段的开头或结尾
N_TRIG	**N_TRIG** ─ CLK　　Q ─	扫描 RLO 的信号下降沿。 在 "CLK" 能流输入中检测到负跳变（1 → 0）时，Q 输出能流或者逻辑状态为 TRUE。N_TRIG 指令不能放置在程序段的开头或结尾

扫描 RLO 信号边沿指令示例程序如图 2-66 所示，在 I0.0 和 I0.1 的逻辑运算结果为 1 的上升沿瞬间将 Q0.0 置位，在 I0.0 和 I0.1 的逻辑运算结果为 0 的下降沿瞬间将 Q0.0 复位。

2. 检测信号边沿指令

检测信号边沿指令见表 2-15，检测信号边沿指令有两条指令：

（1）检查信号上升沿（R_TRIG）

如果上一次扫描的 CLK（保存在背景数据块）为"0"，当前 CLK 信号状态为

"1"，则说明出现了一个信号上升沿。检测到信号上升沿时，输出 Q 信号状态将在一个程序周期内保持置位为"1"。在其他任何情况下，输出 Q 的信号状态均为"0"。

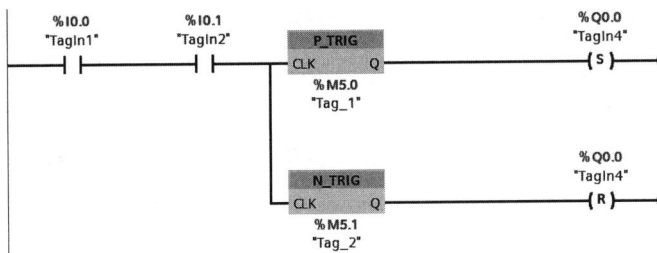

图 2-66　扫描 RLO 信号边沿指令示例程序

（2）检查信号下降沿（F_TRIG）

如果上一次扫描的 CLK（保存在背景数据块）为"1"，当前 CLK 信号状态为"0"，则说明出现了一个信号下降沿。检测到信号下降沿时，输出 Q 信号状态将在一个程序周期内保持置位为"1"。在其他任何情况下，输出 Q 的信号状态均为"0"。

表 2-15　检测信号边沿指令

名称	LAD 格式	说明
R_TRIG		在信号上升沿置位变量。 分配的背景数据块用于存储 CLK 输入的前一状态。在 CLK 能流输入（LAD）中检测到正跳变（0→1）时，Q 输出能流或者逻辑状态为 TRUE。在 LAD 中，R_TRIG 指令不能放置在程序段的开头或结尾
F_TRIG		在信号下降沿置位变量。 分配的背景数据块用于存储 CLK 输入的前一状态。在 CLK 能流输入中检测到负跳变（1→0）时，Q 输出能流或者逻辑状态为 TRUE。F_TRIG 指令不能放置在程序段的开头或结尾

五、任务评价

根据任务完成情况，完成附录 C 的任务评价表。

📑 项目小结

本项目主要介绍了位逻辑指令、复位 / 置位优先指令、梯形图编程规则、定时器指令、计数器指令以及边沿指令。

位逻辑指令包含常开常闭触点指令，来实现传统电气控制中的常开常闭按钮开关；又有"与""或""非"三个逻辑指令，能构成基本、常见的串并联电气控制结构；置位 / 复位指令能实现简洁的自锁功能。

SR 复位优先触发器是复位输入端控制优先，RS 置位优先触发器是置位输入端控制优先。

PLC 的定时器可以用于设定和控制时间延迟功能，在实际应用，例如控制启动延时或计时停止等操作中非常实用。S7-1200 系列 PLC 提供 4 种类型的定时器，满足不同场景的需求。

计数器用于对信号的次数进行计数，通常应用于对事件、循环次数等的统计。S7-1200 系列 PLC 中的加计数器、减计数器、加减计数器功能灵活多样，能够实现多种复杂的计数逻辑。

边沿指令用于检测输入信号的变化，例如从低电平到高电平（上升沿）或从高电平到低电平（下降沿）。这些指令在处理高速脉冲信号或检测瞬时状态变化时十分关键。

通过本章的学习，读者应能够掌握 S7-1200 系列 PLC 中位逻辑指令、定时器、计数器及边沿指令的基本用法，并能在实际项目中应用这些指令实现复杂的逻辑控制功能。这些基础知识将为后续更深入地学习 PLC 编程奠定坚实的基础。

思考与练习

2.1 填空（一）。

（1）在同一个程序中，同一编程元件的（　　　）可以任意次数重复使用。

（2）输出指令不可以（　　　）使用，但（　　　）的输出指令可以连续使用多次。

（3）外部的输入电路接通时，对应的输入映像寄存器为（　　　）状态，梯形图中对应的常开触点（　　　），常闭触点（　　　）。

（4）若梯形图中某位输出映像寄存器的线圈"断电"，对应的输出映像寄存器为（　　　）状态，在输出刷新后，继电器输出模块中对应的硬件继电器的线圈（　　　），其常开触点（　　　）。

2.2 使用置位域 / 复位域指令需要注意哪些事项？

2.3 用置位 S/ 复位 R 指令编程，实现电动机直接启停的控制。

2.4 编程实现三台电动机同时启动、同时停车的控制。设 Q0.0、Q0.1、Q0.2 分别驱动电动机的接触器。I0.0 为启动按钮，I0.1 为停车按钮。

2.5 使用置位指令和复位指令，编程实现满足下面控制要求的程序。

（1）启动时，电动机 M1 先启动，电动机 M2 才能启动；停止时，电动机 M1、M2 同时停止。

（2）启动时，电动机 M1、M2 同时启动；停止时，电动机 M2 先停止，电动机 M1 才能停止。

2.6 抢答器有四个输入，分别为 I0.0、I0.1、I0.2 和 I0.3，输出分别为 Q2.0、Q2.1、Q2.2 和 Q2.3，复位输入为 I0.4。任务要求：四个人任意抢答，谁先按下按钮，谁的指示灯就优先亮，且只能亮一盏灯；进行下一问题抢答前，主持人按下复位按钮，抢答重新开始。请根据要求完成抢答器的设计，并完成 PLC 的程序编制。

2.7　填空（二）。

（1）通电延时定时器 TON 的输入 IN（　　　）时开始定时，当前值大于或等于设定值时其定时器状态位变为（　　　），其常开触点（　　　），常闭触点（　　　）。

（2）通电延时定时器 TON 在输入 IN 电路（　　　）时被复位，复位后其常开触点（　　　），常闭触点（　　　），当前值等于（　　　）。

2.8　完成以下任务。

（1）用定时器组成振荡电路，产生周期为 5s、占空比为 20% 的脉冲输出。

（2）编程实现采用一个按钮，每隔 3s 顺序启动三台电动机 M1、M2、M3 的控制。要求 M2 启动后 M1 自动停止，M3 启动后 M2 自动停止，M3 运行 3s 后自动停止。

2.9　分别编制控制程序，实现下面的控制要求：

（1）电动机 M1 先启动后 M2 才能启动，且 M2 能单独停车；

（2）电动机 M1 先启动后 M2 才能启动，且 M2 能点动；

（3）M1 先启动，经过一定延时后 M2 才能自行启动；

（4）M1 先启动，经过一定延时后 M2 自行启动，M2 启动后 M1 立即停车；

（5）启动时，M1 启动后 M2 才能启动。停止时，M2 停止后 M1 才能停止。

2.10　填空（三）。

若加计数器的计数输入电路 CU（　　　），复位输入电路 R（　　　），计数器的当前值加 1。当前值大于或等于设定值 PV 时，其常开触点（　　　），常闭触点（　　　）。复位输入电路（　　　）时计数器被复位，复位后其常开触点（　　　），常闭触点（　　　），当前值为（　　　）。

2.11　设计用两个计数器串级组合实现计数范围的扩展程序。

2.12　现有仓库中转站，最多可容纳 100 件货物。仓库中转站进口和出口各装一个传感器，每当有货进出，传感器就给出一个脉冲信号。试编程实现：当仓库中转站货物数量不足 100 时，绿灯亮，表示可以继续进货；当仓库中转站货物数量满100 时，红灯亮，表示不准进货。

2.13　编程实现蓄水池水位的控制。蓄水池中装有两个水位检测传感器 S1（低位）、S2（高位），要求：水位高于 S2 时关闭进水电磁阀 YV1，打开排水电磁阀YV2，而水位低于 S1 时关闭排水电磁阀 YV2，重新开启进水电磁阀 YV1，如此循环。设初始状态：S1=S2=YV1=YV2=OFF，蓄水池为空。

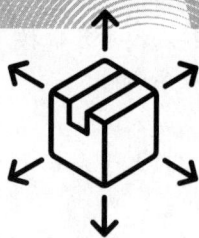

项目三
S7-1200 PLC 顺序控制指令应用

笔记

项目二介绍了 PLC 的基本指令，读者由此可学会用一般程序设计方法解决问题。但在实际应用中，系统常要求具有并行顺序控制或程序选择控制能力，若还用基本指令完成控制功能，其连锁部分编程较易出错，且程序较长。而用 PLC 中提供的顺序控制指令来完成并行顺序控制或程序选择控制等，那就比较方便。本项目重点介绍顺序控制指令及其应用。

任务一　多种液体混合装置控制

液体混合装置的控制

◇ 知识目标

掌握顺序流程图的基本概念和实质；
了解顺序流程图的构成和应用；
掌握顺序控制系统的程序设计方法。

◇ 能力目标

能使用顺序控制的方法设计顺序控制程序；
能用顺控设计法编写多种液体混合装置控制程序并仿真实施。

◇ 素质目标

增强实践动手能力，通过实际操作和实验，掌握顺序流程图单一流向控制的实现方法；
培养故障诊断与解决能力，能够快速定位并解决多液体混合装置控制系统中的问题；
树立持续改进的观念，在实际应用中不断优化控制程序，提高系统的稳定性和效率。

一、任务导入和分析

图 3-1 所示为多种液体混合装置示意图。SL1、SL2、SL3 为液面传感器，液面淹没时接通，液体 A、液体 B 和液体 C 的流入分别由电磁阀 YV1、YV2 和 YV3 控制，混合液体的流出由电磁阀 YV4 控制，M 为搅拌电机。控制要求：

（1）初始状态

当混合装置投入运行时，容器内为放空状态。

（2）液体混合

合上启动开关，装置开始按下面顺序动作：

液体 A 阀门 YV1 打开，液体 A 注入容器。

当液面到达 SL3 时关闭阀门 YV1，打开液体 B 阀门 YV2。

当液面到达 SL2 时关闭阀门 YV2，打开液体 C 阀门 YV3。

当液面到达 SL1 时关闭阀门 YV3，搅拌电机开始转动。

搅拌电机工作 30s 后停止搅拌，混合液体阀门 YV4 打开，放出混合液体。

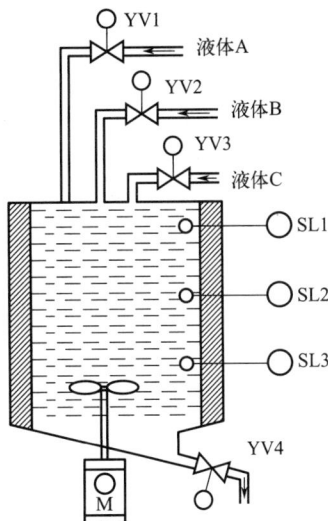

图 3-1　多种液体混合装置示意图

当液面下降到低于 SL3 时，SL3 由接通变为断开，再经 10s 后，容器放空，YV4 关闭，接着开始下一个循环的操作。

（3）停止操作

断开启动开关后，继续处理完当前循环周期剩余的操作，然后系统停止在初始状态。

二、相关知识：顺序流程图单一流向的顺控程序设计方法

顺序流程图也叫状态转移图或顺序功能图，它使用图解方式描述顺序控制程序，是一种功能性说明语言。顺序流程图的编程思路是将控制过程的工作周期分解成多个顺序相连的步骤，用编程语言 S7-GRAPH 绘制。S7-300/400 从 STEP7 Professional V11 开始支持使用 GRAPH 语言，S7-1500 从 STEP7 Professional V12 SP1 开始支持使用 GRAPH，S7-1200 不单独支持 GRAPH 编程语言。

顺序流程图主要由步骤、动作与功能、转移条件、连接线段等构成。

（1）步骤

顺序流程图把设备的工作周期分解成若干个顺序相连的动作，称为"步骤"，也称"步"。每一个步骤相对独立，有自己的编号，表示顺序控制程序中的每一个动作。在生产工艺流程中，每个步骤可以是激活或是非激活状态。当步骤的执行条件满足时，步骤就处于激活状态，反之是非激活状态。整个流程开始阶段都有一个初始状

态，这一状态为起始步，用双线方框标识。所有的顺序流程图都要有一个起始步。

（2）动作与功能

一般在步骤的右端用线段连接一个方框，用以描述该步骤要执行的动作和功能，如图 3-2 所示。当步骤处于激活状态时，对应的动作功能程序就会被执行。

（3）转移条件

转移条件即从一个步骤到另一个步骤转移时所需要具备的条件。表示方法是在各步骤之间的线段上画一短横线，旁边标注条件，如图 3-3 所示。当两个步骤之间的转移条件得到满足时，转移才会执行，即上个步骤结束动作转而开始执行下一步骤，因此步骤之间不会重复而是从上而下顺序执行。

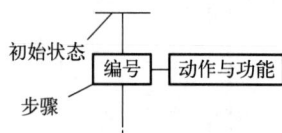

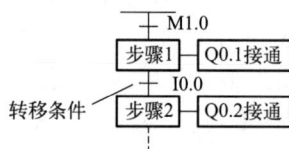

图 3-2　步骤的表示　　　　图 3-3　转移条件的表示

（4）连接线段

在顺序流程图中，步骤之间的转移采用连接线段表示，表示当前步骤执行结束后将跳往要执行的下一步骤。步骤之间由竖直或水平的线段连接，按照工艺流程进展执行的方向总是从上到下、从左往右，有时候为便于理解可追加箭头表示前进执行的方向。

顺序控制指令的简单应用如图 3-4 所示，它是用顺序控制指令编写的控制两条街道交通灯变化的部分程序。该控制系统要求系统启动时自动进入初始步，当启动按钮 I0.0 按下时执行第一步，当 T1 定时器计时时间满 3s 时转移到第二步，第二步在 T2 定时器计时时间满 5s 时跳转到第三步，由此往下执行，实现交通灯的控制。图 3-5 中给出了前面三步的示例程序。

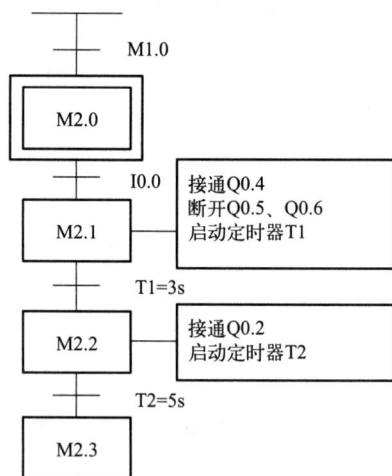

图 3-4　顺序控制指令的简单应用

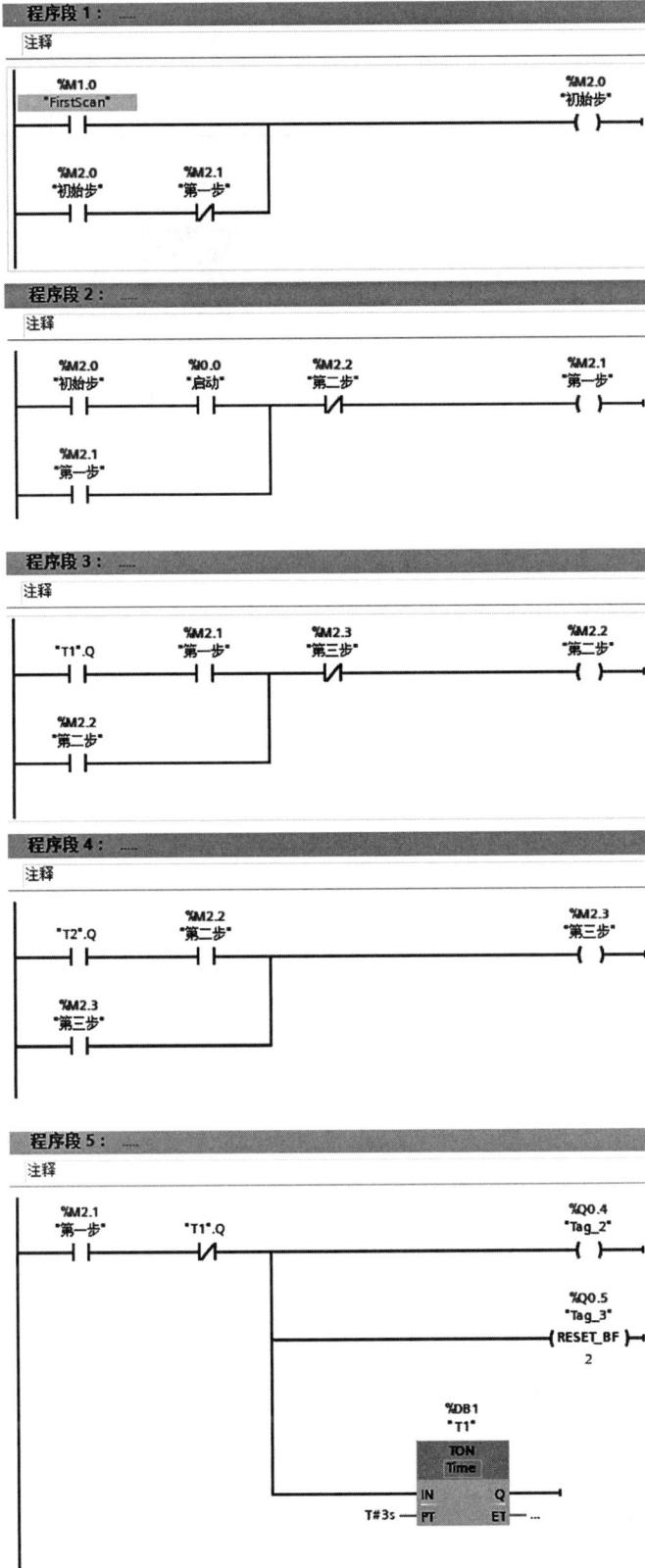

程序段 1： ....

注释

```
    %M1.0                                                          %M2.0
  "FirstScan"                                                     "初始步"
    ┤ ├                                                            ( )

    %M2.0        %M2.1
   "初始步"       "第一步"
    ┤ ├          ┤/├
```

程序段 2： ....

注释

```
    %M2.0        %I0.0        %M2.2                                %M2.1
   "初始步"       "启动"       "第二步"                              "第一步"
    ┤ ├          ┤ ├          ┤/├                                  ( )

    %M2.1
   "第一步"
    ┤ ├
```

程序段 3： ....

注释

```
    "T1".Q       %M2.1        %M2.3                                %M2.2
                "第一步"       "第三步"                              "第二步"
    ┤ ├          ┤ ├          ┤/├                                  ( )

    %M2.2
   "第二步"
    ┤ ├
```

程序段 4： ....

注释

```
    "T2".Q       %M2.2                                            %M2.3
                "第二步"                                           "第三步"
    ┤ ├          ┤ ├                                               ( )

    %M2.3
   "第三步"
    ┤ ├
```

程序段 5： ....

注释

```
    %M2.1        "T1".Q                                           %Q0.4
   "第一步"                                                       "Tag_2"
    ┤ ├          ┤/├─────────┬─────────────────────────────────── ( )
                             │
                             │                                    %Q0.5
                             │                                   "Tag_3"
                             ├────────────────────────────────┤RESET_BF├
                             │                                      2
                             │
                             │                        %DB1
                             │                        "T1"
                             │                     ┌──────────┐
                             │                     │   TON    │
                             │                     │   Time   │
                             └─────────────────────┤IN      Q ├───
                                              T#3s─┤PT     ET ├ ...
                                                     └──────────┘
```

图 3-5

程序段 6 : _____

注释

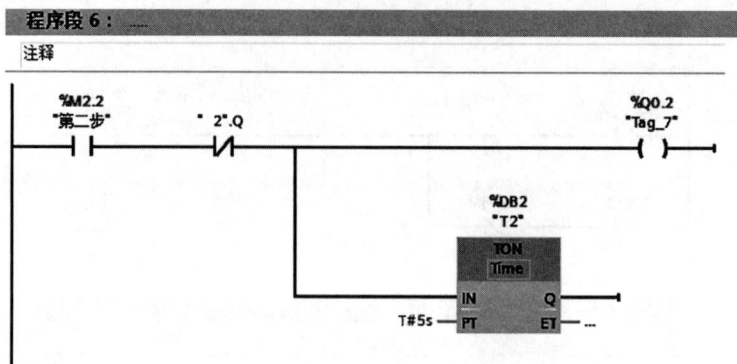

图 3-5　顺序控制指令的应用举例梯形图

三、任务实施

1. 分配 I/O 地址，绘制 PLC 输入 / 输出接线图

多种液体混合装置控制任务的 I/O 地址分配如表 3-1 所示。

表 3-1　多种液体混合装置控制 I/O 地址分配

输　入		输　出		内部编程元件	
启动开关 SD	I0.0	液体 A 电磁阀 YV1	Q0.0	定时器 TON	T1，T2
液面传感器 SL1	I0.1	液体 B 电磁阀 YV2	Q0.1		
液面传感器 SL2	I0.2	液体 C 电磁阀 YV3	Q0.2	内部中间继电器	M0.0 ～ M2.5
液面传感器 SL3	I0.3	搅拌电机接触器 YKM	Q0.3		
		混合液体电磁阀 YV4	Q0.4		

将已选择的输入 / 输出设备和分配好的 I/O 地址一一对应连接，形成 PLC 仿真操作接线示意图，如图 3-6 所示。

2. 编制 PLC 程序

多种液体混合装置控制状态转移图如图 3-7 所示。将多种液体混合装置控制的工艺流程分解成了 6 步：

第 1 步为初始步，一直处于空白等待状态，不做任何动作；

当 I0.0 接通时，初始步转移到第 2 步，这个时候把液体 A 注入到装置里面；

当液体 A 高度升高到激活 SL3 传感器时，转移到第 3 步，停止注入液体 A 并开始注入液体 B；

当液体 B 高度升高到激活 SL2 传感器时，转移到第 4 步，停止注入液体 B 并开始注入液体 C；

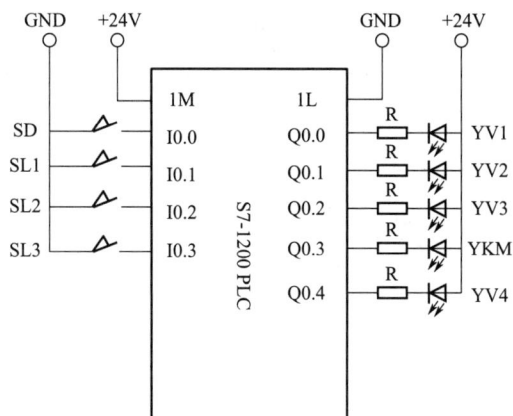

图 3-6　多种液体混合装置控制仿真操作接线示意图

当液体 C 高度升高到激活 SL1 传感器时，转移到第 5 步，停止注入液体 C 并开始搅拌，定时器 T1 开始计时；

T1 计时时间到后直接转移到第 6 步，放出混合液体，当液面下降并激活 SL3 传感器时，T2 开始计时，T2 计时时间到时面临两个转移路线：当 I0.0 接通时直接跳转到第 2 步，重复以上流程；当 I0.0 没有接通时转移到初始步，等待起始按钮 I0.0 的接通。

根据多种液体混合装置控制状态转移图（图 3-7），编写出对应的 PLC 梯形图程序如图 3-8 所示。

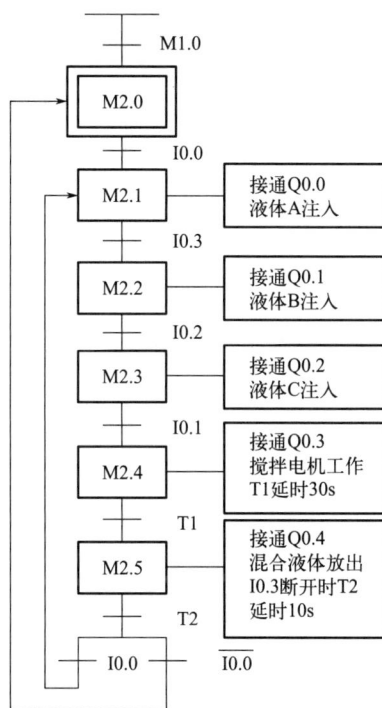

图 3-7　跳转和循环控制状态转移图

笔记

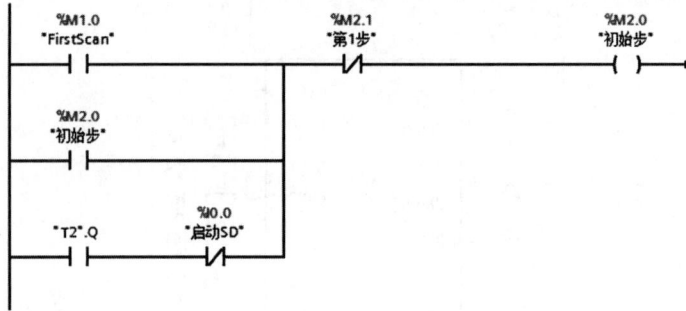

(a) 程序段1

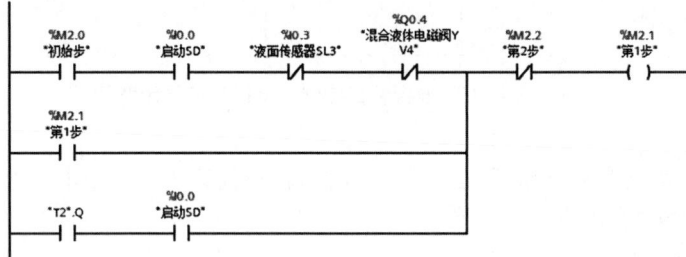

(b) 程序段2

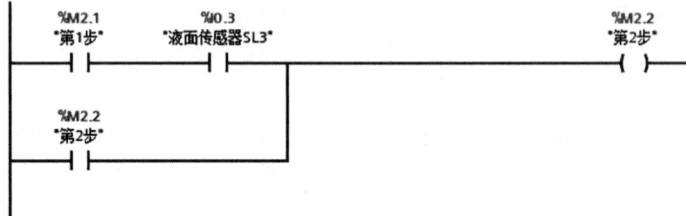

(c) 程序段3

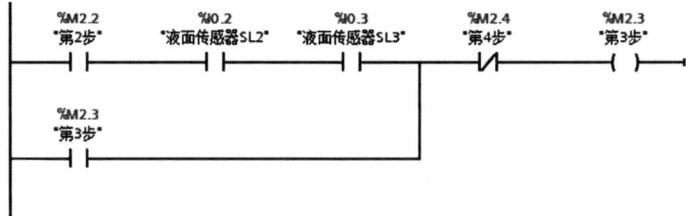

(d) 程序段4

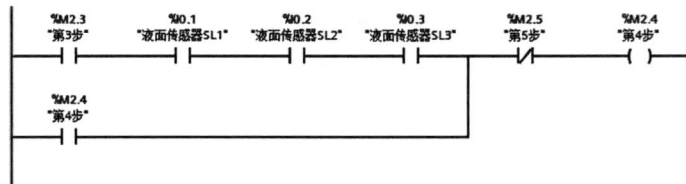

(e) 程序段5

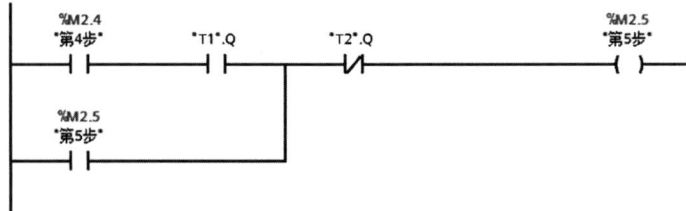

(f) 程序段6

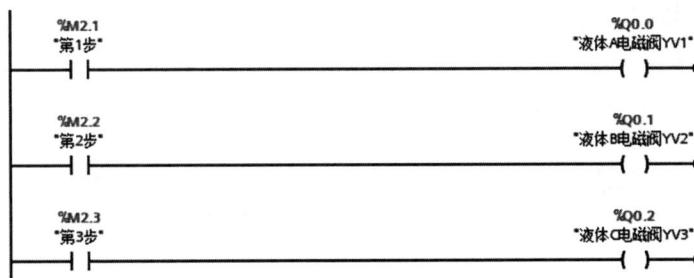

(g) 程序段7

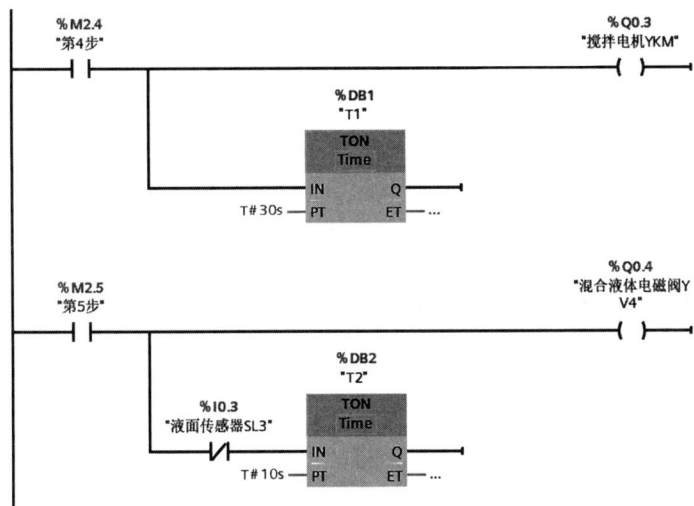

(h) 程序段8

图 3-8　液体混合装置控制的梯形图

3.程序调试

在上位计算机上启动博途编程软件，将图 3-8 所示梯形图程序输入到计算机。

按照图 3-6 连接好线路，将梯形图程序下载到 PLC 后运行程序。注意观察每个液面传感器所导致的输出量的变化。观察运行结果，如果运行结果与控制要求不符，则需要对控制程序或外部接线进行检查，直到正确。

四、知识拓展：跳转和循环控制

在实际运用的控制方式中还有跳转和循环控制。很多生产流水线上的机械控制都属于多个动作的重复运行，还有些要通过控制实现部分指令有时执行，有时跳过不执行。图 3-9 所示是一个跳转和循环控制的状态转移图，其对应的梯形图程序如图 3-10 所示。在该程序中，I0.1 和 I1.1 的闭合，使程序从 M2.1 表示

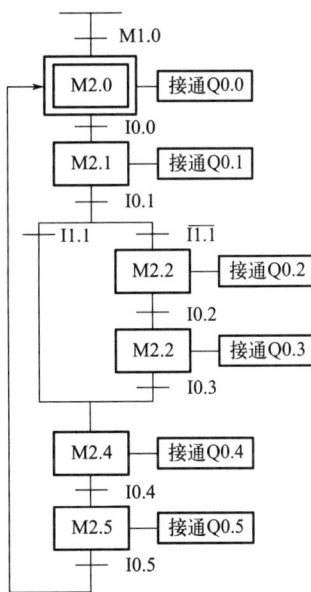

图 3-9　跳转和循环控制状态转移图

笔记

的第 1 步跳转到 M2.4 表示的第 4 步；I0.1 的闭合和 I1.1 的断开状态使程序顺序向下运行。另一方面，在 M2.5 表示的第 5 步中，使用 I0.5 的闭合激活初始步，使 M2.0 再次置位，从而实现程序的循环运行。

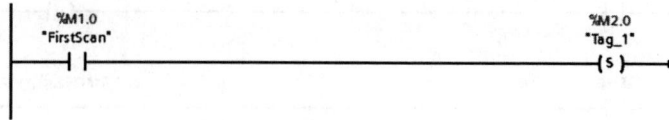

(a) 程序段1

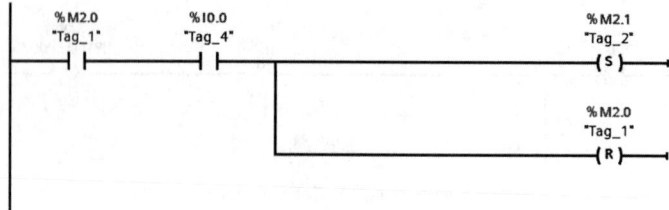

(b) 程序段2

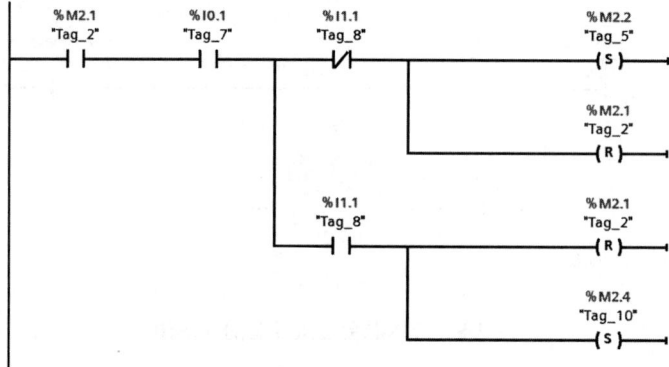

(c) 程序段3

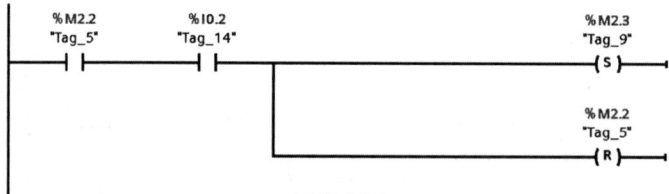

(d) 程序段4

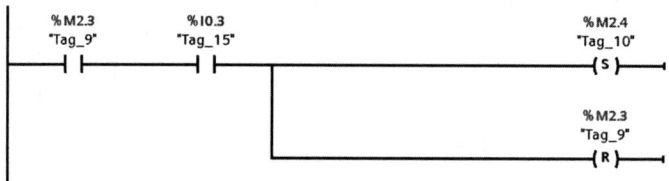

(e) 程序段5

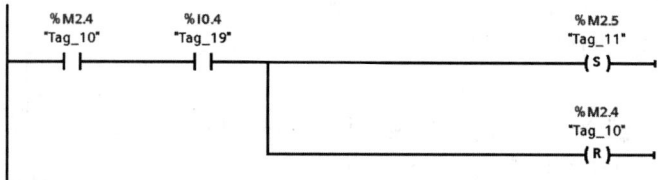

(f) 程序段6

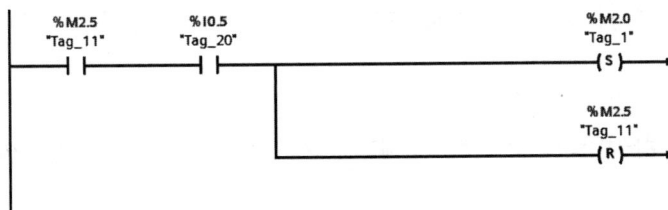

(g) 程序段7

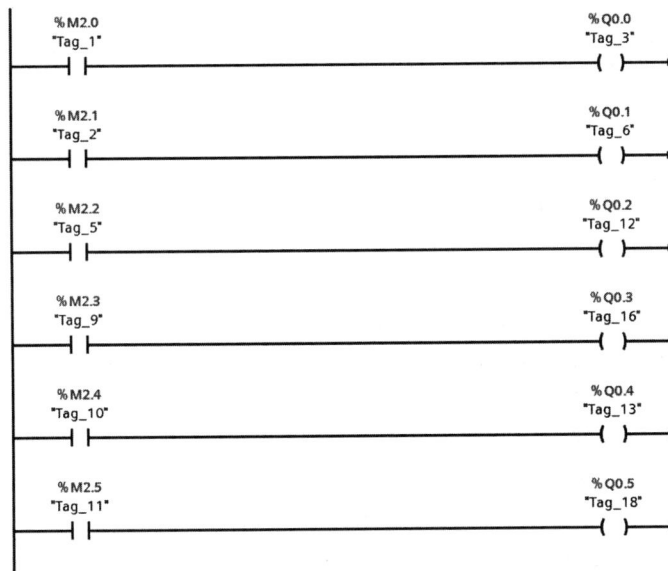

(h) 程序段8

图 3-10 跳转和循环控制梯形图

五、任务评价

根据任务完成情况，完成附录 C 的任务评价表。

任务二 按钮式人行横道交通灯控制

按钮式人行横道交通灯控制

◇ **知识目标**

熟悉顺序流程图；
掌握分支控制、合并控制的基本概念；
掌握程序控制类指令（JMP、SWITCH、LABEL 等）的功能及应用。

◇ **能力目标**

能对选择和并行序列进行分支和合并；
掌握模块化设计思想，能够将复杂的控制逻辑拆分为多个独立的流程模块；

能用多流程顺控设计法编写按钮式人行横道交通灯控制程序并仿真实施。

◇ **素质目标**

增强环境保护和安全操作意识，确保系统在运行过程中对环境友好，并保护行人安全；

强调用户体验的重要性，能够设计出操作简便、反应迅速的人行横道交通灯控制系统；

培养在项目设计和实施中的管理能力，能够合理分配任务和时间，确保项目按时完成。

一、任务导入和分析

图 3-11 所示为按钮式人行横道交通灯控制系统示意图。通常路口车道为绿灯，人行横道为红灯。若人行横道有人按动按钮（I0.0 或 I0.1 有信号），则车道继续为绿灯，人行横道仍为红灯。但 20s 后，车道变黄灯，再 5s 后车道变为红灯，车道为红灯 5s 后，人行横道变为绿灯，行人方可通过。人行横道为绿灯 15s 后再闪烁 5s，然后又变回红灯，这期间车道一直为红灯，再过 5s 返回初始状态。因为车道和人行横道同时要进行控制，所以这是典型的并行分支结构。

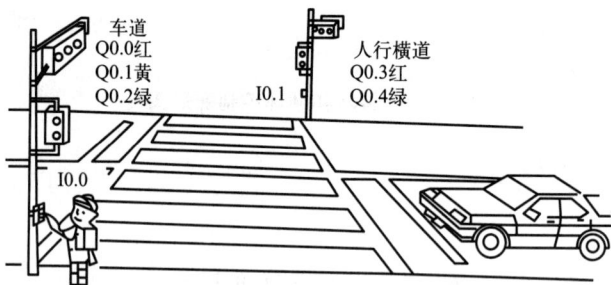

图 3-11　按钮式人行横道交通灯控制系统示意图

二、相关知识：多流程顺序控制

1. 分支控制

在实际控制中，一个顺序控制状态流有时需要分成两个或多个不同分支控制状态流，如图 3-12 所示。

注意： 当一个控制状态流分离成多个分支时，所有的分支控制状态流必须同时激活。

2. 有条件的分支控制

在有些情况下，一个控制流可能转入多个可能的控制流中的某一个。到底转入到哪一个，取决于控制流前面的转移条件，哪个先为真就转入哪个分支，如图 3-13 所示。

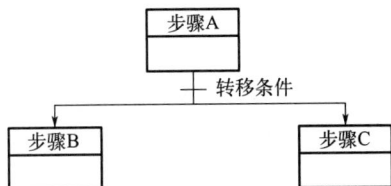

图 3-12　控制流的分支

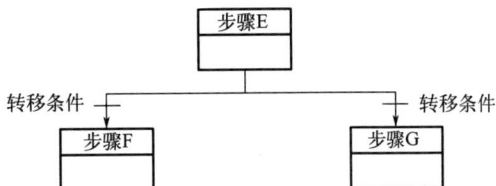

图 3-13　基于转移条件的控制流分支

3. 合并控制

当多个控制流产生类似的结果时，可以把这些控制流合并成一个控制流，被称为控制状态流的合并，如图 3-14 所示。在合并控制流时，必须等到所有分支控制流都执行完成，才能共同进入下一个步骤。

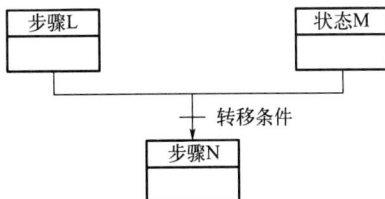

4. 多流程顺序控制举例

（1）选择分支过程控制

某选择分支过程控制的状态转移图（即顺序流程图）和梯形图程序如图 3-15、图 3-16 所示。

图 3-14　控制流的合并

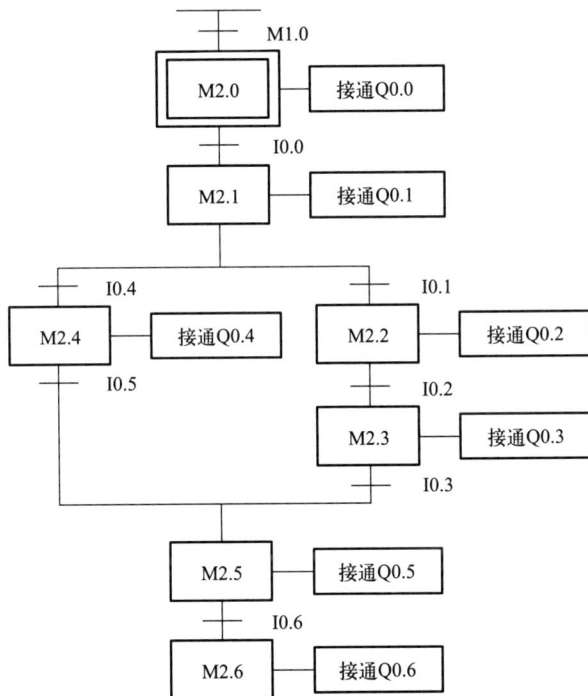

图 3-15　选择分支过程控制状态转移图

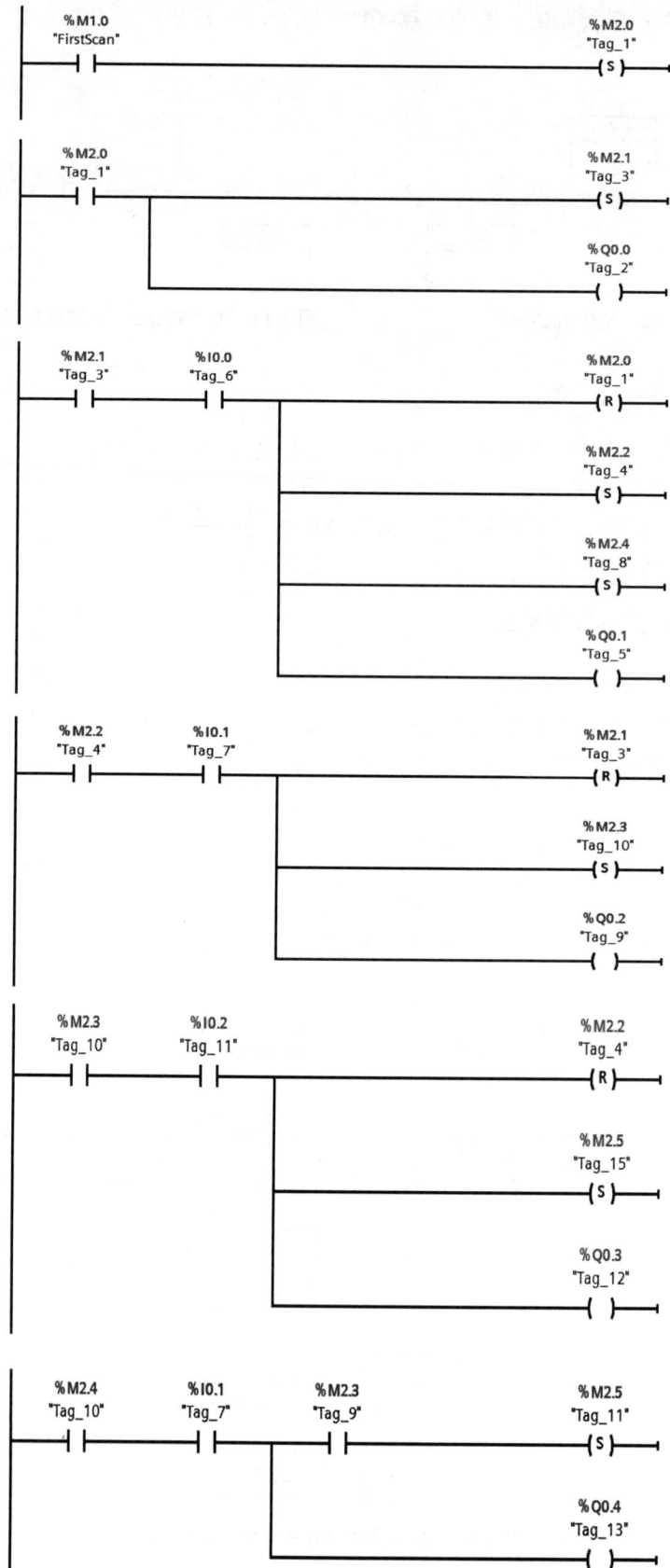

```
    %M1.0                                                         %M2.0
  "FirstScan"                                                    "Tag_1"
    ─┤ ├────────────────────────────────────────────────────────( S )──

    %M2.0                                                         %M2.1
   "Tag_1"                                                       "Tag_3"
    ─┤ ├──────────────┬──────────────────────────────────────────( S )──
                      │                                           %Q0.0
                      │                                          "Tag_2"
                      └──────────────────────────────────────────( )────

    %M2.1            %I0.0                                        %M2.0
   "Tag_3"          "Tag_6"                                      "Tag_1"
    ─┤ ├──────────────┤ ├────────┬─────────────────────────────( R )────
                                 │                               %M2.2
                                 │                              "Tag_4"
                                 ├─────────────────────────────( S )────
                                 │                               %M2.4
                                 │                              "Tag_8"
                                 ├─────────────────────────────( S )────
                                 │                               %Q0.1
                                 │                              "Tag_5"
                                 └─────────────────────────────( )──────

    %M2.2            %I0.1                                        %M2.1
   "Tag_4"          "Tag_7"                                      "Tag_3"
    ─┤ ├──────────────┤ ├────────┬─────────────────────────────( R )────
                                 │                               %M2.3
                                 │                              "Tag_10"
                                 ├─────────────────────────────( S )────
                                 │                               %Q0.2
                                 │                              "Tag_9"
                                 └─────────────────────────────( )──────

    %M2.3            %I0.2                                        %M2.2
   "Tag_10"         "Tag_11"                                     "Tag_4"
    ─┤ ├──────────────┤ ├────────┬─────────────────────────────( R )────
                                 │                               %M2.5
                                 │                              "Tag_15"
                                 ├─────────────────────────────( S )────
                                 │                               %Q0.3
                                 │                              "Tag_12"
                                 └─────────────────────────────( )──────

    %M2.4            %I0.1            %M2.3                        %M2.5
   "Tag_10"         "Tag_7"         "Tag_9"                      "Tag_11"
    ─┤ ├──────────────┤ ├────────────┤ ├────┬─────────────────( S )────
                                            │                    %Q0.4
                                            │                   "Tag_13"
                                            └─────────────────( )──────
```

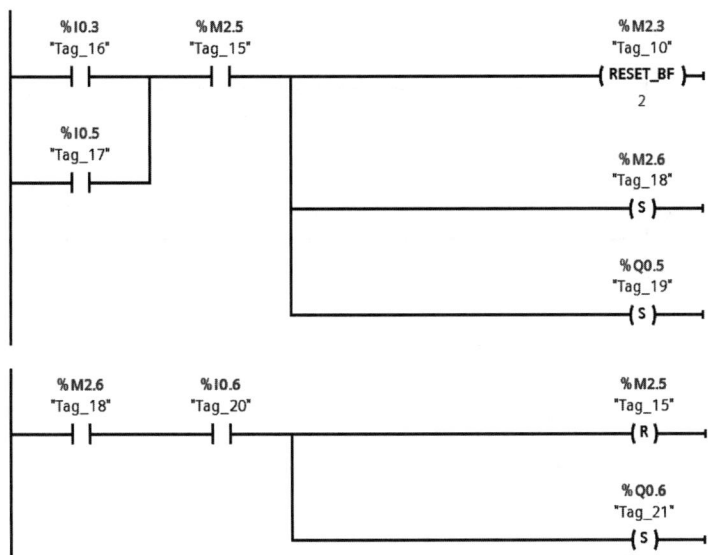

图 3-16　选择分支过程控制梯形图

（2）并行分支合并过程控制

某并行分支合并过程控制的状态转移图和梯形图程序如图 3-17、图 3-18 所示。

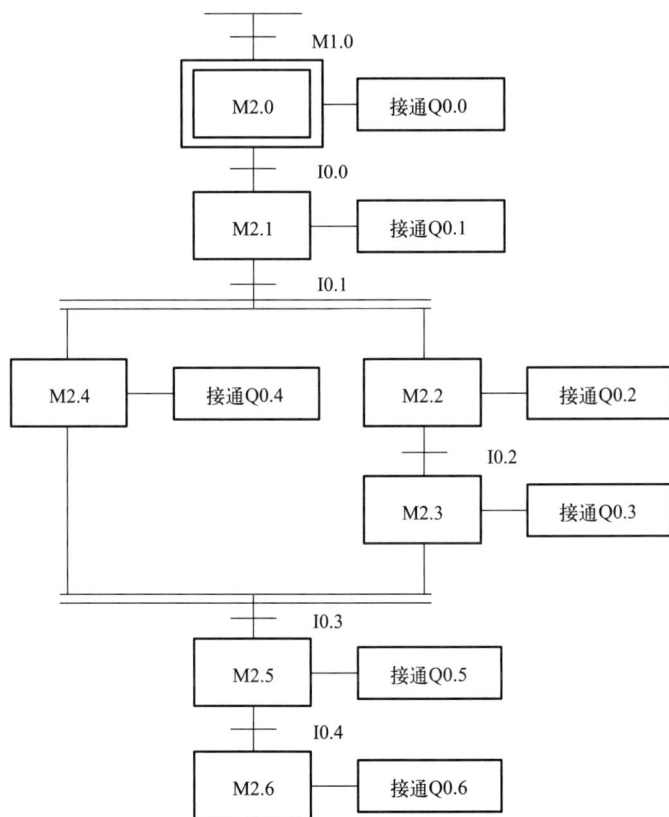

图 3-17　并行分支合并过程控制状态转移图

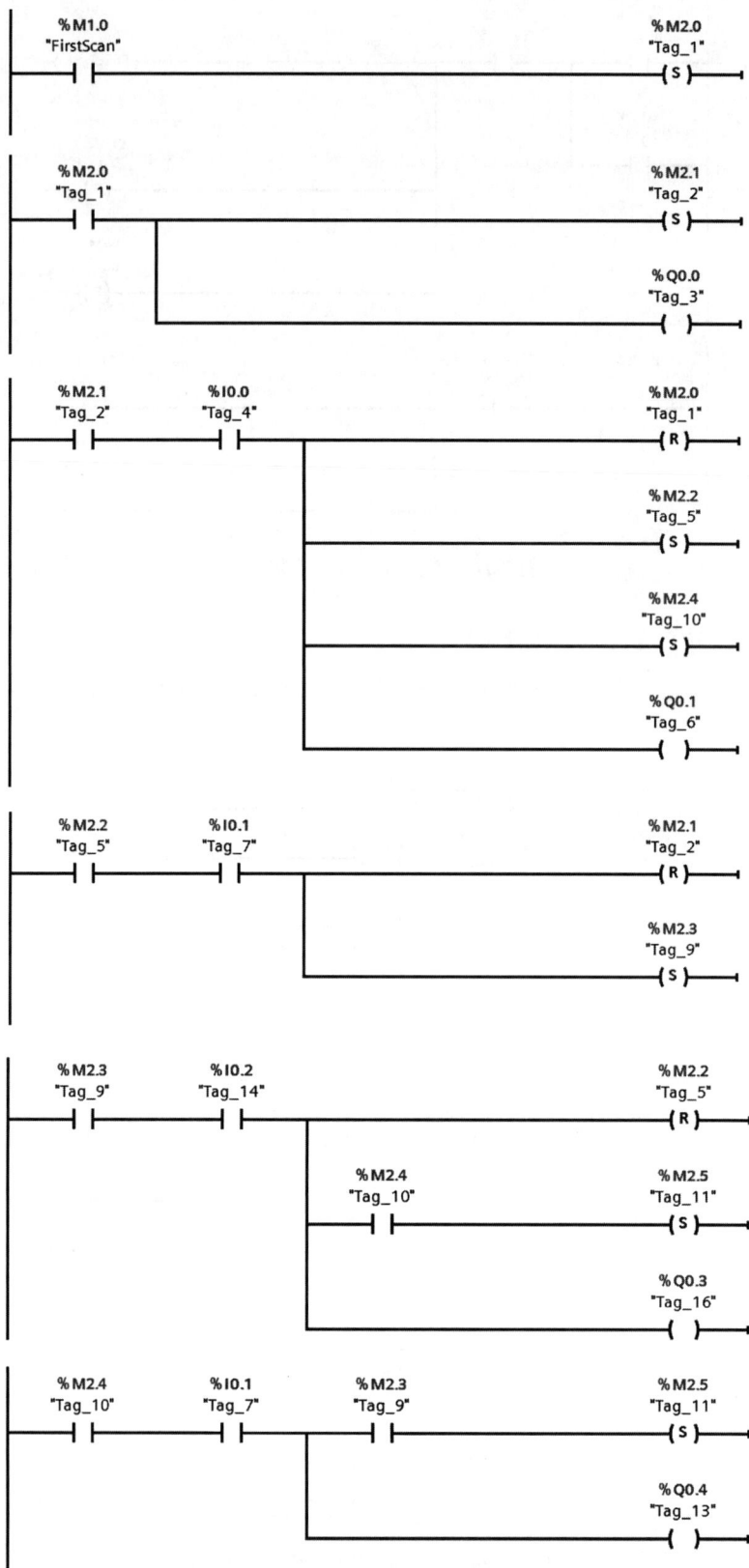

笔记

```
    %M1.0                                                          %M2.0
  "FirstScan"                                                      "Tag_1"
    ──┤├──────────────────────────────────────────────────────────( S )──

    %M2.0                                                          %M2.1
   "Tag_1"                                                         "Tag_2"
    ──┤├──────┬───────────────────────────────────────────────────( S )──
              │
              │                                                    %Q0.0
              │                                                    "Tag_3"
              └───────────────────────────────────────────────────( )────

    %M2.1        %I0.0                                             %M2.0
   "Tag_2"      "Tag_4"                                            "Tag_1"
    ──┤├──────────┤├──────┬────────────────────────────────────────( R )──
                         │
                         │                                         %M2.2
                         │                                         "Tag_5"
                         ├────────────────────────────────────────( S )──
                         │
                         │                                         %M2.4
                         │                                         "Tag_10"
                         ├────────────────────────────────────────( S )──
                         │
                         │                                         %Q0.1
                         │                                         "Tag_6"
                         └────────────────────────────────────────( )────

    %M2.2        %I0.1                                             %M2.1
   "Tag_5"      "Tag_7"                                            "Tag_2"
    ──┤├──────────┤├──────┬────────────────────────────────────────( R )──
                         │
                         │                                         %M2.3
                         │                                         "Tag_9"
                         └────────────────────────────────────────( S )──

    %M2.3        %I0.2                                             %M2.2
   "Tag_9"     "Tag_14"                                            "Tag_5"
    ──┤├──────────┤├──────┬────────────────────────────────────────( R )──
                         │
                         │   %M2.4                                 %M2.5
                         │  "Tag_10"                              "Tag_11"
                         ├────┤├───────────────────────────────────( S )──
                         │
                         │                                         %Q0.3
                         │                                         "Tag_16"
                         └────────────────────────────────────────( )────

    %M2.4        %I0.1         %M2.3                               %M2.5
   "Tag_10"     "Tag_7"       "Tag_9"                             "Tag_11"
    ──┤├──────────┤├────────────┤├────┬───────────────────────────( S )──
                                     │
                                     │                            %Q0.4
                                     │                            "Tag_13"
                                     └────────────────────────────( )────
```

笔记

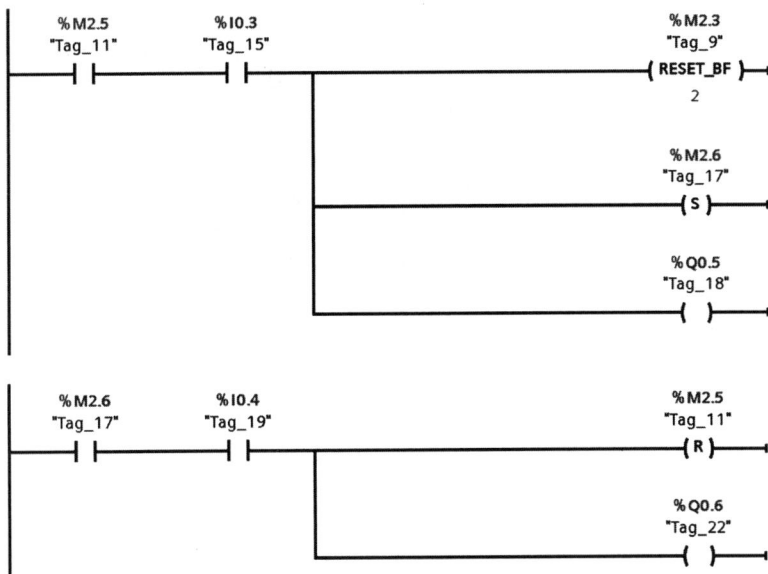

图 3-18 并行分支合并过程控制梯形图

三、任务实施

1. 分配 I/O 地址，绘制 PLC 输入 / 输出接线图

按钮式人行横道交通灯控制任务的 I/O 地址分配如表 3-2 所示。

表 3-2 按钮式人行横道交通灯控制 I/O 地址分配

输入		输出		内部编程元件	
人行道启动按钮 SB1	I0.0	车道红灯 HL1	Q0.0	定时器 TON	T1 ～ T6
人行道启动按钮 SB2	I0.1	车道黄灯 HL2	Q0.1		
		车道绿灯 HL3	Q0.2	中间继电器	M0.0 ～ M3.3
		人行道红灯 HL4	Q0.3		
		人行道绿灯 HL5	Q0.4		

将已选择的输入 / 输出设备和分配好的 I/O 地址一一对应连接，形成 PLC I/O 接线图，如图 3-19 所示。

2. 编制 PLC 程序

按钮式人行横道交通灯控制状态转移图如图 3-20 所示。

笔记

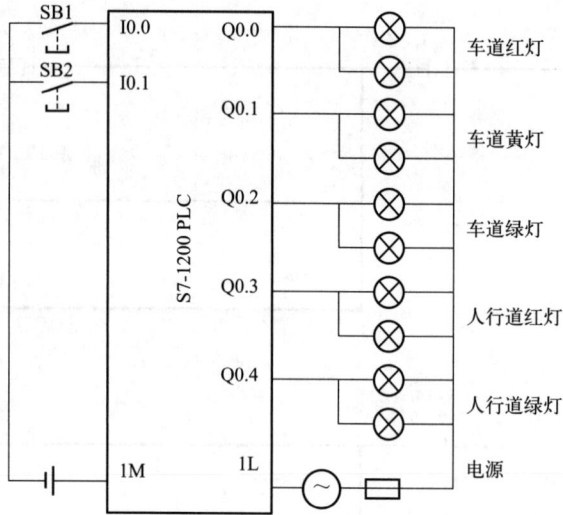

图 3-19 按钮式人行横道交通灯控制输入/输出接线图

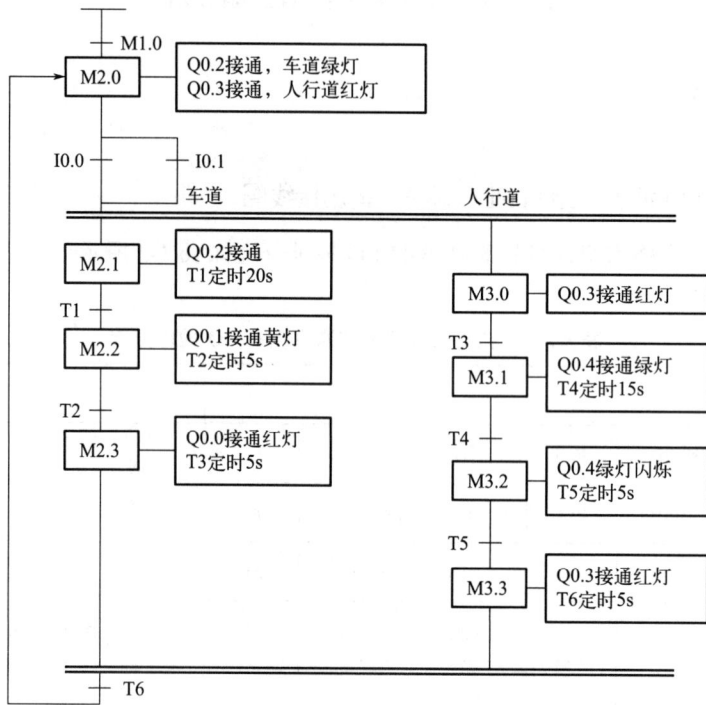

图 3-20 按钮式人行横道交通灯控制状态转移图

根据按钮式人行横道交通灯控制状态转移图，编写出对应的 PLC 梯形图程序，如图 3-21 所示。

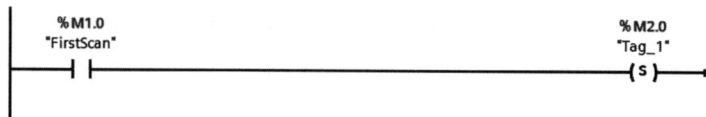

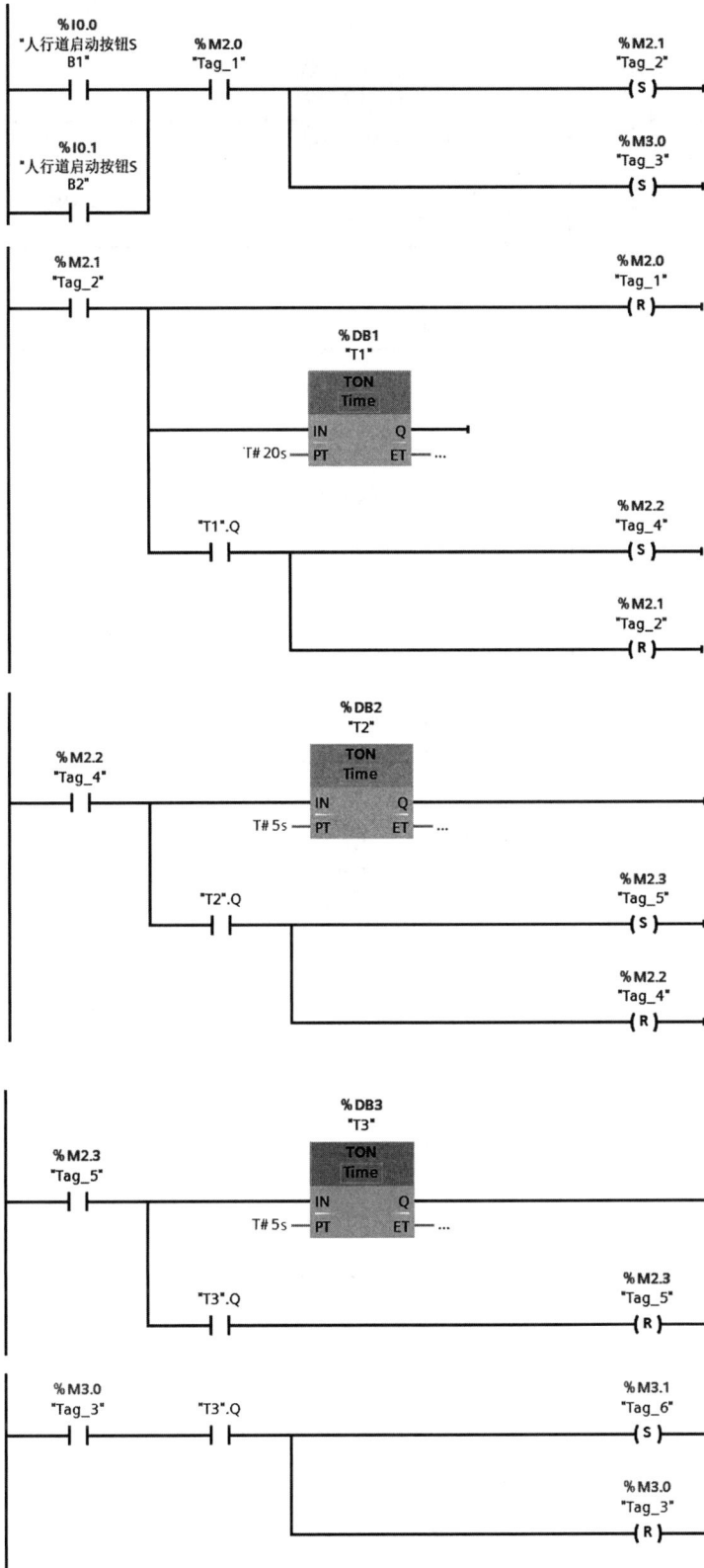

图 3-21

笔记

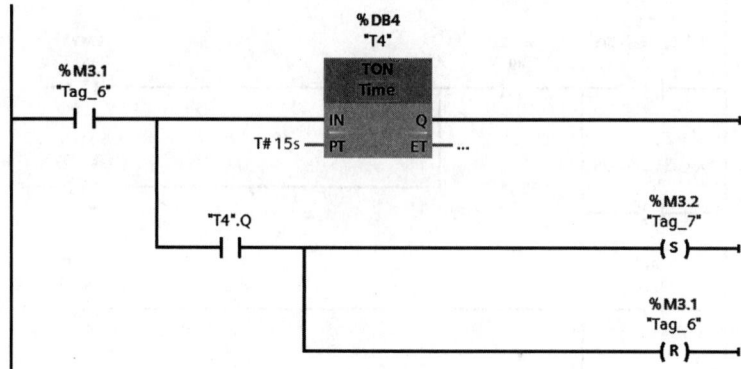

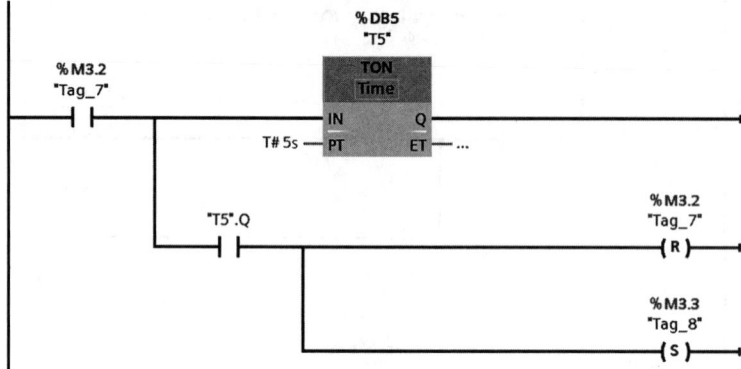

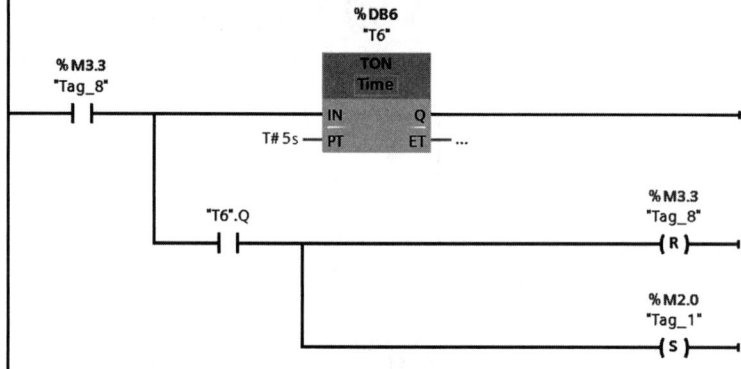

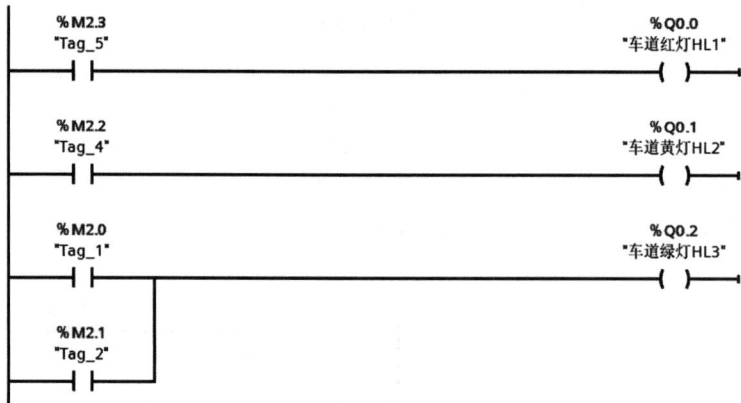

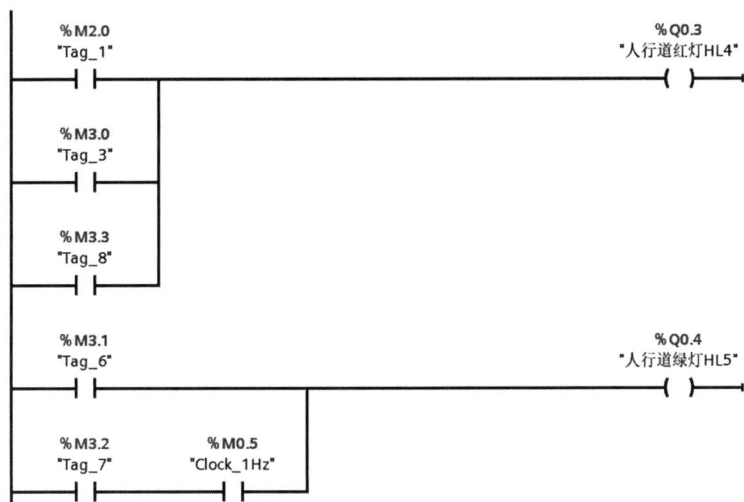

图 3-21　按钮式人行横道交通灯控制梯形图

3.程序调试

在上位计算机上启动博途编程软件，将图 3-21 所示梯形图程序输入到计算机。

按照图 3-19 连接好线路，将梯形图程序下载到 PLC 后分别给 I0.0 及 I0.1 运行程序，观察程序运行结果，直到运行情况与控制要求相符。

四、知识拓展：程序控制指令

程序控制指令是指程序中跳转指令等（见表 3-3）。执行程序控制指令之前，程序进行线性扫描，按照先后顺序执行。在执行程序控制指令之后，跳转到所指定的程序段去执行，并从该程序段的标签入口处继续线性扫描。

表 3-3　常用程序控制指令的 LAD 格式和功能

项目	名称			
	跳转指令	反跳转指令	标签指令	返回指令
LAD 格式	<???> ——(JMP)——	<???> ——(JMPN)——	<???>	<???> ——(RET)——
功能	逻辑运算结果为 1 时跳转到跳转指令上方的指定标签的目标程序段继续执行	逻辑运算结果为 0 时跳转到跳转指令上方的指定标签的目标程序段继续执行	JMP 或 JMPN 跳转指令的目标标签	终止执行当前程序块

程序控制指令没有参数，只有一个地址标号。地址标号是程序跳转的一个标识，起始目的地址标号必须从一个网络开始，一般由字母＋数字组成，但是数字必须以 0 为起点，例如 LABEL0。

1. 跳转指令

当输入的逻辑运算结果（RLO）的状态为 1 时，跳转指令（JMP）将会执行，它会中断当前顺序程序的执行，立马跳转到跳转指令上方的指定标签的目标程序段继续执行。如果满足 RLO=0，则继续线性扫描，顺序执行下一个程序段。跳转的目标程序段必须用跳转标签进行标识，在该跳转执行程序的左上方指定标签名称。标签可以是中文，也可以是英文，但不能以数字开头，数字只能放在英文或中文的后面，标签大小基本没有限制。

指定的跳转标签必须与执行的指令在同一数据块中，各标签在代码块内必须唯一，一个程序段只能使用一个跳转线圈。如果指令输入的逻辑运算结果为 1，则将跳转到由指定标签标识的程序段，可以跳转到更大或更小的程序段编号。可以在同一代码块中从多个位置跳转到同一标签。

如图 3-22（a）所示，如果 I0.0 没有接通，则 JMP 指令的 RLO 值为 0，程序顺序执行，Q0.0 的线圈接通，输出为 1。如果 I0.0 接通，则 RLO 的值为 1，执行 JMP 指令跳转到标签为 LABEL1 的程序段，这个时候 Q0.1 输出为 1，Q0.0 没有输出。

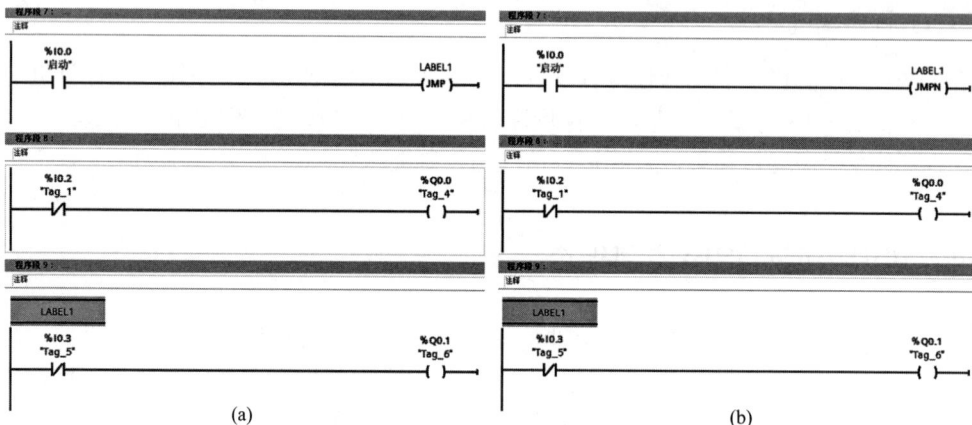

(a)   (b)

图 3-22　跳转与反跳转指令示意梯形图

2. 反跳转指令

与跳转指令的运算逻辑正好相反，当输入的 RLO 的状态为 0 时，反跳转指令（JMPN）将会执行，中断当前顺序程序的执行，立马跳转到跳转指令上方的指定标签（LABEL）的目标程序段继续执行。如果满足 RLO=1，则继续线性扫描，顺序执行下一个程序段。

如图 3-22（b）所示，如果 I0.0 没有接通，则 JMPN 指令的 RLO 值为 0，执行 JMPN 指令跳转到标签为 LABEL1 的程序段，这个时候 Q0.1 输出为 1，Q0.0 没有输出。如果 I0.0 接通，则 RLO 的值为 1，程序顺序执行，Q0.0 的线圈接通，输出为 1。

3. 标签指令

标签指令，即跳转标签 LABEL，用于标识在执行跳转指令后程序继续执行的目标程序段。跳转标签与指定跳转标签的指令必须位于同一数据块中。跳转标签的名称在块中只能分配一次。S7-1200 CPU 最多可以声明 32 个跳转标签，而 S7-1500

CPU 最多可以声明 256 个跳转标签。一个程序段中只能设置一个跳转标签。每个跳转标签可以跳转到多个位置。

跳转标签遵守以下语法规则：

① 字母：a ~ z，A ~ Z；

② 字母和数字组合：请检查排列顺序是否正确，如首先是字母，然后是数字 + 字母（a ~ z，A ~ Z，0 ~ 9）；

③ 不能使用特殊字符或反向排序字母与数字组合，如首先是数字，然后是字母（0 ~ 9，a ~ z，A ~ Z）。

4. 定义跳转列表指令

定义跳转列表指令（JMP_LIST），根据参数从多个跳转条件跳转到指定程序段执行程序。指令说明见表 3-4。

表 3-4　定义跳转列表指令格式和参数

LAD/FBD 格式	参数	说明
JMP_LIST	EN	使能输入，数据类型为 Bool，存储区可以是 I、Q、M、D、L 或常量
EN　DEST0 —<???> <???>—K　DEST1 —<???> 　　DEST2 —<???> 　✳ DEST3 ▤<???>	K	指定输出的编号及要执行跳转的标签值
	DEST0	如果 K 的值等于 0，则跳转到分配给 DEST0 输出的程序标签。如果 K 的值等于 1，则跳转到分配给 DEST1 输出的程序标签，以此类推。如果 K >标签数 -1，则不进行跳转，继续处理下一程序段
	DEST1	
	DESTn	

定义跳转列表指令梯形图示例如图 3-23 所示。当 M4.0 闭合时，执行定义跳转列表指令，初始状态下参数 K 为 0，此时 K=DEST0，跳转到标签 C1 下的程序段。当接通 M4.1 时，MW10 变为 2，K=DEST2，跳转到标签 C3 下的程序段，Q0.0 输出为 1，此时 C1 和 C2 程序段无法执行。当 M4.3 接通时，Q0.2 输出，Q0.0 被复位，MW10 变为 1，K=DEST1，跳转到标签 C2 下的程序段。当 M4.2 接通时 Q0.1 输出为 1，此时的 C1 程序段无法执行。

5. 跳转分支指令

跳转分支指令（SWITCH），是根据一个或多个比较指令的结果，定义要执行的多个程序跳转。根据 K 输入的值与分配给指定比较输入的值的比较结果，跳转到与第一个为"真"的比较测试相对应的程序标签。如果比较结果都不为真，则跳转到分配给 ELSE 的标签。程序从目标跳转标签后面的程序指令继续执行。

跳转分支指令也与 LABEL 指令配合使用，根据比较结果定义要执行的程序跳转。在指令框中为每个输入选择比较类型（<、>、<>、==、<=、>=），该指令从第一个比较条件开始判断，直至满足比较条件为止。如果满足比较条件，则将不考虑后续比较条件，从该条件所对应输出端的标签执行。如果未满足任何指定的比较条件，将在输出 EISE 处执行跳转。如果输出 EISE 中未定义程序跳转，则程序从下一个程序段继续执行。可以在指令框增加条件输出的数量。

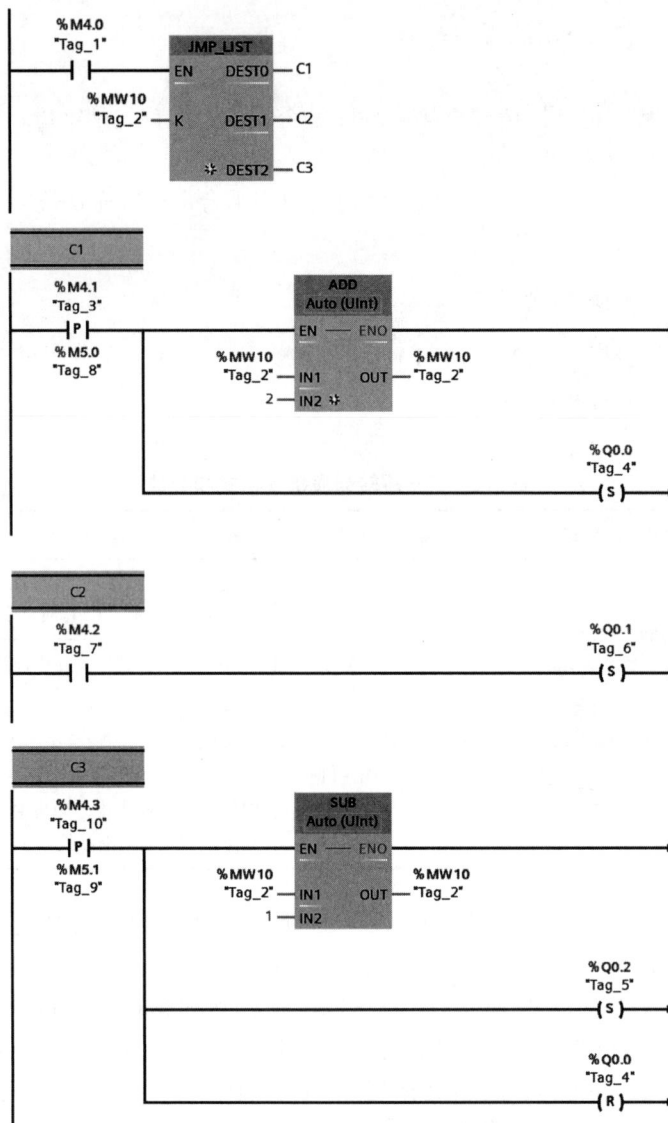

图 3-23　定义跳转列表指令梯形图示例

跳转分支指令梯形图示例如图 3-24 所示，当 M4.0 接通时 SWTICH 指令才被执行，根据 K 的值依次比较 >150、<50 与 ==80 的情况。若大于 150，则执行 LABEL0 标签下的程序段，并顺序执行下去；若小于 50，则执行 LABEL1 标签下的程序段，并顺序执行下去；若等于 80，则执行 LABEL2 标签下的程序段，并顺序执行下去；若以上条件都不满足，则执行 LABEL3 标签下的程序段，并顺序执行下去。

6. 返回指令

返回指令（RET）用于终止当前块的执行。当且仅当有能流通过 RET 线圈

（LAD），或者当 RET 功能框的输入为真（FBD）时，当前块的程序执行在该点终止，并且不执行 RET 指令以后的指令。

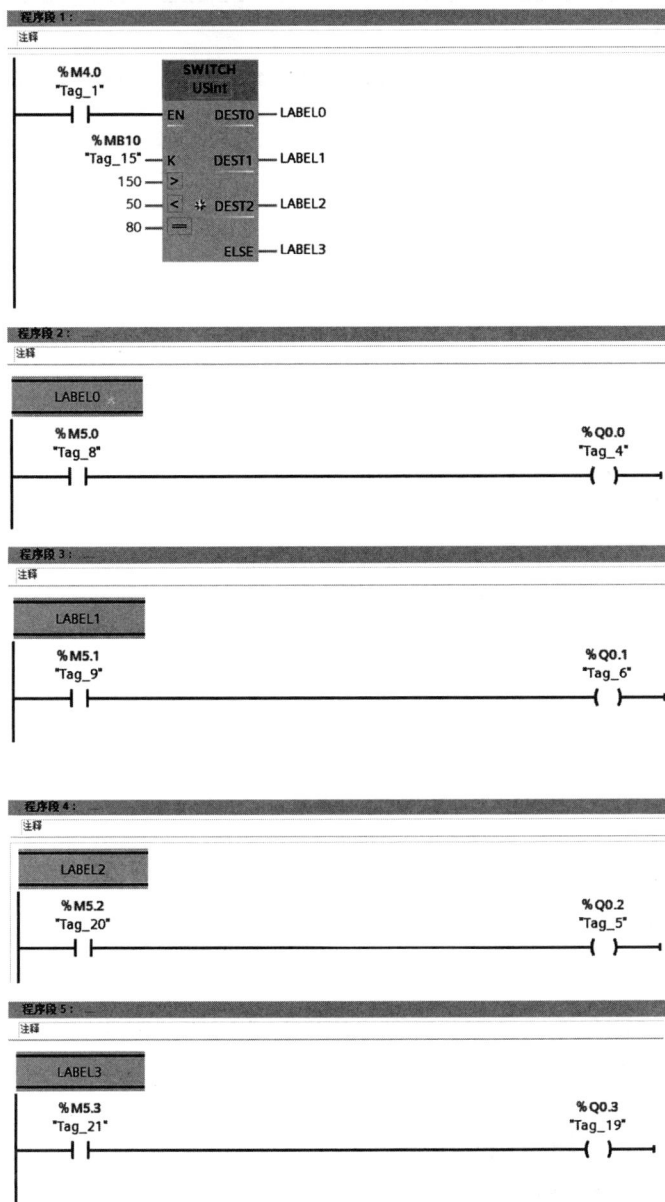

图 3-24　跳转分支指令梯形图示例

不要求用户将 RET 指令用作块中的最后一个指令；该操作是自动完成的。一个块中可以有多个 RET 指令。如果程序段中包含指令 "JMP：若 RLO=1 则跳转" 或 "JMPN：若 RLO=0 则跳转"，则不得使用指令 "RET：返回"。每个程序段中只能使用一个跳转线圈。

返回指令梯形图示例如图 3-25 所示，当 M3.2 闭合时，程序在周期循环内执行到程序段 3 就立刻结束本次循环，程序段 3 后面的程序都不会被执行。

笔记

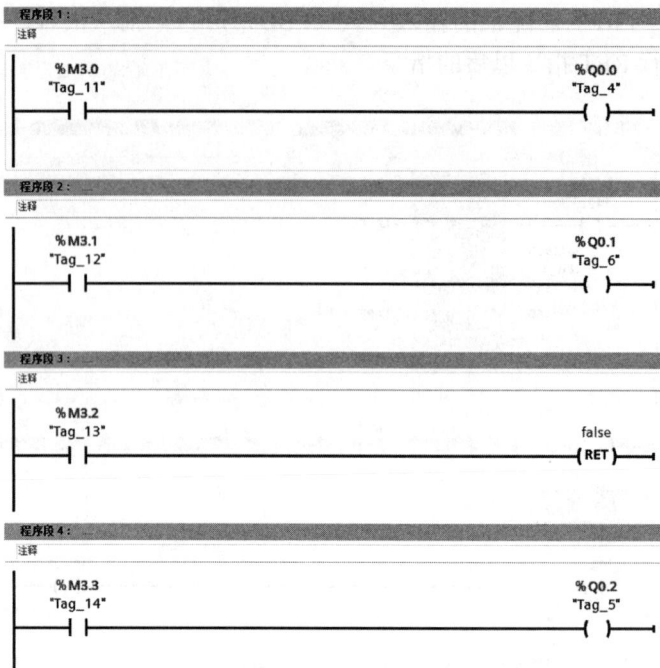

程序段 1:
注释

%M3.0
"Tag_11"

%Q0.0
"Tag_4"

程序段 2:
注释

%M3.1
"Tag_12"

%Q0.1
"Tag_6"

程序段 3:
注释

%M3.2
"Tag_13"

false
(RET)

程序段 4:
注释

%M3.3
"Tag_14"

%Q0.2
"Tag_5"

图 3-25　返回指令梯形图示例

五、任务评价

根据任务完成情况，完成附录 C 的任务评价表。

项目小结

本项目以多种液体混合装置控制、按钮式人行横道交通灯控制两个任务为载体，介绍了 S7-1200 PLC 顺序控制编程思维。顺序控制可以模仿控制进程的步骤，对程序逻辑分块；可以将程序分成单个流程的顺序步骤，也可以同时激活多个流程；可以使单个流程有条件地分成多支单个流程，也可以使多个流程有条件地重新汇集成单个流程，从而可以对一个复杂的工程非常方便地编制控制程序。

顺序控制是一种基于逻辑条件和事件触发的控制方式，通常用于需要按照特定顺序执行的工艺流程中。

顺序流程图把设备的工作周期分解成若干个顺序相连的动作，称为"步骤"，也称"步"。每一个步骤相对独立，有自己的编号，表示顺序控制程序中的每一个动作。在生产工艺流程中，每个步骤可以是激活或是非激活状态。当步骤的执行条件满足时，步骤就处于激活状态，反之是非激活状态。在顺序控制中，条件判断则决定了是否从当前步骤转移到下一个步骤。这种基于条件的控制逻辑可以灵活应对复杂的工业控制需求。

在工业自动化中，顺序控制广泛应用于生产流水线、机械手臂操作、包装和装配等工艺流程。通过使用顺序控制，可以确保每个步骤按顺序执行，提高生产效率和产品质量。

思考与练习

3.1 什么是顺序流程图？顺序流程图主要由哪些元素组成？

3.2 设计一个居室通风系统控制程序，使三个居室的通风系统自动轮流地打开和关闭，轮换时间为 60s。

3.3 在多种液体混合装置控制任务中，如果搅匀电机开始搅匀时要求加热器开始加热，当混合液体在 6s 内达到设定温度，加热器停止加热，搅匀电机工作 6s 后停止搅匀；当混合液体加热 6s 后还没有达到设定温度，加热器继续加热，当混合液体达到设定的温度时，加热器停止加热，搅匀电机停止工作。试修改相关程序并仿真实施。

3.4 根据下列要求，用顺序控制指令编制交通路口信号灯控制程序。

① 按下启动开关，信号灯系统开始工作，且先南北红灯亮 25s，东西绿灯亮 20s。

② 到 20s 时东西绿灯闪亮 3s 后熄灭，接着东西黄灯亮 2s 后熄灭，然后东西红灯亮；同时南北红灯熄灭、绿灯亮。

③ 东西红灯亮 30s，南北绿灯亮 25s 再闪亮 3s 后熄灭，接着南北黄灯亮 2s 后熄灭，这时南北红灯亮、东西绿灯亮。周而复始。启动开关断开时，所有信号灯熄灭。

3.5 试用顺序控制继电器指令编写程序，控制由四条传动带运输机（对应电机 M1～M4）构成的煤粉运输线。为了避免煤粉在传动带上堆积，要求：开机顺序为 M1 先启动，延时 6s 后 M2 启动，延时 6s 后 M3 启动，延时 6s 后 M4 启动；关机顺序为 M4 先停止，延时 6s 后 M3 停止，延时 6s 后 M2 停止，延时 6s 后 M1 停止。

笔记

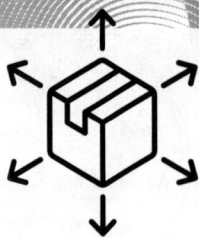

项目四
S7-1200 PLC 功能指令应用

笔记

在工业自动化控制领域中，许多场合需要进行数据运算和特殊处理。为此，现代 PLC 中引入了功能指令（或称应用指令）来解决这类问题。本项目介绍移动指令、比较指令、移位指令、运算指令等常用功能指令及其应用。

任务一　除尘室控制

除尘室的控制

◇ 知识目标

掌握 S7-1200 PLC 的数据类型；
掌握数据比较指令的格式和应用；
掌握数据加 1、减 1 等数据运算指令格式及应用。

◇ 能力目标

能使用比较指令、移动指令等编写应用程序；
能用常用功能指令编写除尘室的控制程序并仿真实施；
能够正确编写适当的 PLC 程序，确保除尘室控制的准确性和稳定性。

◇ 素质目标

具备沟通和表达能力，能够清晰地向团队成员和他人解释和演示创新的除尘室控制方案，并有效传达其价值和优势；
具备解决复杂问题的能力，能够在面对复杂的除尘室控制挑战时，勇于接受挑战并找到创新的解决方案；
具备职业道德和社会责任感，能够将创新的除尘室控制方案应用于实际生产环境中，为环境保护和可持续发展做出贡献。

一、任务导入和分析

在制药厂、水厂等一些对除尘要求比较严格的车间，人、物进入这些场合首先需要进行除尘处理。为了保证除尘操作的严格进行，避免人为因素对除尘的影响，可以用 PLC 对除尘室的门进行有效控制。

某除尘室的结构示意图如图 4-1 所示。人或物进入无污染、无尘车间前，首先在除尘室严格进行指定时间的除尘才能进入车间，否则门打不开，进不了车间。图中第一道门处设有两个传感器：开门传感器和关门传感器。除尘室内有两台风机，用来除尘。第二道门上装有电磁锁和开门传感器，电磁锁在系统控制下自动锁上或打开。进入室内需要除尘，出来时不需除尘。具体控制要求如下：

进入车间时必须先打开第一道门进入除尘室，进行除尘。当第一道门打开时，开门传感器动作，第一道门关上时关门传感器动作。第一道门关上后，风机开始吹风，电磁锁把第二道门锁上并延时。20s 后，风机自动停止，第二道门的电磁锁自动打开，此时可通过第二道门进入室内。第二道门打开时相应的开门传感器动作。人从室内出来时，第二道门的开门传感器先动作，第一道门的开门传感器才动作，关门传感器与进入时动作相同，出来时不需除尘，所以风机、电磁锁均不动作。

为了达到以上控制要求，需要用到比较指令、数据移动指令及加 1 指令等功能指令来编程。

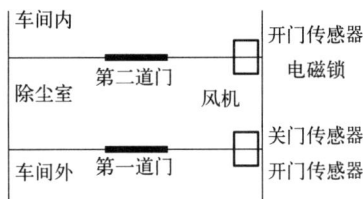

图 4-1 除尘室结构示意图

二、相关知识：比较、移动 / 交换及加 / 减 1 指令

1.比较指令

西门子 S7-1200 的比较指令本质是运算指令，用于比较两个相同数据类型的数值的大小，比较的结果是布尔值 TRUE 或者 FALSE。如图 4-2 所示，如果操作数 1 和操作数 2 比较关系成立，则结果为 TRUE，比较触点闭合，有能流通过；如果比较关系不成立，则结果为 FALSE，比较触点打开，不会有能流通过。

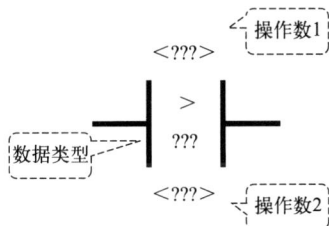

比较指令运算符有六种："= ="，即等于；"> ="，即大于或等于；"< ="，即小于或等于；">"，即大于；"<"，即小于；"< >"，即不等于。

比较指令能比较的数据类型包括常数、Int、Real、USInt、UInt、UDint、SInt、String、Char、Date、Time 和 DTL。比较指令应用举例如图 4-3 所示。

图 4-2 比较指令示意图

笔记

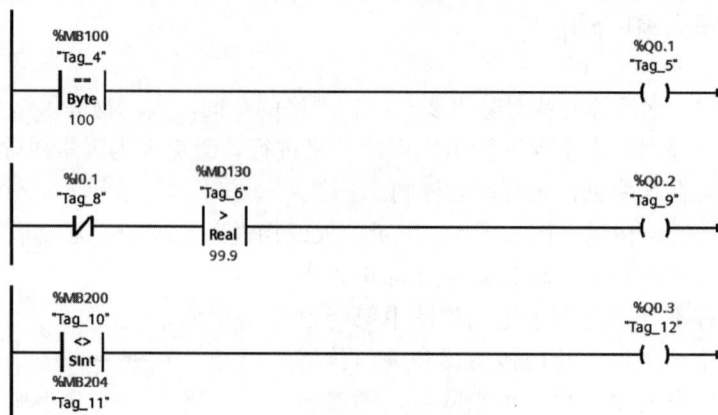

图 4-3　比较指令的应用举例

2. 移动、块移动和交换指令

（1）移动指令

移动指令格式如图 4-4 所示。

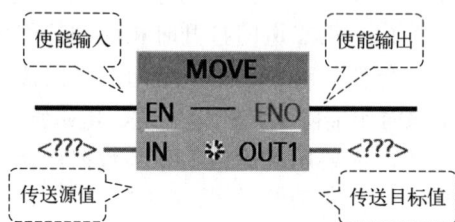

图 4-4　移动指令格式

当使能 EN 输入有效时，将输入 IN 端所指定数据移动到输出 OUT1 端，在移动过程中不改变数据的大小。移动的数据类型有位字符串、整数、浮点数、定时器、日期时间、CHAR、WCHAR、STRUCT、ARRAY、IEC 数据类型、PLC 数据类型（UDT）。

（2）块移动指令

块移动指令格式如图 4-5 所示。

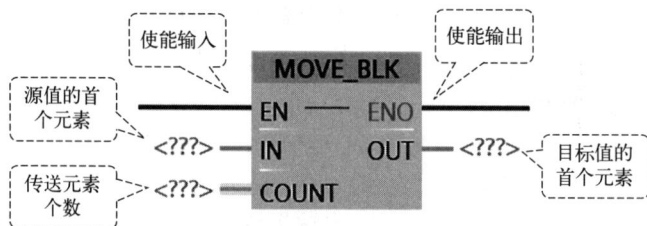

图 4-5　块移动指令格式

块移动指令的功能是将一个存储区（源范围）的数据移动到另一个存储区（目

标范围）中。使用输入 COUNT 可以指定将移动到目标范围中的元素个数。可通过输入 IN 端中元素的宽度来定义元素待移动的宽度。

注意： 此条指令的输入、输出必须是 ARRAY 数据格式。

（3）字节交换指令

字节交换指令的格式如图 4-6 所示。

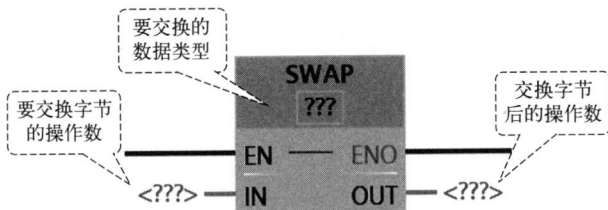

图 4-6 字节交换指令格式

字节交换指令 SWAP 的功能：将字型输入数据 IN 的高字节与低字节进行交换。字节交换指令可以交换 2 字节（WORD 类型）和 4 字节（DWORD 类型）的数据元素。

3. 加 1 指令和减 1 指令

（1）加 1 指令

加 1 指令的格式如图 4-7 所示。

加 1 指令功能：使能端有效时，对输入端 IN 数据加 1，结果送到 OUT。IN 与 OUT 为同一个存储单元。

（2）减 1 指令

减 1 指令的格式如图 4-8 所示。

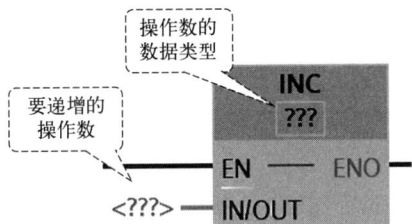

图 4-7 加 1 指令格式 **图 4-8 减 1 指令格式**

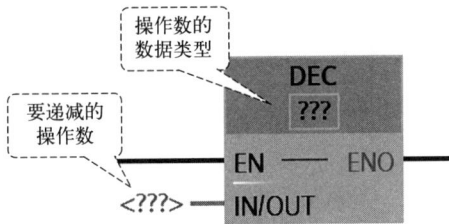

减 1 指令功能：使能端有效时，对输入端 IN 数据减 1，结果送到 OUT。IN 与 OUT 为同一个存储单元。

三、任务实施

1. 分配 I/O 地址，绘制 PLC 输入 / 输出接线图

除尘室控制任务的 I/O 地址分配如表 4-1 所示。

表 4-1　除尘室控制系统 I/O 地址分配

输入		输出	
第一道门的开门传感器	I0.0	风机 1	Q0.0
第一道门的关门传感器	I0.1	风机 2	Q0.1
第二道门的开门传感器	I0.2	电磁锁	Q0.2

将已选择的输入 / 输出设备和分配好的 I/O 地址一一对应连接，形成 PLC I/O 接线图，如图 4-9 所示。

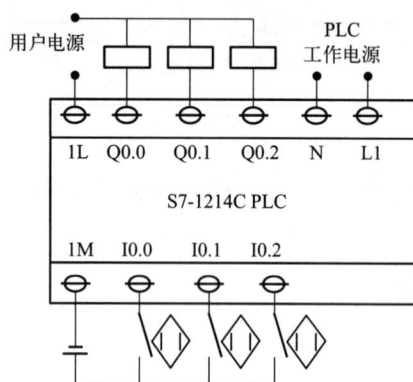

图 4-9　除尘室 PLC 控制接线示意图

2. 编制 PLC 程序

根据除尘室 PLC 控制要求绘制的梯形图程序如图 4-10 所示。

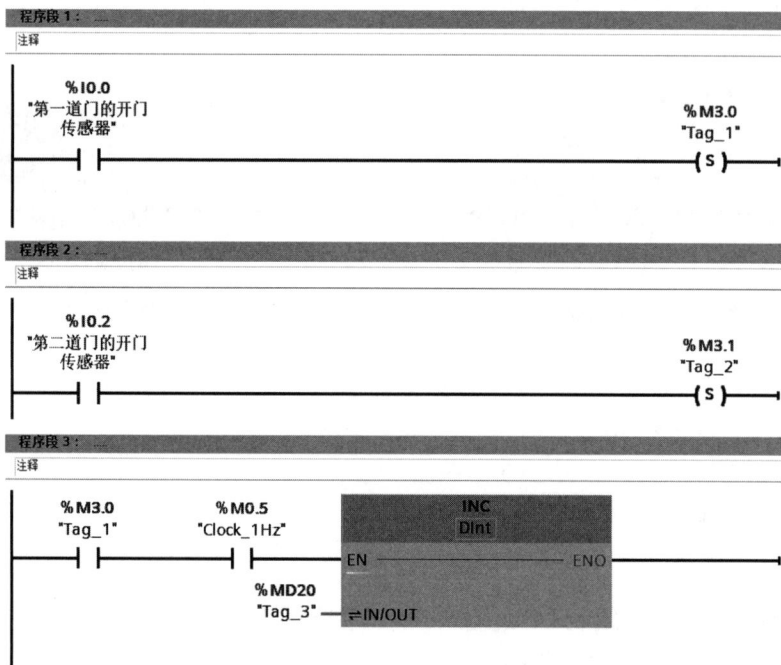

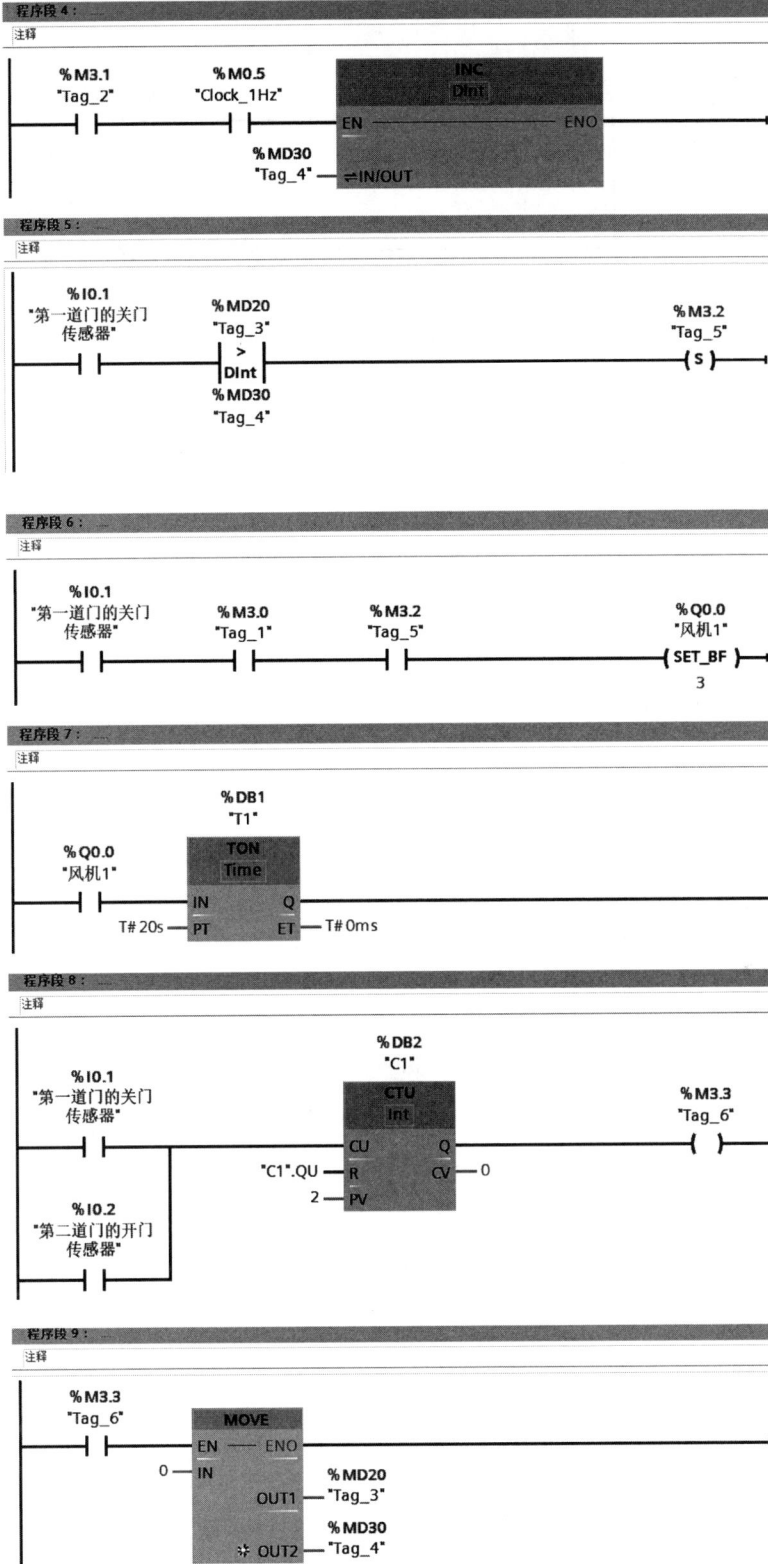

程序段 4:

注释

```
  %M3.1        %M0.5                    INC
  "Tag_2"     "Clock_1Hz"              DInt
   ┤ ├          ┤ ├            EN              ENO

                           %MD30
                           "Tag_4" ⇌ IN/OUT
```

程序段 5:

注释

```
  %I0.1           %MD20                              %M3.2
 "第一道门的关门     "Tag_3"                            "Tag_5"
   传感器"            >                                 ( S )
   ┤ ├            DInt
                  %MD30
                  "Tag_4"
```

程序段 6:

注释

```
   %I0.1          %M3.0          %M3.2             %Q0.0
 "第一道门的关门    "Tag_1"        "Tag_5"            "风机1"
   传感器"          ┤ ├            ┤ ├             ( SET_BF )
   ┤ ├                                                 3
```

程序段 7:

注释

```
                      %DB1
                      "T1"
   %Q0.0              TON
   "风机1"            Time
   ┤ ├         IN         Q

        T#20s ─ PT        ET ─ T#0ms
```

程序段 8:

注释

```
                           %DB2
                           "C1"
   %I0.1                   CTU                    %M3.3
 "第一道门的关门             Int                    "Tag_6"
   传感器"                                          ( )
   ┤ ├─────┬───── CU        Q
           │
      "C1".QU ─ R          CV ─ 0
           │        2 ─ PV
   %I0.2   │
 "第二道门的开门
   传感器"
   ┤ ├─────┘
```

程序段 9:

注释

```
   %M3.3
   "Tag_6"          MOVE
   ┤ ├          EN      ENO

           0 ─ IN
                             %MD20
                      OUT1 ─ "Tag_3"
                             %MD30
                    * OUT2 ─ "Tag_4"
```

图 4-10

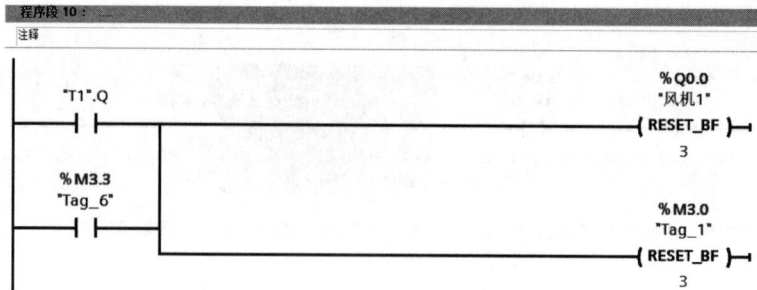

图 4-10　除尘室 PLC 控制梯形图

3. 程序调试

在上位计算机上启动博途编程软件，将图 4-10 所示梯形图程序输入到计算机。

按照图 4-9 连接好线路，将梯形图程序下载到 PLC 后运行程序。按照正确的顺序加入开门、关门传感信号运行程序，如果运行结果与控制要求不符，则需要对控制程序或外部接线进行检查，直到正确。

四、知识拓展：算术运算指令

算术运算指令除了前面介绍的加 1、减 1 指令，还有加法、减法、乘法、除法等指令。

1. 加法指令

加法指令的格式如图 4-11 所示。

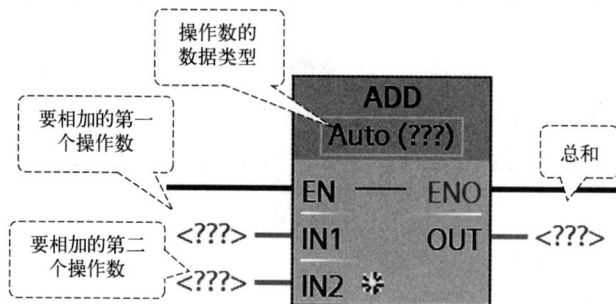

图 4-11　加法指令格式

加法指令功能：使能端有效时，将两个输入端的操作数（整数或实数型）相加，并将结果输出到 OUT 端。

2. 减法指令

减法指令的格式如图 4-12 所示。

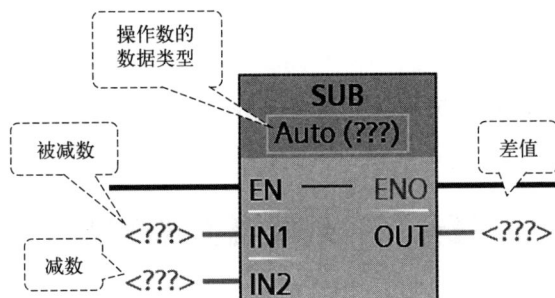

图 4-12 减法指令格式

减法指令功能：使能端有效时，将两个输入端的符号字整数（双字整数或实数）相减（IN1-IN2），并将结果输出到 OUT 端。

3. 乘法指令

乘法指令的格式如图 4-13 所示。

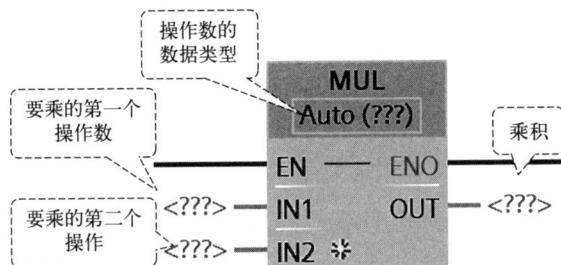

图 4-13 乘法指令格式

乘法指令功能：使能端有效时，将所有可用输入参数的值相乘。乘积存储在输出 OUT 端中。

4. 除法指令

除法指令的格式如图 4-14 所示。

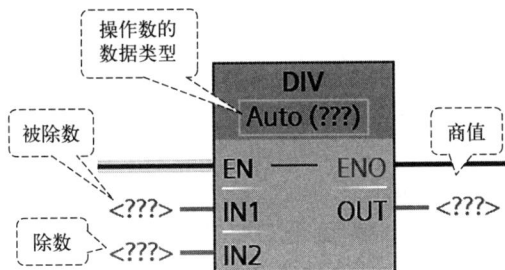

图 4-14 除法指令格式

除法指令的功能：使能端有效时，将两个输入端的符号字整数（双字整数或实数）相除，即 IN1/IN2=OUT。

笔记

五、任务评价

根据任务完成情况，完成附录 C 的任务评价表。

任务二　装配流水线控制

📷

装配流水线的
控制

◇ **知识目标**

掌握移位指令的格式和应用；

掌握循环移位指令的格式及应用；

掌握移位寄存器指令格式及应用。

◇ **能力目标**

能使用移位指令、循环移位指令等编写应用程序；

能用常用移位指令编写装配流水线的控制程序并仿真实施；

能熟练掌握博途软件的使用和程序的调试。

◇ **素质目标**

培养在控制系统设计中的成本效益分析能力，增强经济效益、精益生产意识；

培养可维护性设计意识，能够设计出易于维护和升级的控制系统，延长系统的使用寿命并降低维护成本。

一、任务导入和分析

某车间的装配流水线总体控制要求如图 4-15 所示，系统中的操作工位 A、B、C，运料工位 D、E、F、G 及仓库操作工位 H 能对工件进行循环处理。具体控制要求如下。

① 闭合"启动"开关，工件经过传送工位 D 送至操作工位 A，在此工位完成加工后再由传送工位 E 送到操作工位 B，……，依次传送及加工，直至工件被送到仓库操作工位 H，由该工位完成对工件的入库操作，循环处理。

② 按"复位"键，无论此时工件位于任何工位，系统均能复位到起始状态，即工件又重新开始从传送工位 D 开始运送并加工。

③ 按"移位"键，无论此时工件位于任何工位，系统均能进入单步移位状态，即每按一次"移位"键，工件前进一个工位。

④ 断开"启动"开关，系统停止工作。

根据以上控制要求，可以利用移位指令编程实现控制要求。

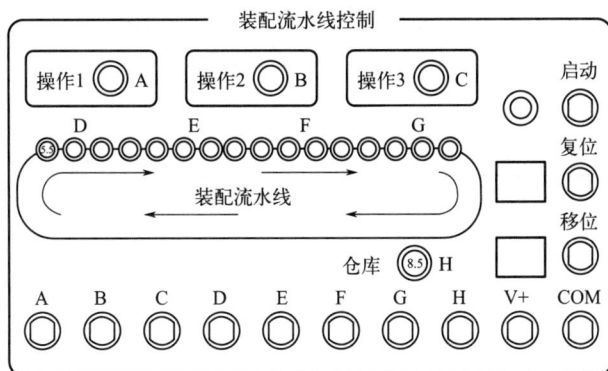

图 4-15　装配流水线的控制示意图

二、相关知识：移位、循环移位指令

1. 移位指令

（1）右移位指令

右移位指令（SHR）的格式如图 4-16 所示。

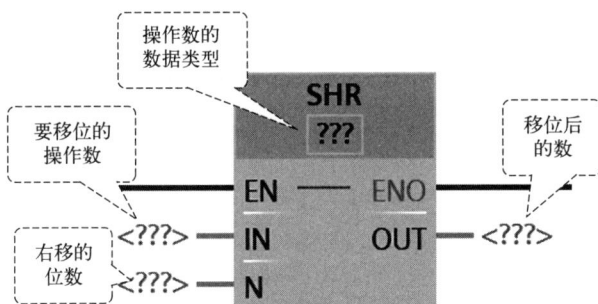

图 4-16　右移位指令

　　右移位指令的功能：将输入 IN 端指定的数据右移 N 位，结果放入 OUT 单元中。右移 N 位，移位后的数据等于移位前的数据除以 2^N。

　　当参数 N 的值为"0"时，输入 IN 的值将复制到输出 OUT 中的操作数中。如果参数 N 的值大于可用位数，则输入 IN 中的操作数值将向右移动可用位数个位。无符号值（如：UInt，Word）移位时，用零填充操作数左侧区域中空出的位。如果指定值有符号（如：Int），则用符号位的信号状态填充空出的位。可以从指令框的"???"下拉列表中选择该指令的数据类型。图 4-17 说明了如何将整数数据类型操作数的内容向右移动 4 位。

（2）左移位指令

左移位指令（SHL）的格式如图 4-18 所示。

笔记

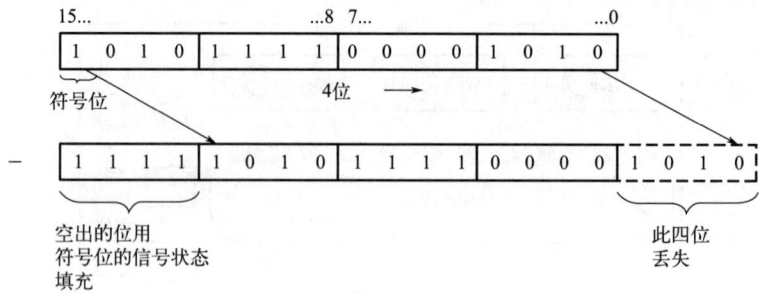

图 4-17　有符号数右移 4 位示意图

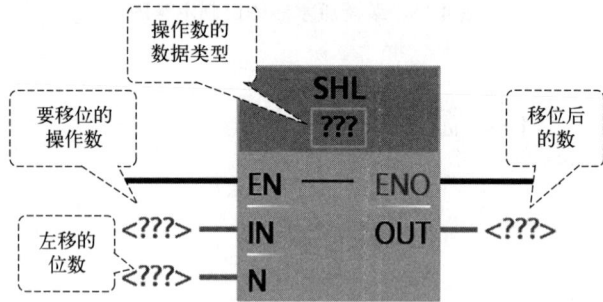

图 4-18　左移位指令

左移位指令的功能：将输入 IN 中操作数的内容按位向左移位，并将结果放在输出 OUT 中。左移 N 位，移位后的数据等于移位前的数据乘以 2^N。

当参数 N 的值为"0"时，输入 IN 的值将复制到输出 OUT 中的操作数中。如果参数 N 的值大于可用位数，则输入 IN 中的操作数值将向左移动可用位数个位。用零填充操作数右侧部分因移位空出的位。可以从指令框的"???"下拉列表中选择该指令的数据类型。图 4-19 说明了如何将 Word 数据类型操作数的内容向左移动 6 位。

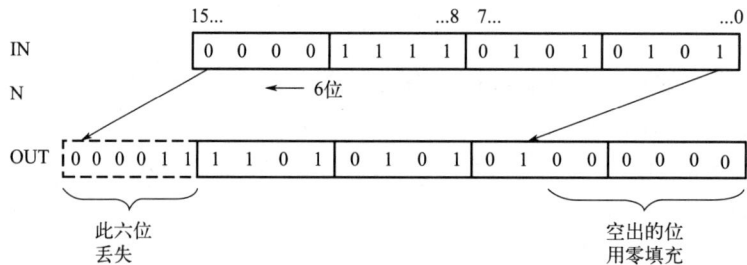

图 4-19　左移 6 位示意图

2. 循环移位指令

（1）循环右移位指令

循环右移位指令（ROR）的格式如图 4-20 所示。

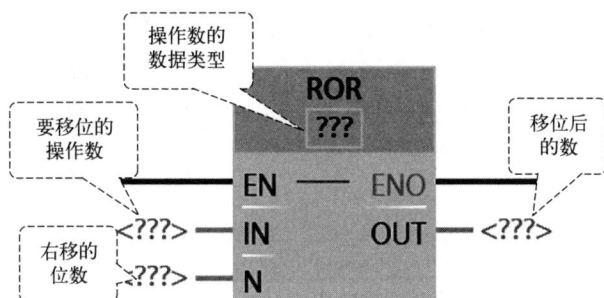

图 4-20 循环右移位指令

循环右移位指令功能：将输入端指定的数据循环右移 *N* 位，结果放入 OUT 单元中。参数 *N* 用于指定循环移位中待移动的位数。用移出的位填充因循环移位而空出的位。

当参数 *N* 的值为"0"时，输入 IN 的值将复制到输出 OUT 中的操作数中。如果参数 *N* 的值大于可用位数，则输入 IN 中的操作数值仍会循环移动指定位数。可以从指令框的"???"下拉列表中选择该指令的数据类型。图 4-21 显示了如何将 DWord 数据类型操作数的内容向右循环移动 3 位。

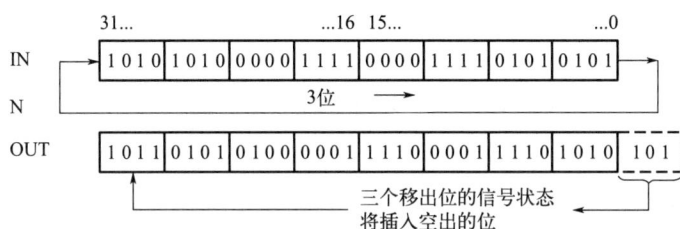

图 4-21 循环右移位 3 位示意图

（2）循环左移位指令

循环左移位指令（ROL）的格式如图 4-22 所示。

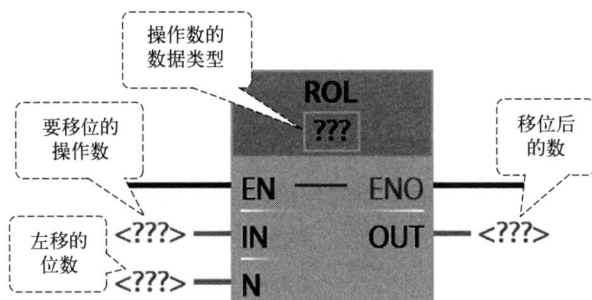

图 4-22 循环左移位指令

循环左移位指令功能：将输入端指定的数据循环左移 *N* 位，结果放入 OUT 单元中。参数 *N* 用于指定循环移位中待移动的位数。用移出的位填充因循环移位而空出的位。

笔记

当参数 *N* 的值为"0"时，输入 IN 的值将复制到输出 OUT 中的操作数中。如果参数 N 的值大于可用位数，则输入 IN 中的操作数值仍会循环移动指定位数。可以从指令框的"???"下拉列表中选择该指令的数据类型。图 4-23 显示了如何将 DWord 数据类型操作数的内容向左循环移动 3 位。

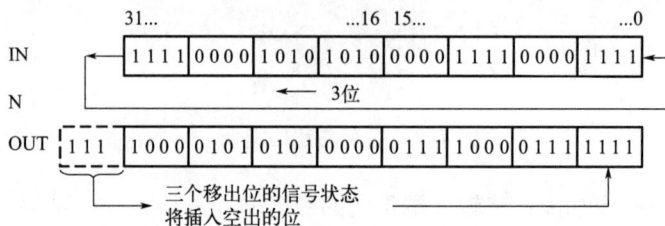

图 4-23 循环左移位 3 位示意图

三、任务实施

1. 分配 I/O 地址，绘制 PLC 输入 / 输出接线图

本控制任务的 I/O 地址分配如表 4-2 所示。

表 4-2 装配流水线的控制 I/O 地址分配

输入		输出	
启动开关 SA	I0.0	工位 A、B、C	Q0.0 ～ Q0.2
复位按钮 SB1	I0.1	运料工位 D、E、F、G	Q0.3 ～ Q0.6
移位按钮 SB2	I0.2	仓库操作工位 H	Q0.7

将已选择的输入 / 输出设备和分配好的 I/O 地址——对应连接，形成 PLC I/O 接线示意图，如图 4-24 所示。

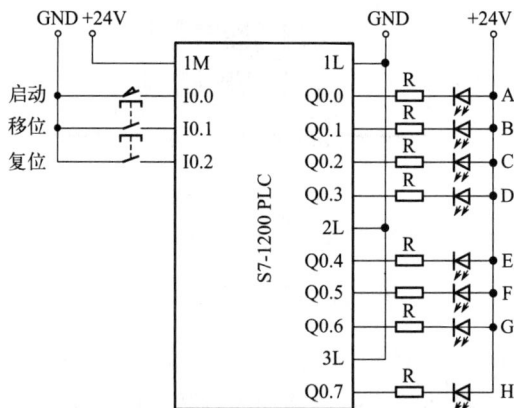

图 4-24 装配流水线控制仿真操作接线示意图

2. 编制 PLC 程序

根据装配流水线系统控制要求，编写出对应的 PLC 梯形图程序，如图 4-25 所示。

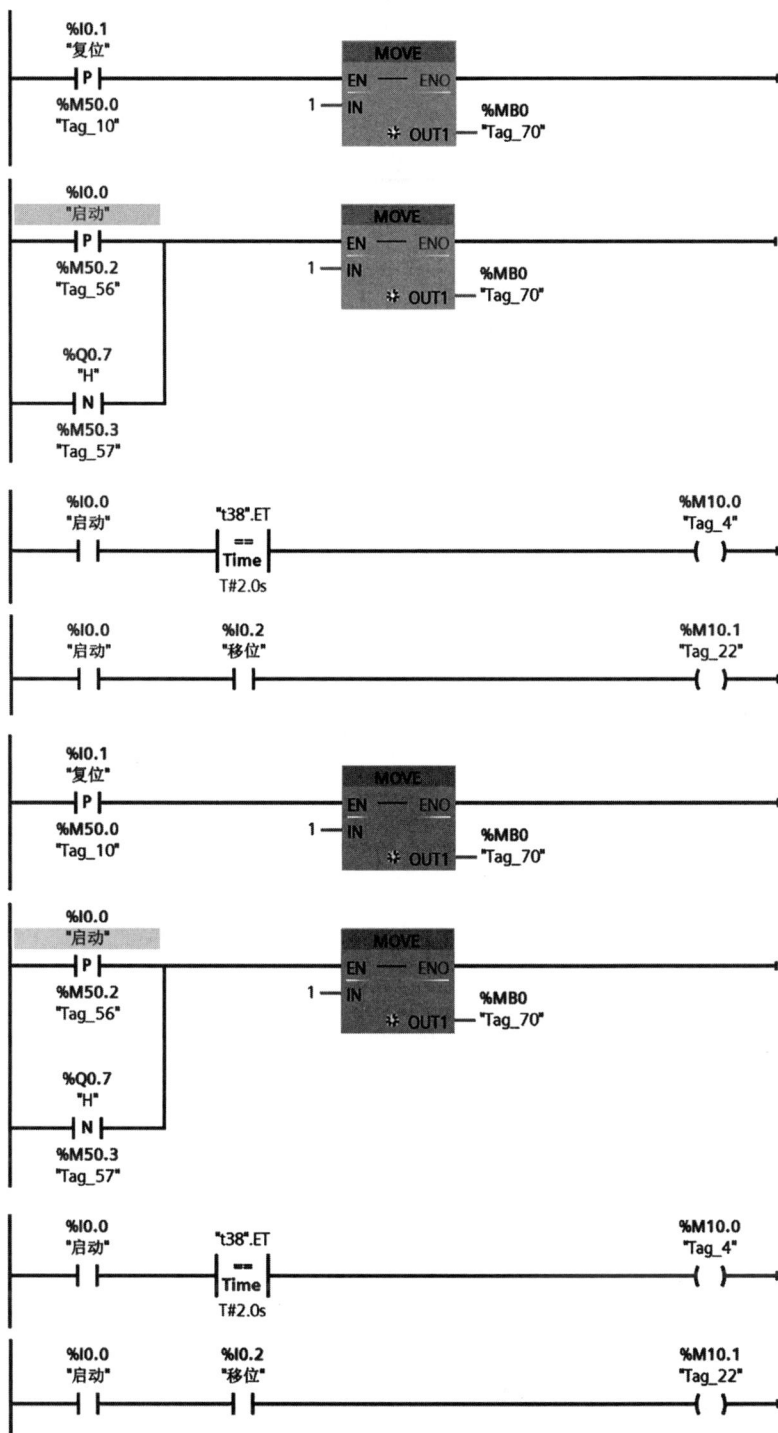

图 4-25

笔记

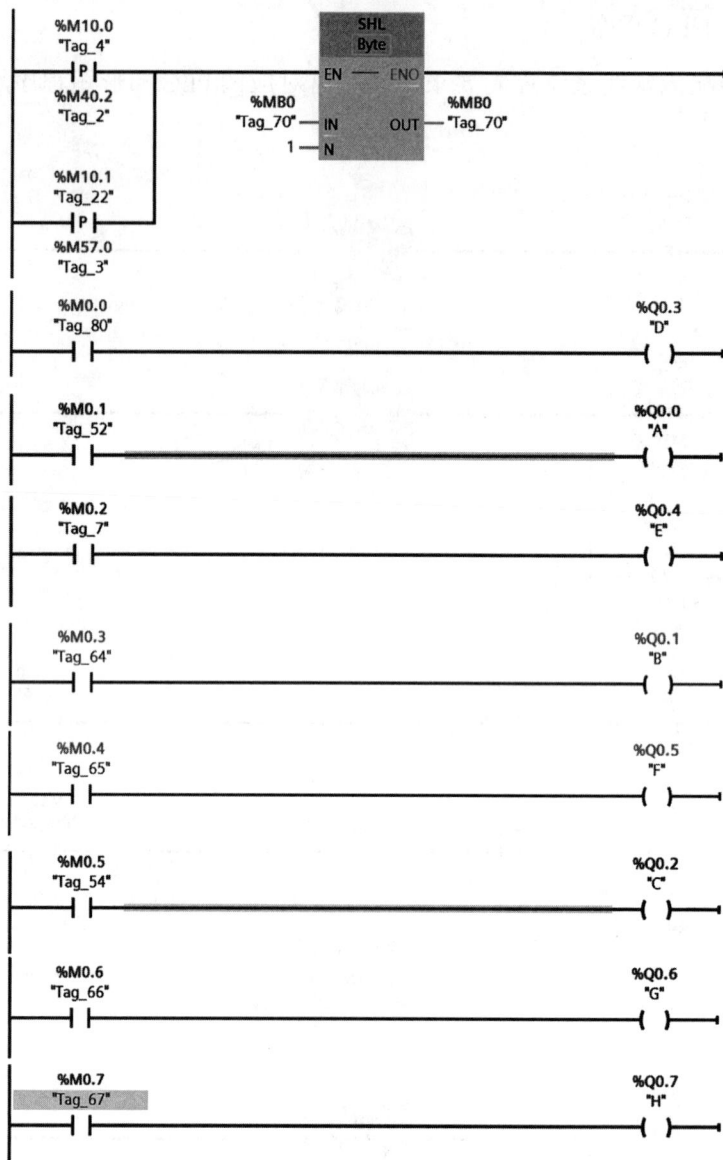

图 4-25　装配流水线控制梯形图

3. 程序调试

在上位计算机上启动 TIA 博途编程软件，将图 4-25 所示梯形图程序输入到计算机。

按照图 4-24 连接好线路，将梯形图程序下载到 PLC 后运行程序，分别施加不同的控制信号，观察、分析运行情况，直到运行情况与控制要求相符。

四、知识拓展：字逻辑运算指令

字逻辑运算指令有四个：与运算（AND）、或运算（OR）、异或运算（XOR）

和求反码运算（INVERT）。指令格式见图4-26。

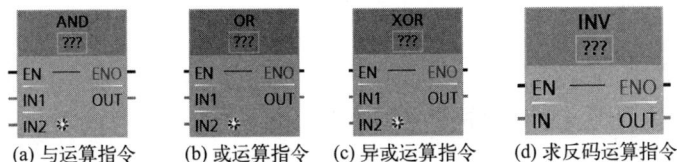

(a) 与运算指令　　(b) 或运算指令　　(c) 异或运算指令　　(d) 求反码运算指令

图 4-26　字逻辑运算指令

"与"运算指令将执行对输入 IN1 和 IN2 的值的逐位"与"运算：两个位同为 1 则该位结果为 1，否则为 0。结果在输出 OUT 中存储。

"或"运算指令将 IN1 输入的值和 IN2 输入的值逐位进行"或"运算，结果存储在输出 OUT 中。

"异或"运算指令将输入 IN1 和 IN2 的两个操作数进行异或运算：同一位如果数值不同则结果为 1，否则为 0。结果在输出 OUT 中存储。

以上三个运算指令处理的数据类型为位字符串 Byte、Word 和 DWord。

"求反码"运算指令是将输入的操作数按位做取反运算。

字逻辑运算的举例如表 4-3 所示。

表 4-3　字逻辑运算举例

参数	数值
IN1	0101 1001
IN2	1101 0100
AND 指令的 OUT	0101 0000
OR 指令的 OUT	1101 1101
XOR 指令的 OUT	1000 1101
INV 指令的 OUT（以 IN1 以例）	1010 0110

五、任务评价

根据任务完成情况，完成附录 C 的任务评价表。

任务三　喷泉彩灯控制

◇ **知识目标**

掌握子程序基本概念；

掌握无参功能、有参功能的使用方法；

喷泉彩灯的控制

笔记

掌握功能块的使用方法。

◇ 能力目标

能编辑和调试功能；

能将子程序应用到控制程序中；

能应用子程序编写喷泉彩灯的控制程序并仿真实施。

◇ 素质目标

培养在工程设计中将艺术与技术融合的能力；

培养在设计控制系统时的用户体验意识；

在设计和实施控制系统中考虑能源效率，增强环境保护与可持续发展意识。

一、任务导入和分析

某喷泉彩灯控制程序要实现如下功能：前 16s，8 组彩灯输出（Q0.0～Q0.7）的初始状态为 Q0.0 亮、其他暗 1s，依次从最低位到最高位移位点亮，循环 2 次；后 16s，8 组彩灯输出（Q0.0～Q0.7）的初始状态为 Q0.0 和 Q0.1 点亮 1s、其他熄灭，依次从最低位到最高位两两移位点亮，循环 4 次。喷泉彩灯控制示意图如图 4-27 所示。

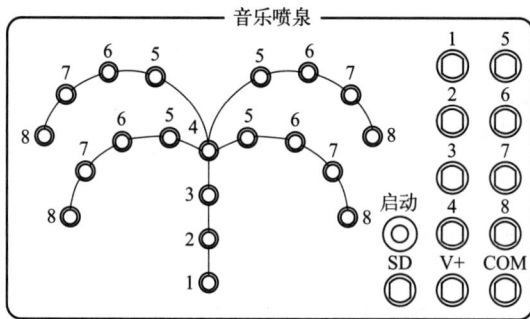

图 4-27 喷泉彩灯控制面板示意图

二、相关知识：功能

前面介绍了西门子 S7-1200 的用户程序结构。用户程序结构包含代码块和数据块：代码块包括组织块、功能和功能块，用来执行用户编写的程序代码；数据块包含全局数据块和背景数据块。

功能（function，FC）简单来说就是用户编写的程序块，在其他编程语言里面即大家所熟悉的子程序。FC 常用于执行标准、可重复的运算操作，例如数学计算和执行工艺功能，可以在程序中不同的位置多次调用。

1. 创建功能程序

打开 TIA 博途编程软件，新建项目后添加新设备，加入一块 CPU 1214C。打开项目视图，展开项目树中的 PLC 文件夹，打开程序块后点击"添加新块"，在弹出的"添加新块"对话框中选择 FC，选择编程语言（默认为 LAD）并修改 FC 的名称（默认为块 _1）后点击"确定"，即可生成新的功能块。

2. 无参功能

建立新的功能后，新建的功能程序区上方是功能的接口区（见图 4-28），包含各种输入参数和输出参数的接口。接口区下方就是程序编辑区，这里程序编写方式跟前面几个项目的内容一致。要执行功能里面的程序，则要在 OB1 里面调用功能，当功能的使能输入有效时，功能里的子程序才开始执行。

图 4-28　项目树 FC 接口区的变量

【无参功能的应用举例】

现有一电机控制系统：一台 PLC 控制两台电机延时启动，1 号电机在启动按钮按下后延时 5s 启动，2 号电机在启动按钮按下后延时 8s 启动，控制程序如图 4-29 所示。主程序 OB1 中写入两个子程序：1 号电机控制（FC1）和 2 号电机控制（FC2）。子程序中分别写入两台电机的控制程序，实现功能 FC1 即控制 1 号电机的延时启动，功能 FC2 即控制 2 号电机的延时启动。

3. 有参功能

有参功能的各种参数接口的作用如下：

① Input（输入参数）：用于将输入的用户程序数据传递到功能。

② Output（输出参数）：用于将功能的程序执行结果输出到用户程序。

③ InOut（输入 / 输出参数）：在块调用之前读取输入 / 输出参数并在块调用之后输出。

④ Temp（临时局部数据）：仅在功能被调用时，相关设定才会生效。中央处理器（CPU）对访问临时存储器中的数据有严格的限制，仅限于那些创建了临时存储单元的组织块（OB）、功能（FC）或功能块（FB）。这些临时存储单元的作用范围仅限于当前代码块，并不会与其他代码块共享临时存储器，无论这些代码块是否被当前代码块调用。例如，当 OB 调用 FC 时，FC 无法访问调用它的 OB 的临时存

储器。CPU 会根据实际需要动态分配临时存储器。无论是启动 OB 还是调用 FC 或 FB，CPU 都会为这些代码块分配临时存储器，并将存储单元初始化为 0。

⑤ Constant（常量）：声明常量符号名后，FC 中可以使用符号名代替常量，数据不可更改。

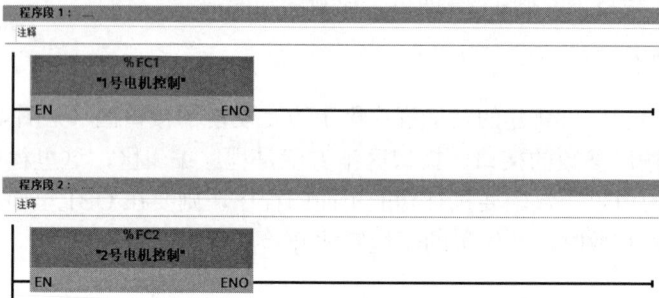

(a) OB1中的梯形图

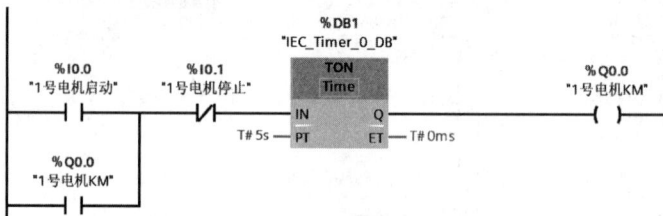

(b) FC1中的梯形图

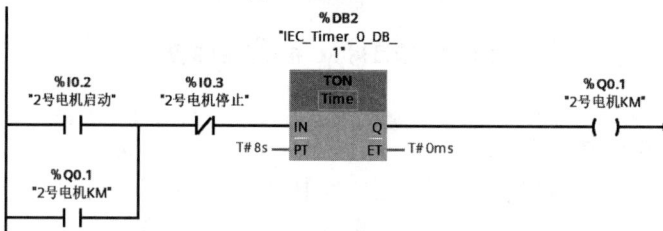

(c) FC2中的梯形图

图 4-29 无参功能的应用举例

FC 没有相关的背景数据块（DB），没有可以存储块参数值的数据存储器，因此，调用函数时，必须给所有形参分配实参。对于用于 FC 的临时数据，FC 采用了局部数据堆栈，不保存临时数据，要永久性存储数据，可将输出值赋给全局存储器位置，如 M 存储器或全局 DB。

【有参功能的应用举例】

有参功能的应用举例跟无参功能的应用举例中的控制系统一样，利用有参功能实现时，只需要写一个子程序功能就能实现两台电机的控制，其梯形图如图 4-30 所示。首先添加一个功能 FC1，命名为"电机控制"，FC1 中的程序跟无参功能的应用举例中的 FC 程序相似，不一样的是这里触点不是直接用实际 I/O 点，而是用自行建立的形参。在主程序中调用 FC1，把实际的参数（即 I/O 点）传输给形参，这样就达到了功能复用的效果，两台电机启动延时控制只用一个功能就实现了。因为功能没有相关的背景数据块，所有的形参都是全局变量。

笔记

程序段 1：
注释

程序段 2：
注释

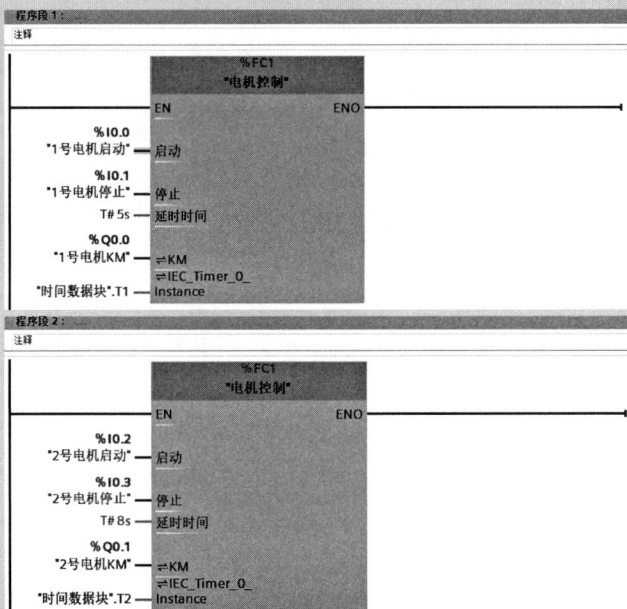

(a) OB1中的梯形图

(b) 图(a)中T1、T2两个定时器的背景数据

(c) FC1的参数配置

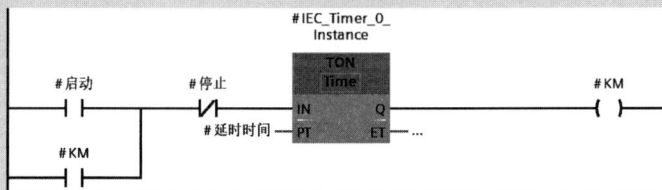

(d) FC1中的梯形图

图 4-30　有参功能的应用举例

📝 笔记

三、任务实施

1. 分配 I/O 地址，绘制 PLC 输入 / 输出接线图

喷泉彩灯控制任务的 I/O 地址分配如表 4-4 所示。

表 4-4　喷泉彩灯控制 I/O 地址分配

输入		输出	
启动开关 SA	I0.0	喷泉彩灯 1 ～ 8	Q0.0 ～ Q0.7

将已选择的输入 / 输出设备和分配好的 I/O 地址一一对应连接，形成 PLC I/O 接线示意图，如图 4-31 所示。

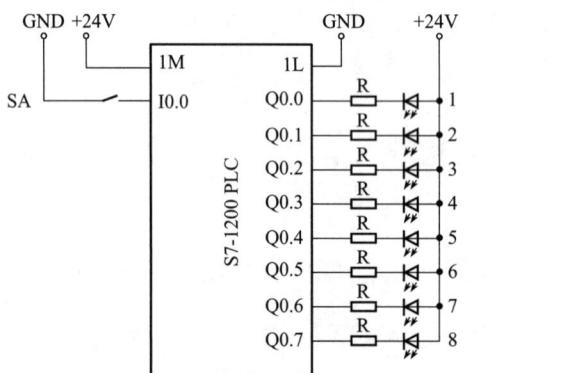

图 4-31　喷泉彩灯控制仿真操作接线示意图

2. 编制 PLC 程序

根据喷泉彩灯控制要求，编写出对应的 PLC 梯形图程序，如图 4-32 ～图 4-34 所示。

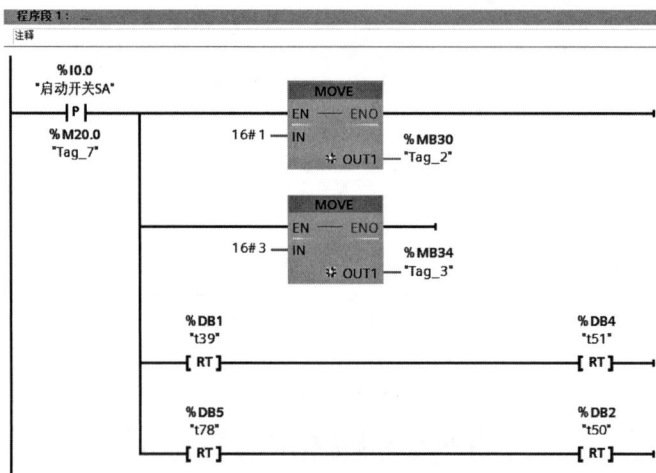

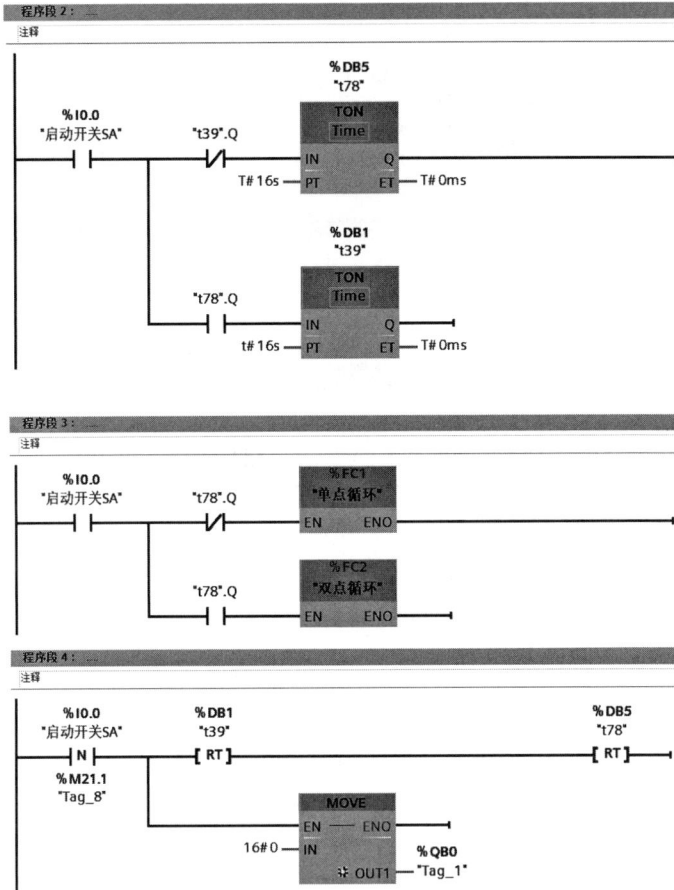

图 4-32　喷泉彩灯控制主程序 **OB1** 梯形图程序

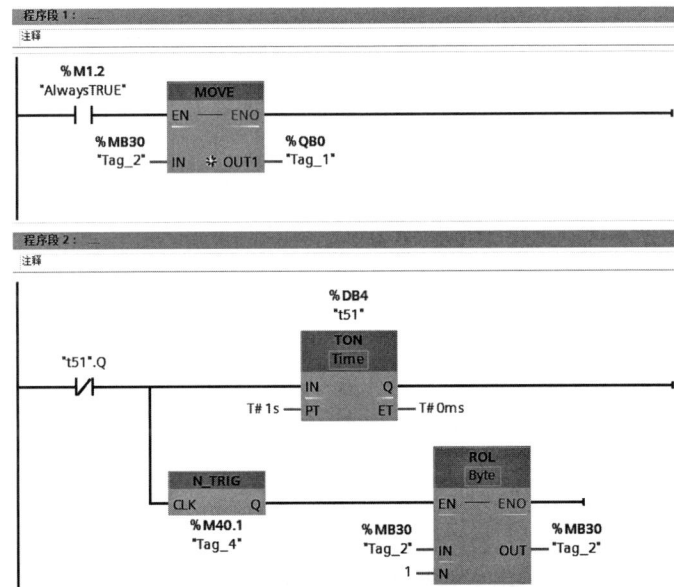

图 4-33　喷泉彩灯控制子程序 **FC1** 梯形图

笔记

笔记

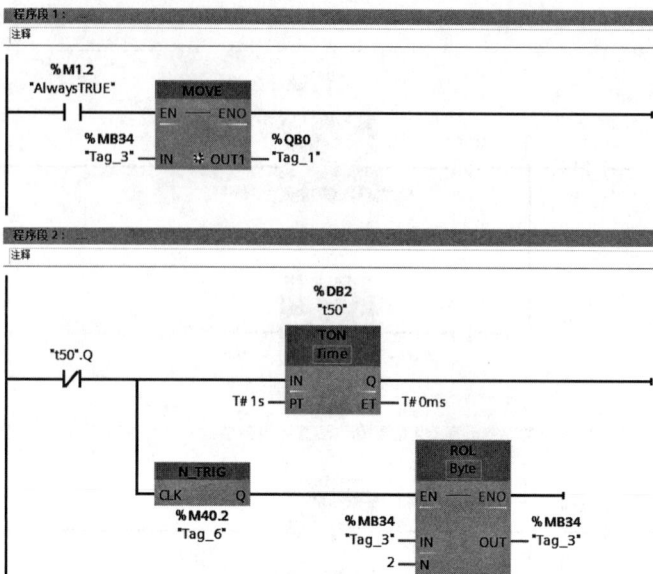

图 4-34　喷泉彩灯控制子程序 FC2 梯形图

3. 程序调试

在上位计算机上启动 TIA 博途编程软件，将梯形图程序输入到计算机。

按照图 4-31 连接好线路，将梯形图程序下载到 PLC 后运行程序，分别施加不同的控制信号，观察、分析运行情况，直到运行情况与控制要求相符。

四、知识拓展：功能块

功能块（function block，FB）是从另一个代码块（OB、FB 或 FC）进行调用时执行的子例程。在调用 FB 时会生成与之相匹配的背景数据块，在背景数据块中可以存储定义的接口参数及静态变量。

1. FB 的块接口

FB 有一个块接口区，可以用来定义块接口。在 FB 的块接口区域中可以定义的接口类型：Input（输入）、Output（输出）、InOut（输入输出）、Static（静态变量）、Temp（临时变量）以及 Constant（常量），如图 4-35 所示。

Input 是只读参数，调用 FB 时，将数据传送到 FB，实参可以为常数；Output 是读写参数，将 FB 执行的结果输出，实参不可以为常数；InOut 是读写参数，读取外部实参值并且将结果返回到实参，实参不可为常数；Static 是读写参数，静态变量存储在背景数据块中，不参与对外的参数传递。

2. FB 编程

FB 在编程时可以选择是否在块接口区定义变量。主要可以分为 2 种情况：

①FB 带参数，定义块接口，FB 中通常不出现任何全局变量（DB、I、Q、M）。优点是模块化编程，对于相同的功能 / 逻辑只需要编写一个 FB，无须重复多次编写

相同的代码、进行大量重复性工作，还可将 FB 做成项目库或全局库，以便后续其他项目或其他工程师使用。

② FB 不带参数，不定义任何块接口，FB 编程中使用全局变量。此种方式不推荐。

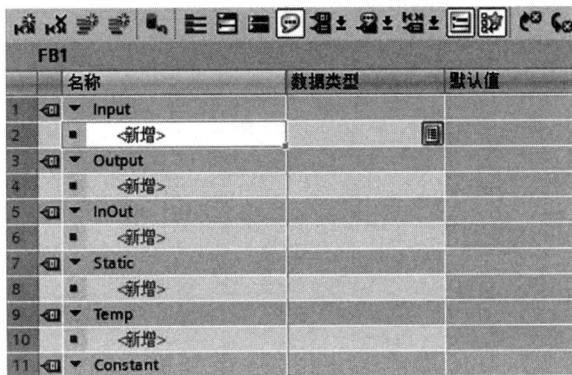

图 4-35　FB 块接口区

3. FB 的调用

编写好 FB 程序后，需要进行调用才可以执行 FB 中的程序。FB 可以由 OB、FC 或其他 FB 调用。被不同的块调用，出现的调用方式也会不同。FB 的调用有以下三种形式：

① 在 OB 中调用 FB，仅支持单个实例调用。

② 在 FC 中调用 FB，支持单个实例和参数实例调用。

③ 在 FB 中调用另外一个 FB，支持单个实例、多重实例和参数实例三种方式。

下面我们详细说明这三种调用的区别。

（1）单个实例调用

选择单个实例后，系统会自动生成该 FB 的背景数据块，出现在程序块文件夹下方，并且自动在 FB 上方填写上该背景数据块，如图 4-36 所示。

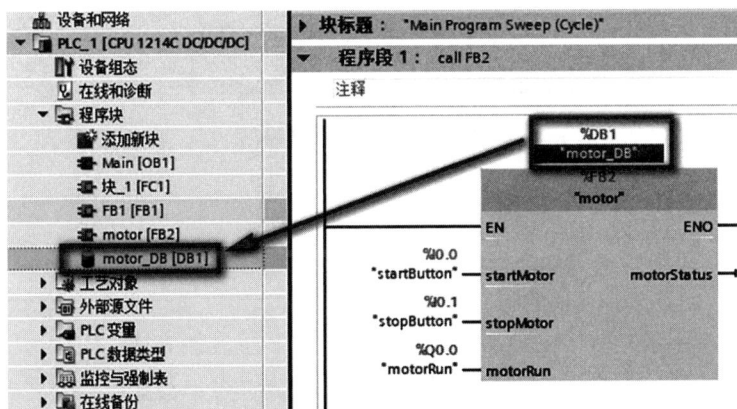

图 4-36　单个实例调用

（2）参数实例调用

选择参数实例后，将实例作为调用块的一个 InOut 参数进行传递，需要生成一个背景数据块作为实参填写在形参上。

如图 4-37 所示，FC1 中调用 FB2 "motor"，并且调用选项选择参数实例，此时 FC1 的块接口中会新增一个 InOut 类型的参数。

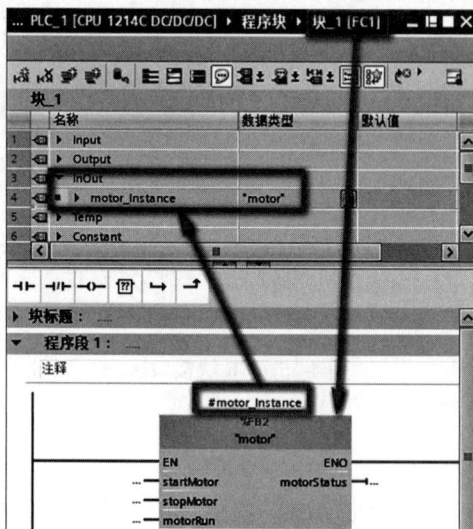

图 4-37　FC1 中参数实例调用 FB2

这时需要添加新块，选择 DB，类型选择 motor（FB2 的背景数据块），在 OB1 中调用 FC1 时会出现一个 InOut 形参需要填写，新建的背景数据块填写到 FC1 的 InOut 参数上即可，如图 4-38 所示。

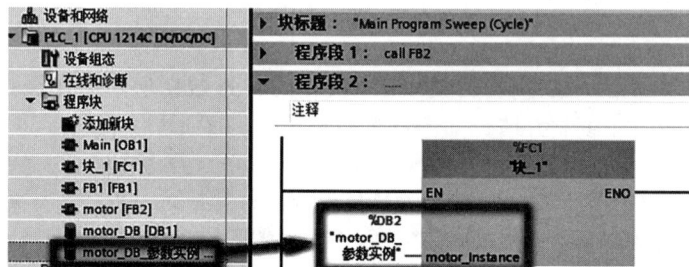

图 4-38　参数实例填写

（3）多重实例调用

选择多重实例后，无须为被调用的 FB 创建单独的背景数据块，被调用的 FB 的背景数据块存储在外层 FB 的静态变量区域。

如图 4-39 所示，FB1 中调用 2 次 FB2，选择多重实例方式。

【FB 应用举例】

这里用 FB 的写法来实现上文无参功能的应用举例中 2 台电机延时启动控制，

程序如图 4-40 所示。用 FB 实现该系统时，我们发现对于相同的子程序，FB 由于有背景数据块，可以存储定时器数据，定时器数据块可以在 FB 块接口的 Static 中定义，无须从外面传输进去。

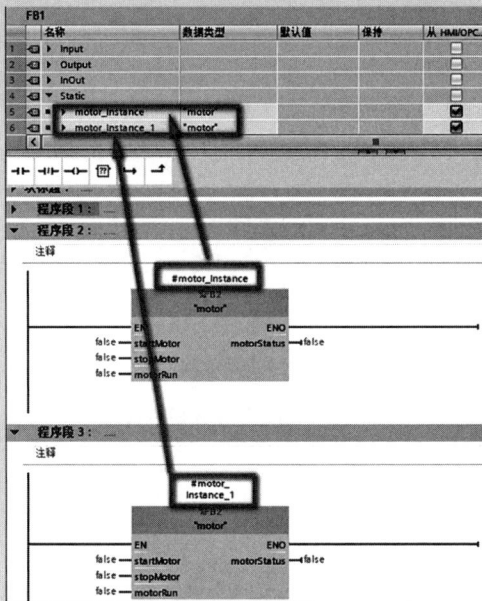

图 4-39　多重实例调用

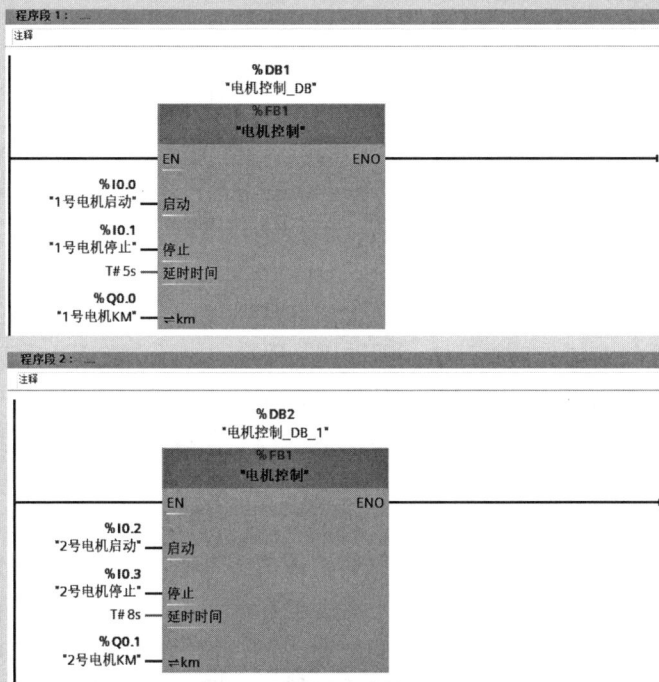

(a) OB1中的梯形图程序

图 4-40

笔记

(b) FB的参数接口设置

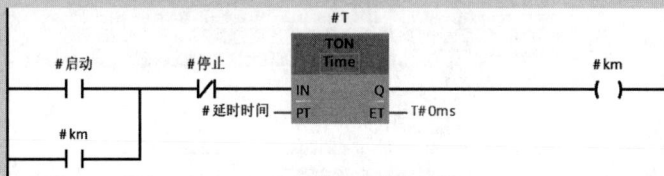

(c) FB中的梯形图程序

图 4-40　功能块 FB 应用举例

五、任务评价

根据任务完成情况，完成附录 C 的任务评价表。

项目小结

本项目详细介绍了西门子 S7-1200 系列 PLC 中的几种常用指令及功能块的使用方法。这些内容是掌握 PLC 编程和工业控制系统中常见操作的核心知识。

比较指令：比较指令用于对变量或常量之间的关系进行比较，如等于、不等于、大于、小于等操作。这些指令在控制流程中非常重要，可以用于实现条件判断和逻辑分支。

加 1 指令：加 1 指令是一种简单但非常实用的指令，用于对变量的值进行递增操作。它常用于计数操作或循环中，帮助控制程序的执行次数或处理连续数据。

移动指令和交换指令：移动指令用于将数据从一个地址移动到另一个地址，而交换指令用于交换两个存储位置的数据。这些指令在数据处理和管理过程中极为常见，尤其是在需要对数据进行调整、传递或更新的场景中。

移位和循环移位指令：移位指令（如左移、右移）用于将数据的二进制位向左或向右移动，通常用于二进制数的计算或处理位级别的操作；循环移位指令则用于将数据的位循环移位，是控制复杂序列或处理循环数据的有效手段。

功能块：功能块是 PLC 编程中的重要概念，它们封装了一系列操作或指令，可以重复使用，简化程序设计。通过使用功能块，编程者可以提高程序的模块化程度和可维护性，同时减少错误和冗余代码。

✏ 思考与练习

4.1 将 MW10 开始的连续 10 个字型数据送到 MW20 开始的连续存储区，试编写能实现该功能的梯形图程序。

4.2 试用乘法指令将 MD20 中的数据乘以 2 后存到 MD100 中。

4.3 试编写将 MW0 清零、MB10 设置为 16#9E 的初始化程序。

4.4 试用比较指令编写三台电动机启动控制程序。要求按下启动按钮后，第一台电动机延时 3s 启动，第二台电动机延时 10s 启动，第三台电动机延时 20s 启动。

4.5 用数据传送指令编程控制八盏灯：当 I0.0 接通时，八盏灯点亮；I0.1 接通时奇数位置上的灯点亮；I0.2 接通时偶数位置上的灯点亮；I0.3 接通时所有灯熄灭。

4.6 编写程序：I0.2 为 1 状态时求出 MW50 ~ MW56 中最小的数，存放在 MW58 中。

4.7 用循环移位指令设计一个彩灯控制程序。8 路彩灯串按 H1 → H2 → H3 →……→ H8 的顺序依次点亮，各路彩灯之间点亮的间隔时间为 0.5s。

4.8 用移位寄存器指令设计一个路灯照明系统的控制程序：合上开关 SD，三路路灯延时 2s 后按 H1 → H2 → H3 的顺序依次点亮；断开 SD，三路路灯同时熄灭。

4.9 若在本项目装配流水线控制任务中，当"启动"开关断开时，仍要求系统能加工完成最后一步操作后才自动停止工作，试修改相关程序并实施仿真。

4.10 设某发动机组由一台汽油发动机和一台柴油发动机组成，现要求用 PLC 控制发动机组，并控制散热风扇的启动和延时关闭：当汽油发动机或柴油发动机启动时，风扇打开；当汽油发动机或柴油发动机停止时，风扇延时停止。每台发动机均设置一个启动按钮和一个停止按钮。

4.11 请根据如下控制要求，用 FB 的方法设计实现系统。

（1）该电动机组共有 3 台电动机（M1 ~ M3），每台电动机要求实现星 – 三角降压启动。

（2）在启动时，按下启动按钮，M1 启动，10s 后 M2 启动，再过 10s 后 M3 启动。

（3）在停止时，按下停止按钮，逆序停止，即 M3 先停止，10s 后 M2 停止，再过 10s 后 M1 停止。

（4）对任何一台电动机，控制电源的接触器和采用星形接法的接触器接通电源 6s 后，采用星形接法的接触器断电，1s 后采用三角形接法的接触器接通。

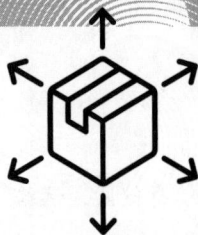

项目五
S7-1200 PLC 通信及工艺指令应用

西门子 S7-1200 PLC 提供了丰富的扩展模块，如电源模块、通信模块、模拟量模块等。本项目介绍 S7-1200 PLC 通信的基础知识、S7-1200 PLC 的以太网通信、模拟量模块的应用、PID 控制、组织块以及运动控制指令。

任务一 两台电动机的异地控制

◇ 知识目标

了解 PLC 通信的基础知识；
掌握 S7-1200 以太网通信；
掌握 TSEND_C 和 TRCV_C 指令的使用方法。

◇ 能力目标

能够正确设置 PLC 网络通信参数；
能在程序中熟练运用 TSEND_C 和 TRCV_C 指令；
能编写两台电动机的异地控制程序并仿真实施。

◇ 素质目标

增强实践动手能力，培养创新与改进意识；
培养持续学习能力，主动学习和掌握最新的 PLC 通信技术。

一、任务导入和分析

控制任务：用 PLC 实现两台电动机的异地控制。其控制示意图如图 5-1 所示，其中 M1 下方的本地、远程按钮分别控制 M1、M2，M2 下方的本地、远程按钮分别控制 M2、M1。具体控制要求如下。

① 按下本地启动或停止按钮，本地电动机启动或停止；

② 按下远程启动或停止按钮，远程电动机启动或停止；

③ 两站点均能显示两台电动机的工作状态。

根据以上控制要求可知，输入信号有控制本地电动机的启动按钮、停止按钮、热继电器，还有控制远程电动机的启动按钮、停止按钮；输出信号有驱动本地电动机的交流接触器、本地电动机的工作指示灯和远程电动机的工作指示灯。本地 PLC 控制本地电动机的启停方法在项目二中已经介绍，实现起来很容易，而本地 PLC 控制远程 PLC 所驱动的电动机则需要使用到以太网通信。通过本任务的学习，读者能使用以太网通信来实现 PLC 之间的数据交换。

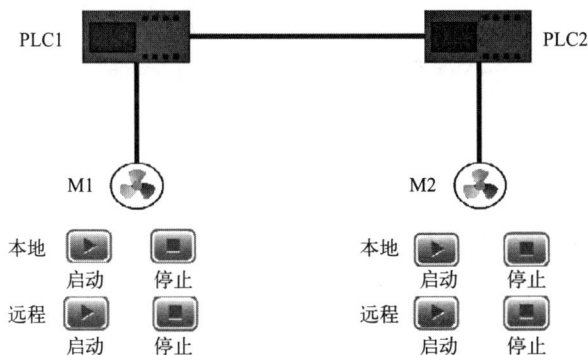

图 5-1 两台电动机的异地控制示意图

二、相关知识：S7-1200 PLC 的通信概述

1. 计算机开放系统互连参考模型

计算机开放系统互连（open systems interconnection，OSI）参考模型是国际标准化组织（International Organization for Standardization，ISO）于 1984 年制定的一个标准框架，用于定义计算机网络通信的标准和互操作性。OSI 模型将网络通信过程划分为七个独立的层，每一层负责特定的网络功能。这种分层设计有助于简化网络设计、开发和排除故障，并确保不同厂商的设备和软件能够互相兼容和通信。

（1）OSI 模型的七层结构

OSI 模型从下到上依次分为七层（见图 5-2），分别是：①物理层（physical layer）；②数据链路层（data link layer）；③网络层（network layer）；④传输层（transport layer）；⑤会话层（session layer）；⑥表示层（presentation layer）；⑦应用层（application layer）。

① 物理层负责在网络设备之间传输原始的比特流。它定义了物理连接的电气、机械和功能特性，包括传输介质、连接器、信号类型、传输速率等。常见的物理层技术包括以太网（Ethernet）、光纤、无线电波等。

② 数据链路层负责建立、维护和释放点到点的数据链路连接，并保证数据帧在

链路上的正确传输。该层提供数据的帧同步、错误检测与纠正、流量控制等功能。常见的数据链路层协议有以太网、点对点协议（PPP）等。

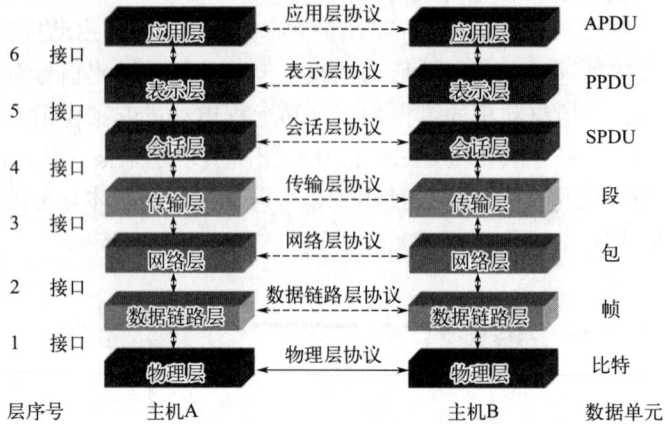

图 5-2　OSI 模型的七层结构

③ 网络层负责数据包的路由选择和转发，确保数据包从源节点到达目标节点。它管理逻辑地址（如 IP 地址）、子网划分和拥塞控制。常见的网络层协议有互联网协议（IP）、网际控制报文协议（ICMP）等。

④ 传输层负责端到端的通信，确保数据在主机之间可靠、正确地传输。它提供了错误恢复、流量控制、数据分段与重组等功能。常见的传输层协议有传输控制协议（TCP）和用户数据报协议（UDP）。

⑤ 会话层管理应用程序之间的会话，负责建立、维护和终止通信会话。它提供了会话管理、同步和对话控制等功能，确保数据在不同应用程序之间的有序交换。

⑥ 表示层负责数据格式的转换和表示，确保不同系统之间的数据能够互相理解。它处理数据的加密、解密、压缩、解压缩等功能，使数据在传输过程中保持一致性和安全性。

⑦ 应用层是 OSI 模型的最高层，直接面向用户和应用程序。它提供了各种网络服务和应用接口，如文件传输、电子邮件、远程登录等。常见的应用层协议有超文本传输协议（HTTP）、文件传输协议（FTP）、简单邮件传输协议（SMTP）等。

（2）OSI 模型的意义

OSI 模型通过将网络通信过程分层，使得每一层可以独立地进行设计和开发。OSI 模型为不同厂商和开发者提供了一个统一的标准，确保不同设备和软件能够互相兼容和通信。每一层独立处理特定的网络功能，简化了网络设计、实现和维护。各层之间通过标准接口互相通信，确保不同协议和技术能够在同一网络中协同工作。分层结构使得网络问题定位更加准确，便于网络故障的诊断和修复。

2. S7-1200 的以太网通信

S7-1200 CPU 本体上集成了一个 PROFINET 通信口（CPU 1211C ～ CPU 1214C）或者两个 PROFINET 通信口（CPU 1215C ～ CPU 1217C），支持以太网和基于 TCP/IP 和 UDP 的通信标准。这个 PROFINET 物理接口是支持 10 或 100Mbit/s 的 RJ45 口，

支持电缆交叉自适应，因此标准的或交叉的以太网线都可以用于这个接口。使用这个通信口可以实现 S7-1200 CPU 与编程设备的通信、与 HMI（人机界面）触摸屏的通信，以及与其他 CPU 之间的通信。

S7-1200 CPU 的 PROFINET 通信口主要支持以下通信协议及服务：

① Profinet IO：IO 控制器、智能设备、共享设备；

② PG 通信（编程调试）；

③ HMI 通信；

④ S7 通信；

⑤ 开放式用户通信：TCP、ISO on TCP、UDP、Modbus TCP、Email、安全开放式用户通信；

⑥ Web 服务器；

⑦ OPC UA 服务器。

3. S7-1200 的开放式通信及举例

西门子 PLC 集成了 PROFINET/ 工业以太网接口，可以实现开放式用户通信方式。开放式用户通信支持以下的通信协议和服务：TCP/IP（传输控制协议 / 互联网协议）、ISO-on-TCP（RCF1006）、UDP（用户数据报协议）、DHCP（动态主机配置协议）、SNMP（简单网络管理协议）、DCP（发现和基本配置协议）和 LLDP（链路层发现协议）。

S7-1200 的开放式通信可以通过用户程序控制通信过程，用户程序可以用 TCON、TDISCON 指令建立和断开连接，而 TSEND、TRCV 指令仅有发送和接收功能。对于 S7-1200/1500 PLC 的通信，若采用紧凑型指令（TSEND_C、TRCV_C 指令），则除了具有发送和接收功能，还具有建立和断开连接的功能。要注意的是，上述通信指令只能在主程序 OB1 中调用。

应用举例如下。

完成两台 S7-1200 PLC 的通信：将 PLC_1 中发送区数据块中 10 个字节的数据发送到 PLC_2 的接收数据区数据块中，同时 PLC_1 中接收区数据块将接收 PLC_2 的发送数据区数据块中的 10 个字节。

具体实现过程如下：

（1）创建工程项目

打开 TIA Portal 软件，在 Portal 视图下选择"创建新项目"选项，输入项目名称"开放式以太网通信"，选择项目保存路径，然后单击"创建"按钮完成工程项目创建。

（2）硬件组态

在项目视图的项目树中双击"添加新设备"选项，添加名称为 PLC_1 的设备，CPU 类型为 CPU 1214C，订货号为 6ES7 214-1BG40-0XB0。按上述方法再次双击"添加新设备"选项，添加名称为 PLC_2 的设备。然后分别启用 PLC_1 和 PLC_2 系统和时钟存储器 MB1 和 MB0，组态完成后分别对其进行保存和编辑。在项目视图的设备视图中，选择 CPU 属性下的"PROFINET 接口"选项，设置 PLC 的 IP 地址。本任务中设置 PLC_1 和 PLC_2 的 IP 地址分别为 192.168.1.11 和 192.168.1.12。

切换到网络视图，创建 PROFINET 的逻辑连接：首先进行以太网的连接，选中 PLC_1 的 PROFINET 接口的绿色小方框，将其拖动到 PLC_2 的 PROFINET 接口的绿色小方框上，释放鼠标键，则建立连接；或者，分别在 PLC_1 和 PLC_2 设备视图中的"PROFINET 接口"设置界面中，添加新子网"PN/IE_1"，也可建立两台 PLC 的以太网连接，如图 5-3 所示。

彩图

图 5-3　两台 PLC 的以太网连接

（3）添加数据块

根据控制要求，在 PLC_1 和 PLC_2 设备的程序块中分别创建发送数据块 DB1 和接收数据块 DB2，在发送数据块中新建一个包含 10 个字节数据的数组 Send，在接收数据块中新建一个包含 10 个字节数据的数组 Receive，如图 5-4 所示。且数据块的属性设置中需要取消选中"优化的块访问"复选框（见图 5-5），即取消块的符号访问，改为绝对地址寻址，然后对设置窗口进行编译和保存。

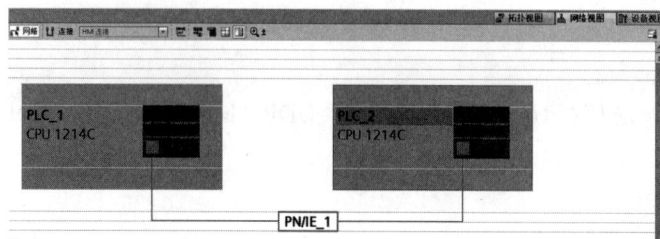

(a) PLC_1 的发送数据块

(b) PLC_1 的接收数据块

图 5-4　添加发送和接收数据块

（4）编写通信程序

① 在 OB1 中调用 TSEND_C 指令和 TRCV_C 指令。

分别在 PLC_1 和 PLC_2 的 Main［OB1］中调用开放式以太网通信指令（见图 5-6）。双击打开 Main［OB1］编辑窗口，在右侧"通信"指令文件夹中打开"开放式用户通信"文件夹，用鼠标双击或拖动 TSEND_C、TRCV_C 指令至某个程序段中，自动生成名称为 TSEND_C_DB 和 TRCV_C_DB 的背景数据块。

图 5-5　块的优化访问设置

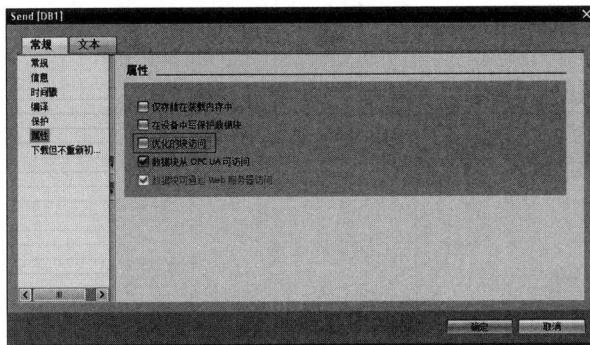

图 5-6　通信指令

TSEND_C 指令格式及参数见表 5-1，TRCV_C 指令格式及参数如表 5-2 所示。

表 5-1　TSEND_C 指令格式及参数

指令格式	参数	描述	数据类型
	REQ	在上升沿启动发送作业	Bool
	CONNECT	连接发送数据 DB	Any
	DATA	指向发送区的指针，包含要发送数据的地址和长度	Any
	DONE	0：发送作业尚未启动或仍在进行。 1：发送作业已成功执行。此状态将仅显示一个周期	Bool
	ERROR	0：无错误。 1：建立连接、传送数据或终止连接时出错	Bool
	BUSY	0：发送作业尚未启动或已完成。 1：发送作业尚未完成。无法启动新发送作业	Bool
	STATUS	状态信息	Word

笔记

表 5-2　TRCV_C 指令格式及参数

指令格式	参数	描述	数据类型
	EN_R	启用接收功能	Bool
	CONNECT	连接接收数据 DB	Any
	DATA	指向接收区的指针，包含要接收数据的地址和长度	Any
	DONE	0：发送作业尚未启动或仍在进行。1：发送作业已成功执行。此状态将仅显示一个周期	Bool
	ERROR	0：无错误。1：建立连接、传送数据或终止连接时出错	Bool
	BUSY	0：发送作业尚未启动或已完成。1：发送作业尚未完成。无法启动新发送作业	Bool
	STATUS	状态信息	Word
	RCVD_LEN	实际接收到的数据量（以字节为单位）	UDINT

② 设置 PLC_1 的 TSEND_C 连接参数。

选中 PLC_1 的 TSEND_C 指令，选择"属性"→"组态"→"连接参数"选项，界面如图5-7所示。在"伙伴"的"端点"下拉列表框中选择"PLC_2"后，"接口""子网""地址"选项随之自动更新。此时"连接类型"和"连接 ID（十进制）"为灰色，代表无法进行数据的选择和输入。在"本地"的"连接数据"文本框中点击"新建"后就可以选择数据块"PLC_1_Send_DB"（所有的连接数据都会存放于该 DB 中）。选中"本地"PLC_1 的"主动建立连接"单选按钮（即本次 PLC_1 在通信时为主动连接方），此时"连接类型"和"连接 ID（十进制）"两项呈现亮色，即可选择连接类型，连接 ID 默认为"1"。

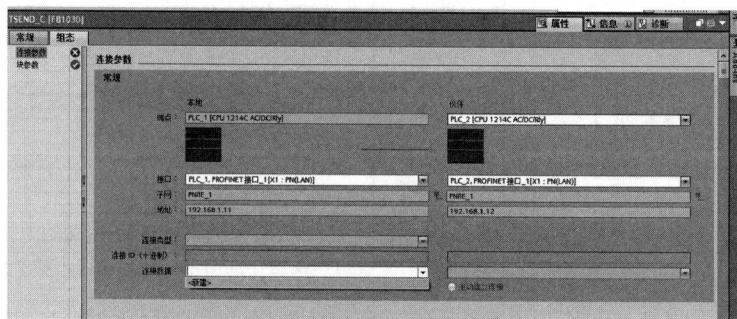

图 5-7　TSEND_C 指令本地连接参数设置界面

　　然后用同样的方法在伙伴侧完成连接参数的设置，即在"伙伴"的"连接数据"文本框中输入数据块"PLC_2_Receive_DB"，或单击"连接数据"文本框后面的下拉按钮（见图 5-8），选择"新建"选项，生成新的数据块。新的连接数据块生成后，连接 ID 也自动生成（见图 5-9），这个 ID 在后面的编程中将会用到。

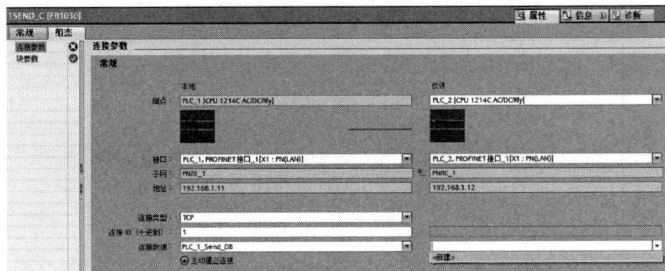

图 5-8　TSEND_C 指令伙伴连接参数设置界面

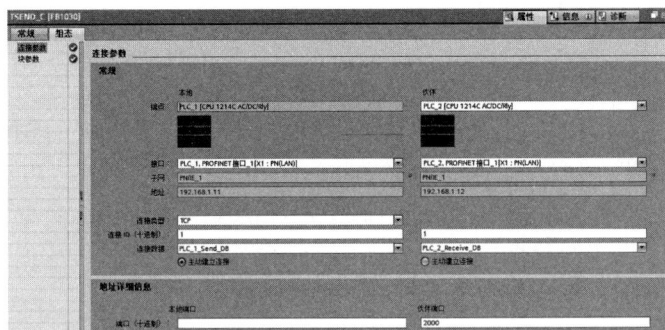

图 5-9　TSEND_C 指令连接参数完成界面

　　选中 PLC_1 的 TSEND_C 指令，选择"属性"→"组态"→"块参数"选项，界面如图 5-10 所示。在"输入"参数中，"启动请求（REQ）"使用"Clock_1Hz"（M0.5），由上升沿触发发送任务；"连接状态（CONT）"设置为"TRUE"，表示连接并一直保持连接。在"输入 / 输出"参数中，"相关的连接指针（CONNECT）"设置为前面建立的连接数据块"PLC_1_Send_DB"；"发送区域（DATA）"中使用指针寻址或符号寻址，将"起始地址"设置为"DB1.DBX0.0"，"长度"设置为"10"。

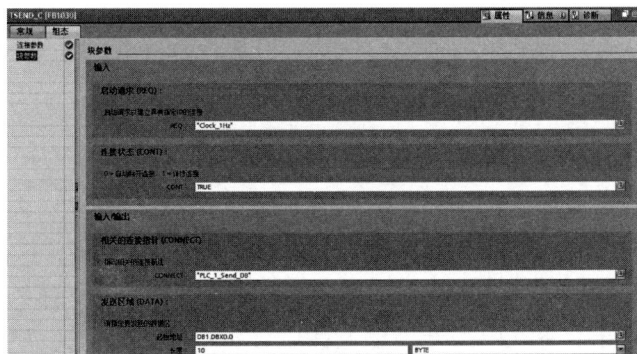

图 5-10　TSEND_C 指令块参数设置界面

TSEND_C 指令设置完后在主程序中如图 5-11 所示。在主程序的程序编辑器中直接编辑该指令的输入参数也是可以的。

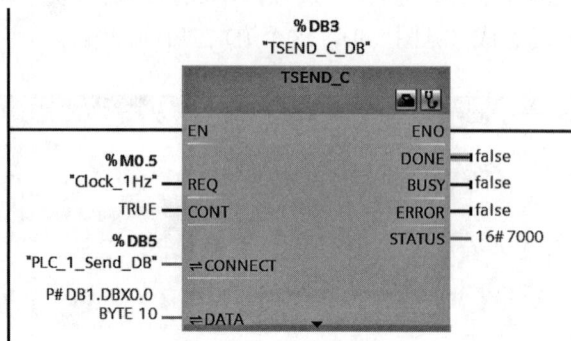

图 5-11　指令完成设置界面

③ 设置 PLC_1 的 TRCV_C 参数。

为了使 PLC_1 能接收到来自 PLC_2 的数据，在 PLC_1 中调用 TRCV_C 指令并设置其通信参数。

选中 PLC_1 的 TRCV_C 指令，选择"属性"→"组态"→"连接参数"选项，界面如图 5-12 所示。在"伙伴"的"端点"下拉列表框中选择"PLC_2"后，"接口""子网""地址"选项随之自动更新。在"伙伴"的"连接数据"文本框中选择"新建"以生成新的数据块"PLC_2_Send_DB"（所有的连接数据都会存放于该 DB 中），然后选择该数据块。选中"伙伴"PLC_2 的"主动建立连接"（即接收通信状态下 PLC_2 为主动连接方）。此时"连接 ID（十进制）"默认为"2"。然后用同样的方法在本地侧完成连接参数的设置，即在"本地"的"连接数据"文本框中选择"新建"选项以生成新的数据块"PLC_1_Receive_DB"，然后选择该数据块。新的连接数据块生成后，连接 ID 也自动生成，这个 ID 在后面的编程中将会用到。

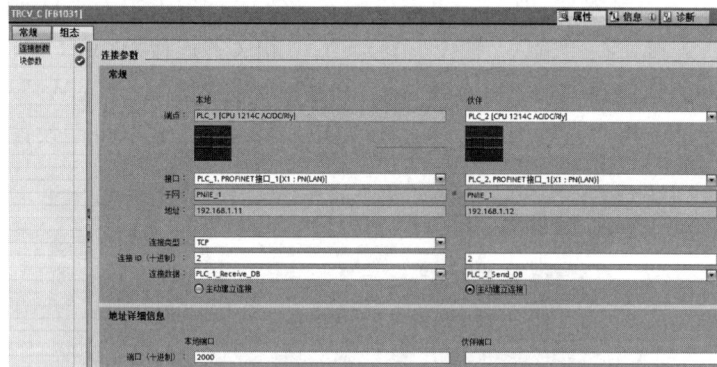

图 5-12　TRCV_C 指令连接参数设置界面

选中 PLC_1 的 TRCV_C 指令，"启用请求（EN_R）"设置为"1"，为接收 PLC_2 的数据做好准备，由上升沿触发接收任务；"连接状态（CONT）"设置为"TRUE"，表示连接并一直保持连接。"CONNECT"设置为前面建立的连接数据块

"PLC_1_Receive_DB"（这一步前面自动完成，无须操作）；"DATA"中使用指针寻址，设为"P#DB2.DBX0.0 BYTE 10"，即表示接收数据放在 DB2 的前面 10 个字节中。

TRCV_C 指令设置完后在主程序中如图 5-13 所示。在主程序的程序编辑器中直接编辑该指令的输入参数也是可以的。

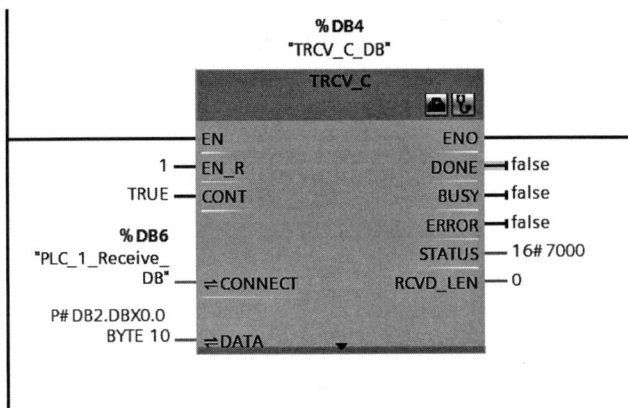

图 5-13　TRCV_C 指令设置完成界面

④ 设置 PLC_2 的 TSEND_C 和 TRCV_C 指令参数。

PLC_1 中使用 TSEND_C 指令发送数据，PLC_2 中就得使用 TRCV_C 指令接收数据。双向通信时，保证 TSEND_C 指令和 TRCV_C 指令成对使用。因此，实现 PLC_1 和 PLC_2 的双向通信，需要在 PLC_2 中调用 TRCV_C 指令和 TSEND_C 指令，并组态其参数。PLC_2 的 TRCV_C 指令和 TSEND_C 指令的组态方法与 PLC_1 类似，此处不再详述。

三、任务实施

1. 分配 I/O 地址，绘制 PLC 输入 / 输出接线图

本控制任务的 I/O 地址分配如表 5-3 所示。两台电动机异地控制系统的本地和远程的 PLC 的 I/O 地址分配表相同，在此仅给出了本地 PLC 的 I/O 地址分配表。

表 5-3　两台电动机的异地控制 I/O 地址分配

输入		输出	
本地启动按钮 SB1	I0.0	本地接触器 KM 线圈	Q0.0
本地停止按钮 SB2	I0.1	本地电机工作指示灯 HL1	Q0.4
本地热继电器 FR	I0.2	远程电机工作指示灯 HL2	Q0.5
远程启动按钮 SB3	I0.3		
远程停止按钮 SB4	I0.4		

笔记

　　将已选择的输入 / 输出设备和分配好的 I/O 地址一一对应进行连接，其接线示意图如图 5-14 所示。本地与远程的 PLC 接线图相同，在此仅画出了本地 PLC 控制接线示意图。两台 PLC 之间通过网线相连。

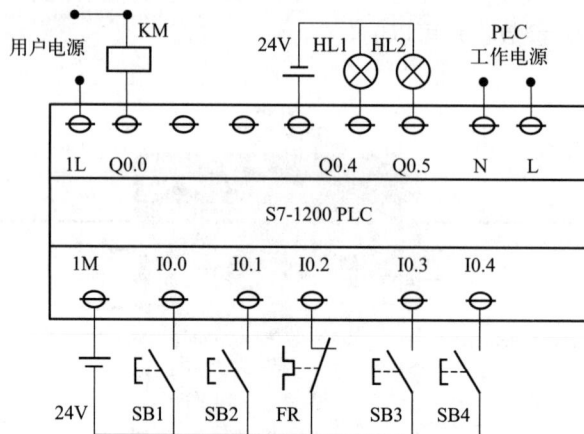

图 5-14　两台电动机的异地控制输入 / 输出接线示意图

2. 编制 PLC 程序

（1）编制主站 PLC_1 梯形图程序

主站的 PLC_1 中建立变量如图 5-15 所示，编制的梯形图程序如图 5-16 所示。

(a) PLC_1 的发送数据块

(b) PLC_1 的接收数据块

图 5-15　两台电动机异地控制的 PLC_1 的发送 / 接收数据块

笔记

程序段 1：

注释

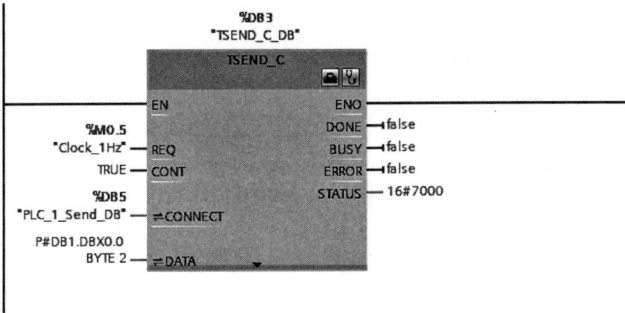

程序段 2：

注释

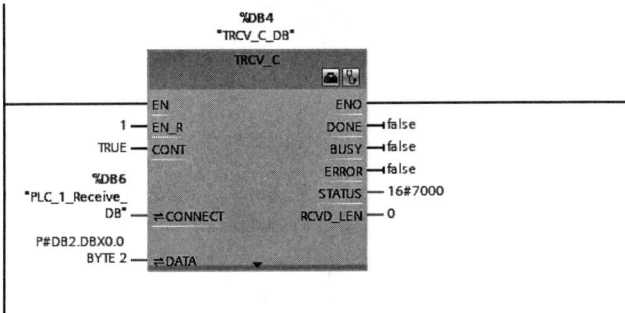

程序段 3：

注释

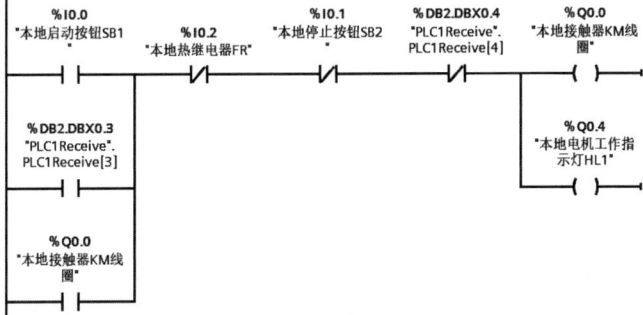

程序段 4：

注释

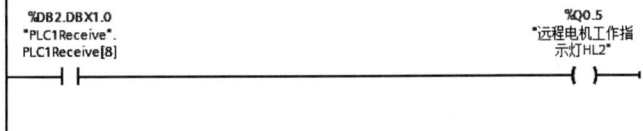

程序段 5：

注释

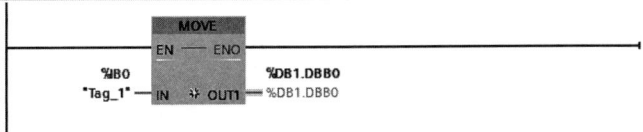

图 5-16

程序段 6：...

注释

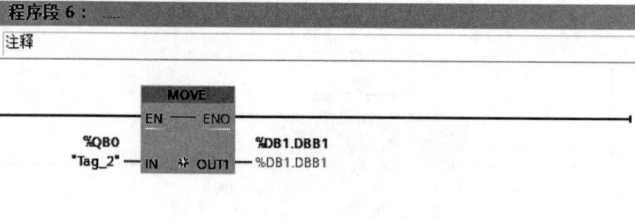

图 5-16　两台电动机异地控制的 PLC_1 梯形图程序

（2）编制从站 PLC_2 梯形图程序

从站的 PLC_2 中建立变量如图 5-17 所示，编制的梯形图程序如图 5-18 所示。

(a) PLC_2 的发送数据块

(b) PLC_2 的接收数据块

图 5-17　两台电动机异地控制的 PLC_2 的发送 / 接收数据块

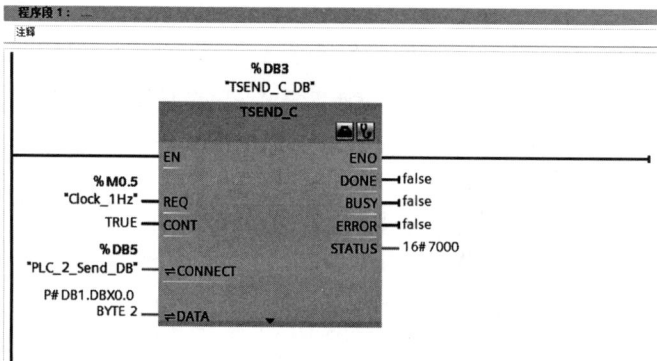

笔记

程序段 2：

注释

%DB4
"TRCV_C_DB"

TRCV_C

EN	ENO
1 — EN_R	DONE —false
TRUE — CONT	BUSY —false
	ERROR —false
%DB6 "PLC_2_Receive_DB" ⇌CONNECT	STATUS — 16# 7000
	RCVD_LEN — 0
P# DB2.DBX0.0 BYTE 2 ⇌DATA	

程序段 3：

注释

```
  %I0.0          %I0.2         %I0.1        %DB2.DBX0.4      %Q0.0
"本地启动按钮SB1"  "本地热继电器FR"  "本地停止按钮SB2"  "PLC2Receive".   "本地接触器KM线
                                              PLC2Receive[4]      圈"
  ─┤ ├──────────┤/├──────────┤/├──────────┤/├────────┬──( )──
                                                      │
 %DB2.DBX0.3                                          │        %Q0.4
 "PLC2Receive".                                       │     "本地电机工作指
 PLC2Receive[3]                                       │       示灯HL1"
  ─┤ ├─                                               └────────( )──

  %Q0.0
"本地接触器KM线
   圈"
  ─┤ ├─
```

程序段 4：

注释

```
 %DB2.DBX1.0                                          %Q0.5
 "PLC2Receive".                                    "远程电机工作指
 PLC2Receive[8]                                      示灯HL2"
  ─┤ ├────────────────────────────────────────────────( )──
```

程序段 5：

注释

```
          MOVE
        EN — ENO
%IB0 ──  IN  ⇟ OUT1 ── %DB1.DBB0
"Tag_1"              %DB1.DBB0
```

程序段 6：

注释

```
          MOVE
        EN — ENO
%QB0 ──  IN  ⇟ OUT1 ── %DB1.DBB1
"Tag_2"              %DB1.DBB1
```

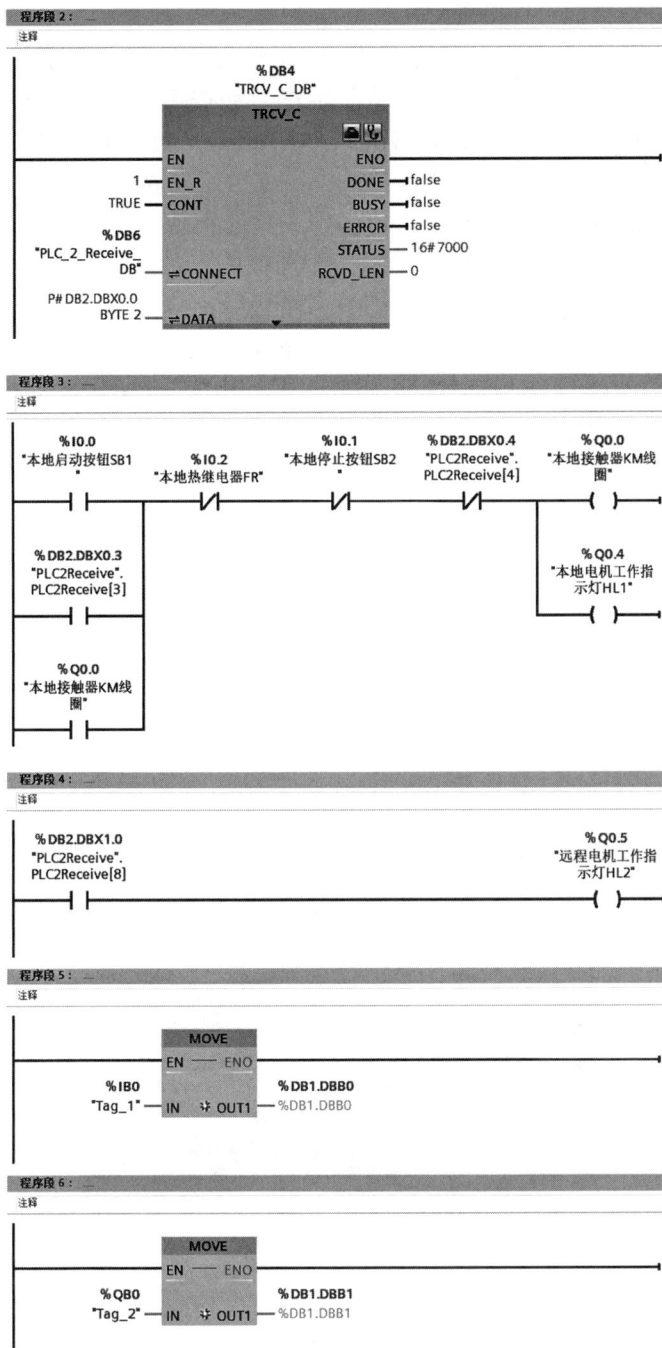

图 5-18 两台电动机异地控制的 PLC_2 梯形图程序

3. 程序调试

在上位计算机上启动 TIA Portal 编程软件，将 PLC_1 和 PLC_2 梯形图程序分别输入到计算机中。按照图 5-14 连接好线路，将梯形图程序分别下载到 PLC 中，分别加入输入信号运行程序，观察运行结果。如果运行结果与控制要求不符，则需要

笔记

对控制程序或外部接线进行检查，直到符合要求。

按下本地启动按钮 SB1，本地电动机启动运行；按下本地停止按钮 SB2，本地电动机停止运行。在主站 PLC_1 按下远程启动按钮 SB3，主站的 I0.3 数据将被写到从站 PLC_2 的 "PLC2Receive".PLC2Receive[3]，并用来启动从站电动机运行；在主站按下远程停止按钮 SB4，主站 PLC_1 的 I0.4 数据将被写到从站 PLC_2 的 "PLC2Receive".PLC2Receive[4]，并用来使从站电动机停止运行，此外，从站 PLC_2 电机工作状态 Q0.0 也被读到 "PLC1Receive".PLC1Receive[8]，用来控制从站电机工作指示灯的亮与暗。在从站按下远程启动按钮 SB3，从站的 I0.3 数据将被读到主站 "PLC1Receive".PLC1Receive[3]，并用来启动主站电动机运行；在从站按下远程停止按钮 SB4，从站的 I0.4 数据将被读到主站 "PLC1Receive".PLC1Receive[4]，并用来使主站电动机停止运行，主站电动机工作状态 Q0.0 也被写到 "PLC2Receive".PLC2Receive[8]，用来控制主站电动机工作指示灯的亮与暗。

四、知识拓展：工业触摸屏应用

1. 功能描述

触摸屏是一种人机界面（HMI）。人机界面是在操作人员和机器设备之间进行双向沟通的桥梁。使用触摸屏，用户可以自由地组合文字、按钮、图形、数字等来处理、监控、管理随时可能变化的信息。

西门子触摸屏设备如图 5-19 所示。

图 5-19 西门子触摸屏示意图

2. 触摸屏的连接

该任务采用的是 TP700 精致面板触摸屏，其集成 2 个 PROFINET 接口，可实现多种网络通信，支持使用博途软件进行组态和编程。S7-1200 PLC 与触摸屏构成工业以太网网络，如图 5-20 所示。

3. 制作一个简单的工程

如图 5-21 所示，编写 PLC 程序并编制触摸屏 HMI 画面，要求在触摸屏 HMI 上按下启动按钮时电机开始运转，按下停止按钮时，电机停止运转。

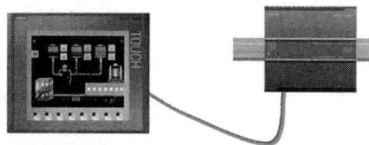

图 5-20　HMI 与 PLC 连接图

① 创建 S7 项目，并命名为"S7-1200- 电机起跑停"。

② 配置硬件：添加 PLC 和 HMI，按照型号要求，添加订货号为 6AV2 124-0GC01-0AX0 的触摸屏 HMI，如图 5-22 所示。

图 5-21　HMI 示例工程

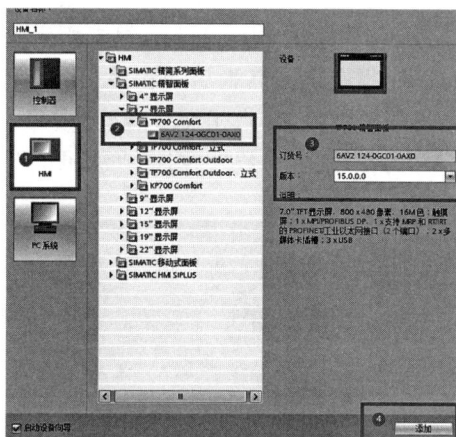

图 5-22　添加 HMI

③ 配置 PLC 和 HMI 的 IP 地址：将 PLC 和 HMI 的 IP 地址配置在同一网段，并添加子网 PN/IE_1，PLC 和 HMI 都加入 PN/IE_1 的子网，如图 5-23 所示。

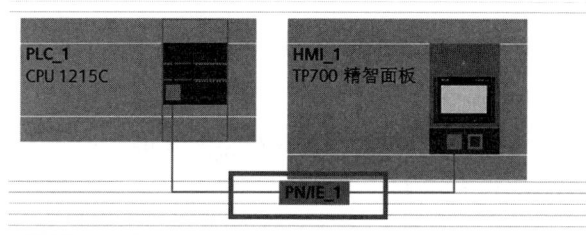

图 5-23　配置 PN/IE_1 子网

④ 配置 PLC 的变量表，如图 5-24 所示。

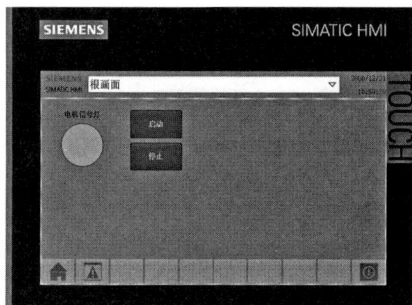

		名称	数据类型	地址	保持
1		启动	Bool	%M10.0	
2		停止	Bool	%M10.1	
3		电机	Bool	%Q0.2	

图 5-24　变量表设置

笔记

⑤ 在程序编辑器的 Main（OB1）中输入程序，如图 5-25 所示。

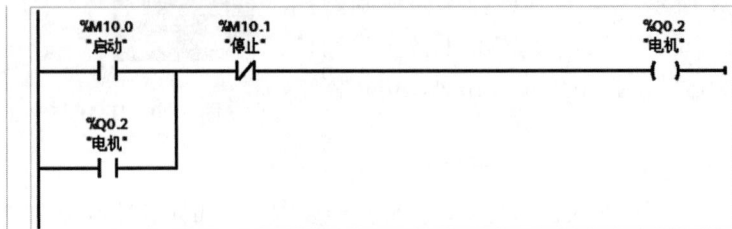

图 5-25　主程序编制

⑥ 组态 HMI 画面。进入组态根画面，打开"工具箱"，点击元素里面的按钮，添加两个按钮，改名为启动和停止。配置按钮，对着启动按钮右击，在出现的选项里面选择"属性"，点击属性界面里面的"事件"，然后在出现的选项里面点击"按下"，点击"添加函数"，选择"编辑位"的"置位位"，如图 5-26 所示。

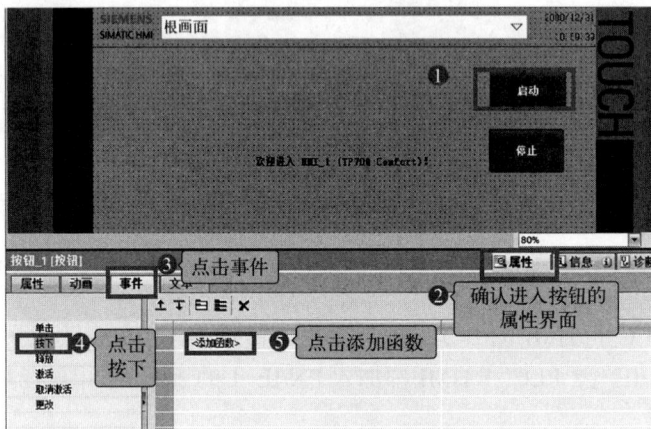

图 5-26　按钮配置函数

⑦ 添加函数后，要给函数一个变量，我们把 PLC 变量里面的"开始"即 M10.0 关联给 HMI 的开始按钮。先点击"置位位"里的扩展按钮，如图 5-27 所示；在弹出的对话框中选择 PLC 变量，然后把"启动"变量关联上去，如图 5-28 所示。对 HMI 画面启动按钮，同样配置"释放"事件。对画面停止按钮也做相同的操作。

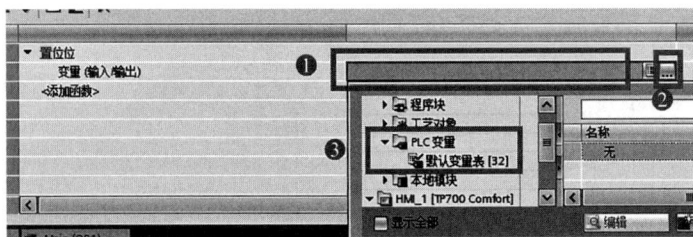

图 5-27　关联变量设置

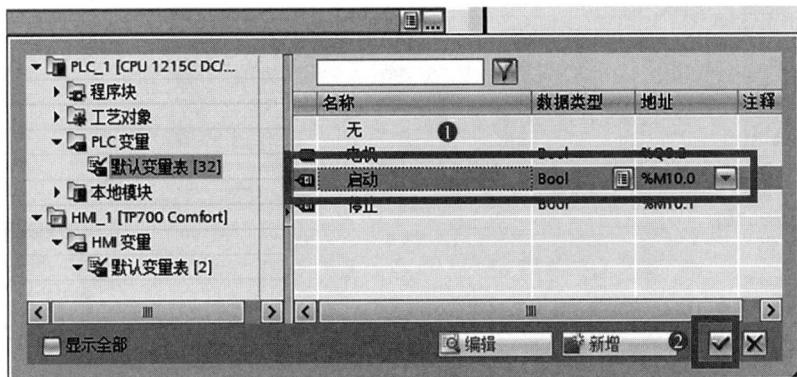

图 5-28　选择变量

⑧ 配置完成按钮的事件后，配置动画，让按钮在按下的时候有相应颜色显示，方便我们确认按钮已经按下。右键启动按钮属性，在弹出的对话框中选择"动画"→"显示"→"外观"，选择变量名字，如图 5-29 所示。然后添加背景色，当变量为 0 时显示为灰色，变量为 1 时显示为绿色，如图 5-30 所示。

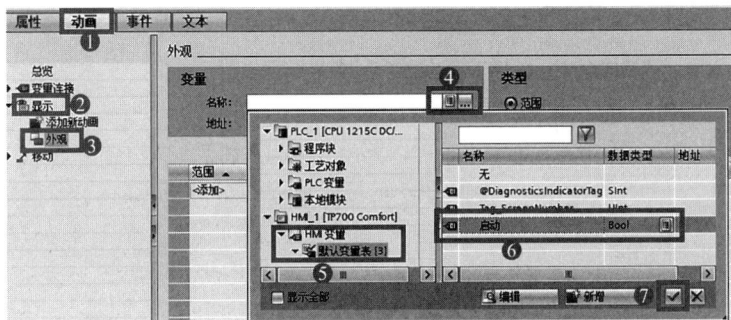

图 5-29　外观显示配置变量

彩图

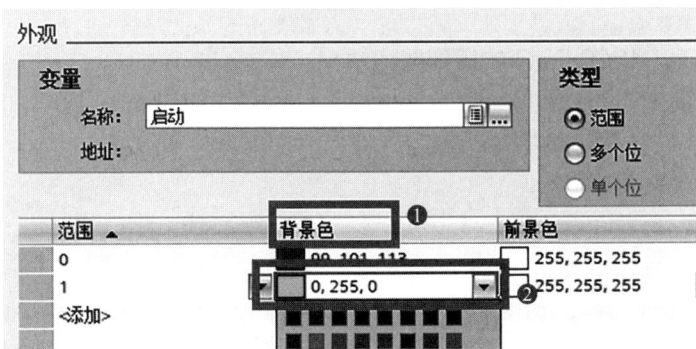

图 5-30　外观配置颜色

彩图

以同样的配置方式去配置停止按钮，停止按钮的变量要用"停止"M10.1。

⑨ 配置电机运转信号灯（图 5-31）：点击工具箱里面基本对象，选择圆，配置圆的动画外观显示为 PLC 变量的"电机"，当电机工作时为绿色，停止时为灰色。

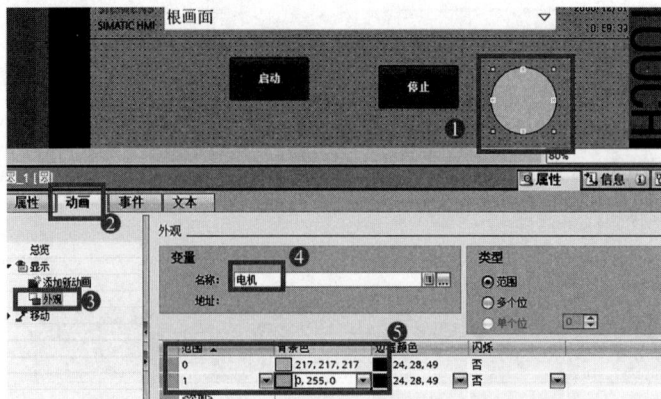

图 5-31　配置电机指示灯外观

五、任务评价

根据任务完成情况，完成附录 C 的任务评价表。

任务二　窑温模糊控制设计

◇ 知识目标

掌握模拟量的基础知识；
熟悉模拟量的编程方法；
熟悉常用转换指令的功能及应用。

◇ 能力目标

能配置和调试 S7-1200 PLC 的模拟量模块；
能熟练使用转换指令；
能编写窑温模糊控制程序并仿真实施。

◇ 素质目标

培养科学严谨态度，培养实际应用意识；
培养系统安全意识，确保在设计和运行过程中遵循安全规范，防范潜在风险。

一、任务导入和分析

砌块是利用混凝土、工业废料（炉渣、粉煤灰等）或地方材料制成的人造块材，外形尺寸比砖大，具有设备简单、砌筑速度快的优点，符合建筑工业化发展中墙体改革的要求。砌块在生产过程中的最后一道工序是养护。自动控制养护方式，可以借助 PID 算法、模糊控制算法及一些优化控制算法，使养护窑的养护温度严格地控制在养护规则要求的范围之内。

图 5-32 所示为对养护窑进行温度控制的系统示意图。系统控制两个养护窑，每个养护窑有：1 个测温模拟量输入点；1 个进气电磁阀控制输入蒸汽、1 个排气电磁阀控制热气的排出、1 台送风电动机，共 3 个开关量输出；1 个启动按钮、1 个停止按钮、1 个急停按钮，共 3 个开关量输入。系统还需设置 1 个总启动按钮、1 个总停止按钮、1 个总进气电磁阀、1 个总排风电磁阀。所以整个控制系统需开关量输入 8 个点，开关量输出 8 个点，模拟量输入 2 个点。

每个窑都可以自行控制，其具体控制流程要求：启动电动机，供风循环热气流；开启进气阀门，提供热气控温；经过一定时间（设恒温 10h），关闭进气阀门，打开排气阀门排气；按下停止按钮，关风机，关排气阀，准备砌块出窑。连锁要求：只要有一个窑排气，总排气阀就要打开；只有总进气阀打开，才能启动各窑进气阀。

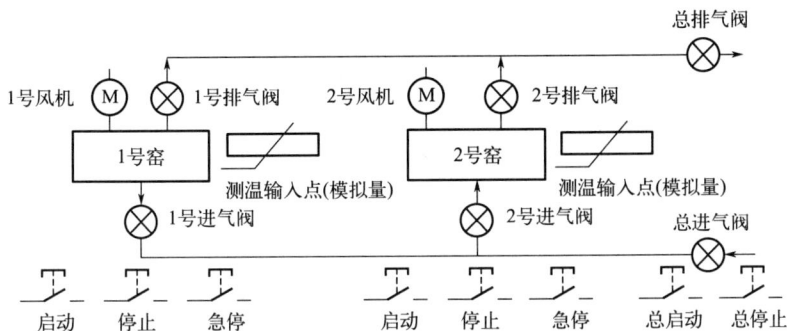

图 5-32 窑温控制系统示意图

二、相关知识：模拟量

1. 模拟量 I/O 特性

模拟量是连续变化的信号。PLC 通过扩展模拟量输入 / 输出模块即可输入或输出模拟量，完成对 PLC 控制系统的温度、压力、流量等模拟量信号的检测或控制。通过变送器可将传感器提供的电量或非电量转换为 PLC 可接收的标准的直流电流（4～20mA、±20mA 等）或直流电压（0～5V、0～10V、±5V、±10V 等）信号，如图 5-33 所示。

图 5-33 模拟量处理过程

模拟量输入模块接收所连接的模拟量信号，并将其转换为 CPU 能理解的二进制信号，这一过程称为模 / 数（A/D）转换。数字化后的信号在程序中可用于比较等，完成其控制任务。模拟量的输出信号在系统内部也表现为数字量，S7-1200 PLC将一个模拟输出量表达为一个字长，经过数 / 模（D/A）转换器转换成模拟量输出。模拟量模块输入信号为 0 ～ 10V、0 ～ 20mA 和 4 ～ 20mA 时，转换量程范围为0 ～ 27648；模拟量模块输入信号为 -10 ～ 10V、-5 ～ 5V 和 -2.5 ～ 2.5V 时，转换量程范围为：-27648 ～ 27648。

2. S7-1200 PLC 模拟量扩展模块

S7-1200 PLC 模拟量扩展模块主要有三种类型：模拟量输入模块、模拟量输出模块、模拟量混合模块。模拟量扩展模块有多种量程供用户选择，如 4 ～ 20mA、±20mA 等，0 ～ 5V、0 ～ 10V、±5V、±10V 等，量程为 0 ～ 10V 时的分辨率为2.5mV。

S7-1200 PLC 模拟量扩展模块主要有模拟量输入模块 SM 1231（8 路模拟量输入）、模拟量输出模块 SM 1232（4 路输出）、模拟量混合模块 SM 1234（4 路输入，2路输出）。SM 1234 模块端子图如图 5-34 所示，0+、0- 为第 1 路模拟量输入通道的接线端，1+、1- 为第 2 路模拟量输入通道的接线端，2+、2- 为第 3 路模拟量输入通道的接线端，3+、3- 为第 4 路模拟量输入通道的接线端。图 5-34 中第 1 路输入通道为电压输入信号接法，第 3 路输入通道为电流输入信号接法。L+、M 接工作电源 DC 24V。

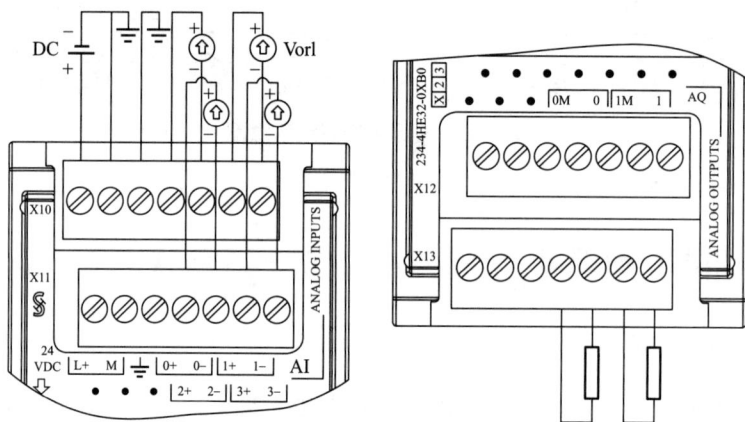

图 5-34　SM 1234 输入输出接线图

3. S7-1200 PLC 模拟量转换方法

西门子 PLC 通过扩展模拟量输入 / 输出模块即可输入或输出模拟量，完成对PLC 控制系统的温度、压力、流量等模拟量信号的检测或控制。模拟量采集模块则将电流或电压信号转化为对应的整数值。因此需根据传感器实际量程范围，在PLC 中使用转换操作指令将整数值转化为实际的实数压力值，并存放在指定的存储区内。

进行模拟量的量程转换，会用到基本指令下面转换操作的"SCALE_X"（缩放指令）和 "NORM_X"（标准化指令），SCALE_X 和 NORM_X 指令表如表 5-4 所示。

表 5-4　SCALE_X 和 NORM_X 指令表

LAD 格式	说明
NORM_X ??? to ??? EN — ENO <???> — MIN　OUT — <???> <???> — VALUE <???> — MAX	标准化指令： OUT=（VALUE-MIN）/（MAX-MIN） 按参数 MIN 和 MAX 所指定的取值范围将参数 VALUE 进行标准化，$0.0 \leqslant OUT \leqslant 1.0$
SCALE_X ??? to ??? EN — ENO <???> — MIN　OUT — <???> <???> — VALUE <???> — MAX	缩放指令： OUT=[VALUE*（MAX–MIN）]+MIN 将输入 VALUE 的值映射到指定的 MIN 和 MAX 值范围内，得到工程实际值

【工程实例】标准化和缩放模拟量输入值。

来自电流输入型模拟量信号模块或信号板的模拟量输入的有效值在 0～27648 范围内。假设模拟量输入代表温度，其中模拟量输入值 0 表示 -30.0℃，27648 表示 120.0℃。

要将模拟值转换为对应的工程单位，应将输入标准化为 0.0～1.0 的值，然后再将其缩放为 -30.0～120.0 的值。结果是用模拟量输入（以摄氏度为单位）表示的温度。标准化和缩放模拟量输入值程序如图 5-35 所示，其中 IW64 是模拟量输入的通道地址。

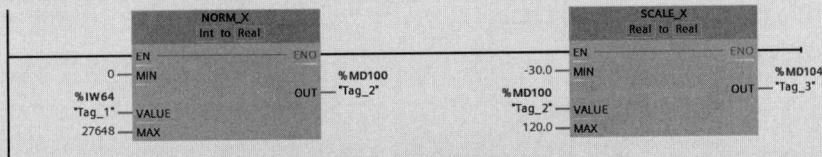

图 5-35　标准化和缩放模拟量输入值程序

三、任务实施

1. 分配 I/O 地址，绘制 PLC 输入 / 输出接线图

窑温模糊控制任务的 I/O 地址分配如表 5-5 所示。

表 5-5　窑温模糊控制系统 I/O 地址分配

输入		输出		内部编程元件
1 号窑启动	I0.0	1 号窑进气阀	Q0.0	
1 号窑停止	I0.1	1 号窑排气阀	Q0.1	
1 号窑急停	I0.2	1 号窑风机	Q0.2	
2 号窑启动	I0.3	2 号窑进气阀	Q0.3	
2 号窑停止	I0.4	2 号窑排气阀	Q0.4	定时器：T101～T208
2 号窑急停	I0.5	2 号窑风机	Q0.5	计数器：C1～C6
总启动	I0.6	总进气阀	Q0.6	
总停止	I0.7	总排气阀	Q0.7	
1 号窑热敏电阻	IW96			
2 号窑热敏电阻	IW98			

将已选择的输入 / 输出设备和分配好的 I/O 地址一一对应连接，形成 PLC I/O 接线示意图，如图 5-36 所示。

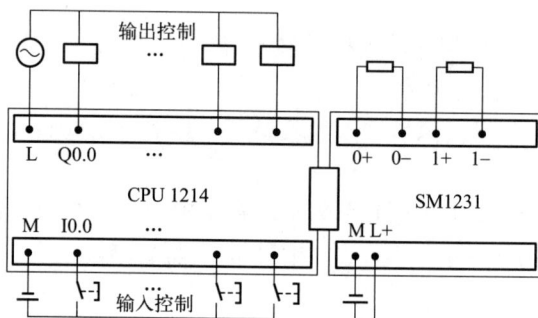

图 5-36　窑温控制系统输入 / 输出接线示意图

2. 编制 PLC 程序

（1）系统控制程序设计思路

总体思路：因本系统用来控制规模相同的两个养护窑，所以控制程序采用分块结构。其中子程序 FC1 控制 1 号窑温，FC2 控制 2 号窑温。主程序分别调用 FC1 和

FC2 子程序块，对两个养护窑分别控制。每个养护窑由一个热敏电阻检测窑内温度，由一个进气阀周期闭合与断开来控制进气量，调节窑内温度。

　　主程序的控制流程： 在系统启动之后，主程序不断查询各个子程序的启动条件，并根据启动条件去决定是否调用温控程序，其流程如图 5-37 所示。

　　控制算法： 本任务采用的控制算法是根据经验写成的控制规则，用模糊控制算法去控制。其控制规则如下。

　　如果检测温度低于设定值的 50%，则进气阀门打开的占空比为 100%；

　　如果检测温度在设定值的 50% ～ 80%，则进气阀门打开的占空比为 70%；

　　如果检测温度在设定值的 80% ～ 90%，则进气阀门打开的占空比为 50%；

　　如果检测温度在设定值的 90% ～ 100%，则进气阀门打开的占空比为 30%；

　　如果检测温度在设定值的 100% ～ 102%，则进气阀门打开的占空比为 10%；

　　如果检测温度高于设定值的 102%，则进气阀门打开的占空比为 0%。

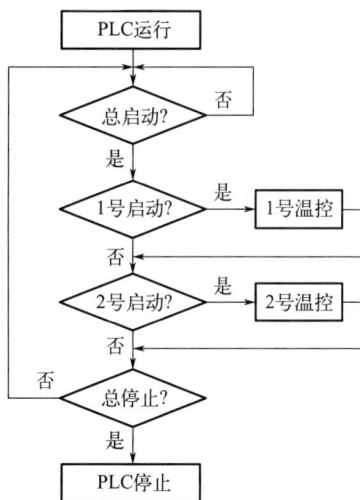

图 5-37　窑温数字量输出控制程序流程图

　　为了实现控制算法，在程序设计中，每个养护窑安排了 8 个定时器，产生 4 种不同占空比的脉冲，再由这些脉冲去控制进气阀门的打开和关断。

　　（2）编写窑温控制系统的梯形图程序

　　根据窑温控制系统的控制要求，编写出对应的 PLC 梯形图程序，如图 5-38 所示。

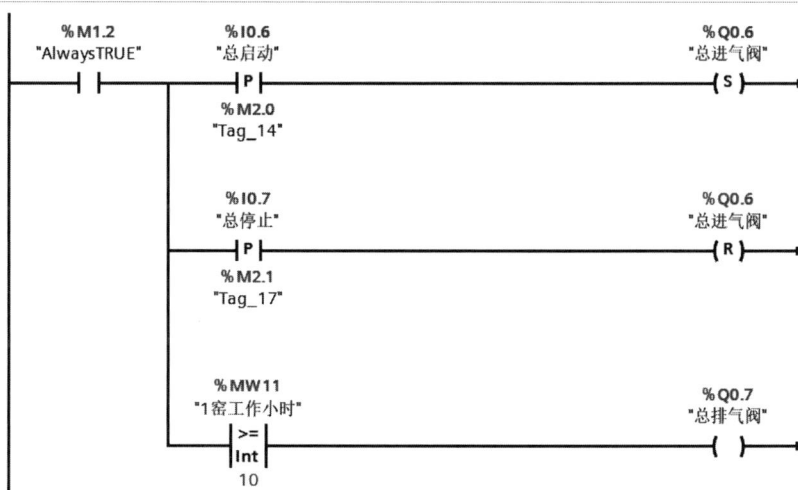

图 5-38

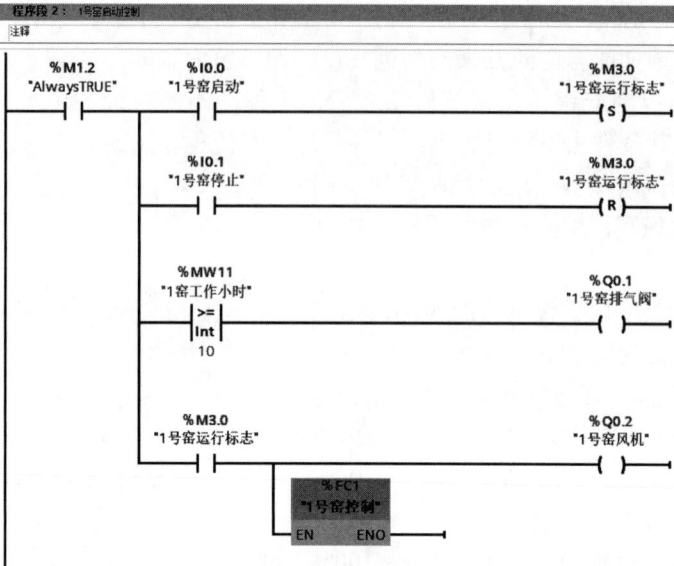

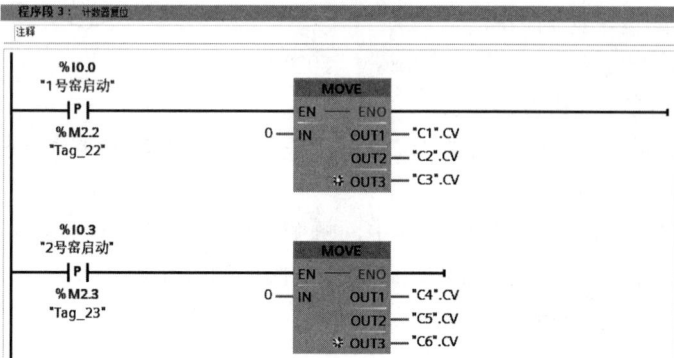

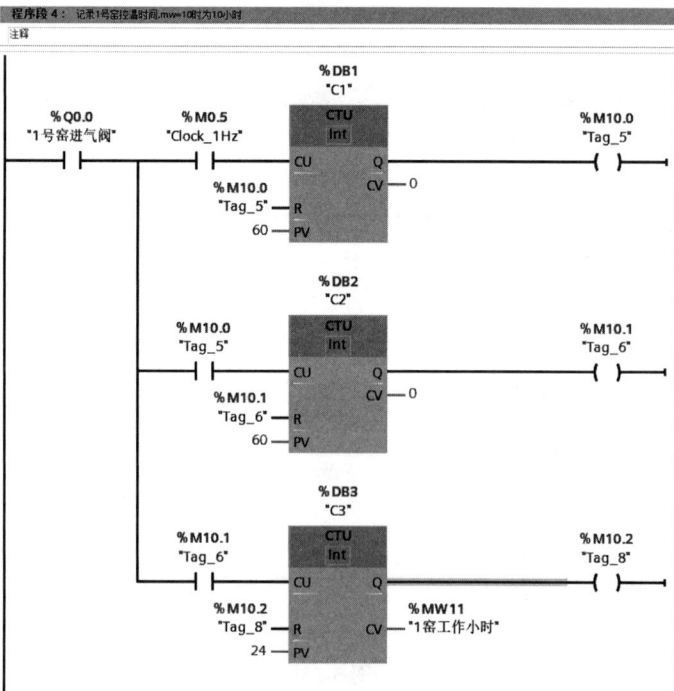

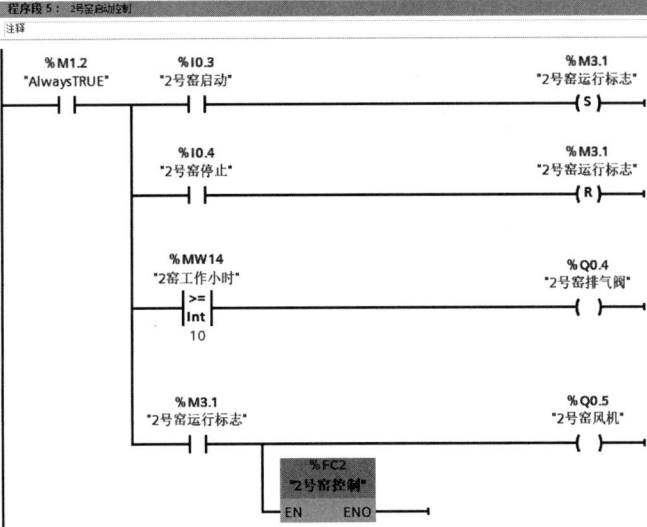

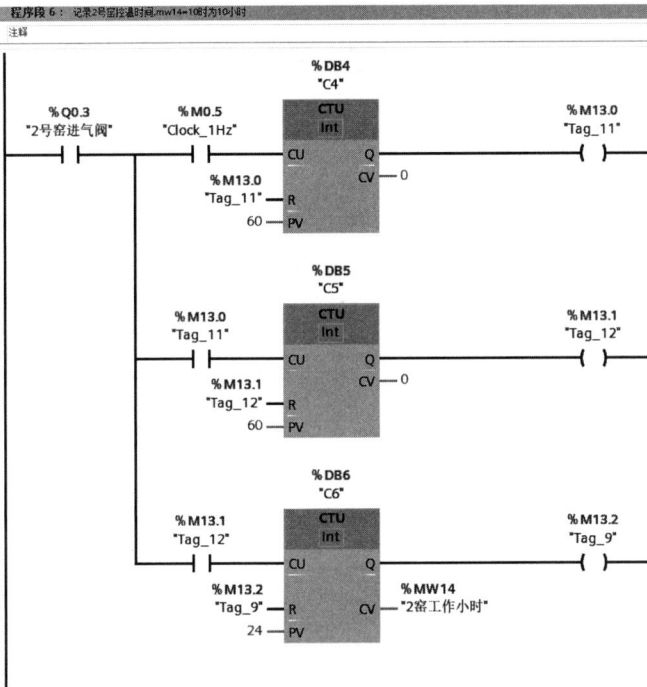

(a) 窑温控制系统梯形图程序(主程序)

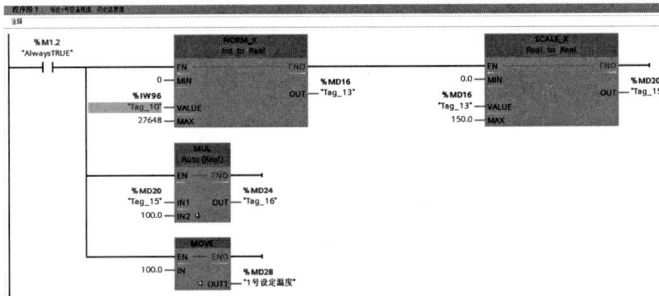

图 5-38

笔记

程序段 2： 分段控制

注释

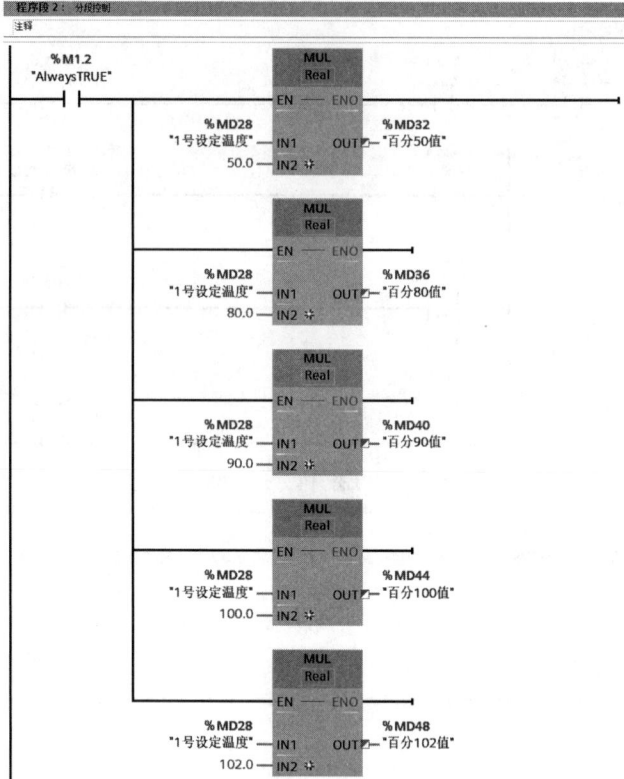

程序段 3： 控制阀动

注释

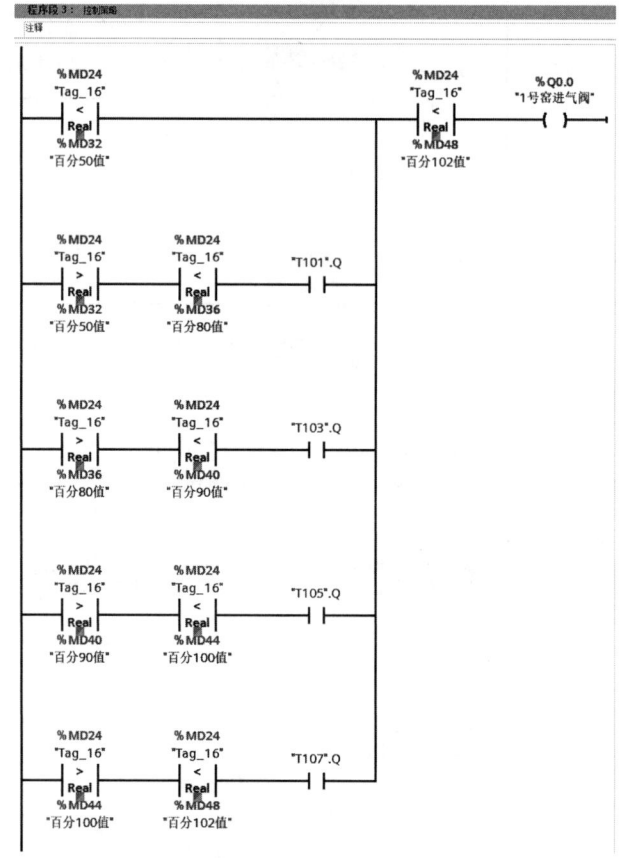

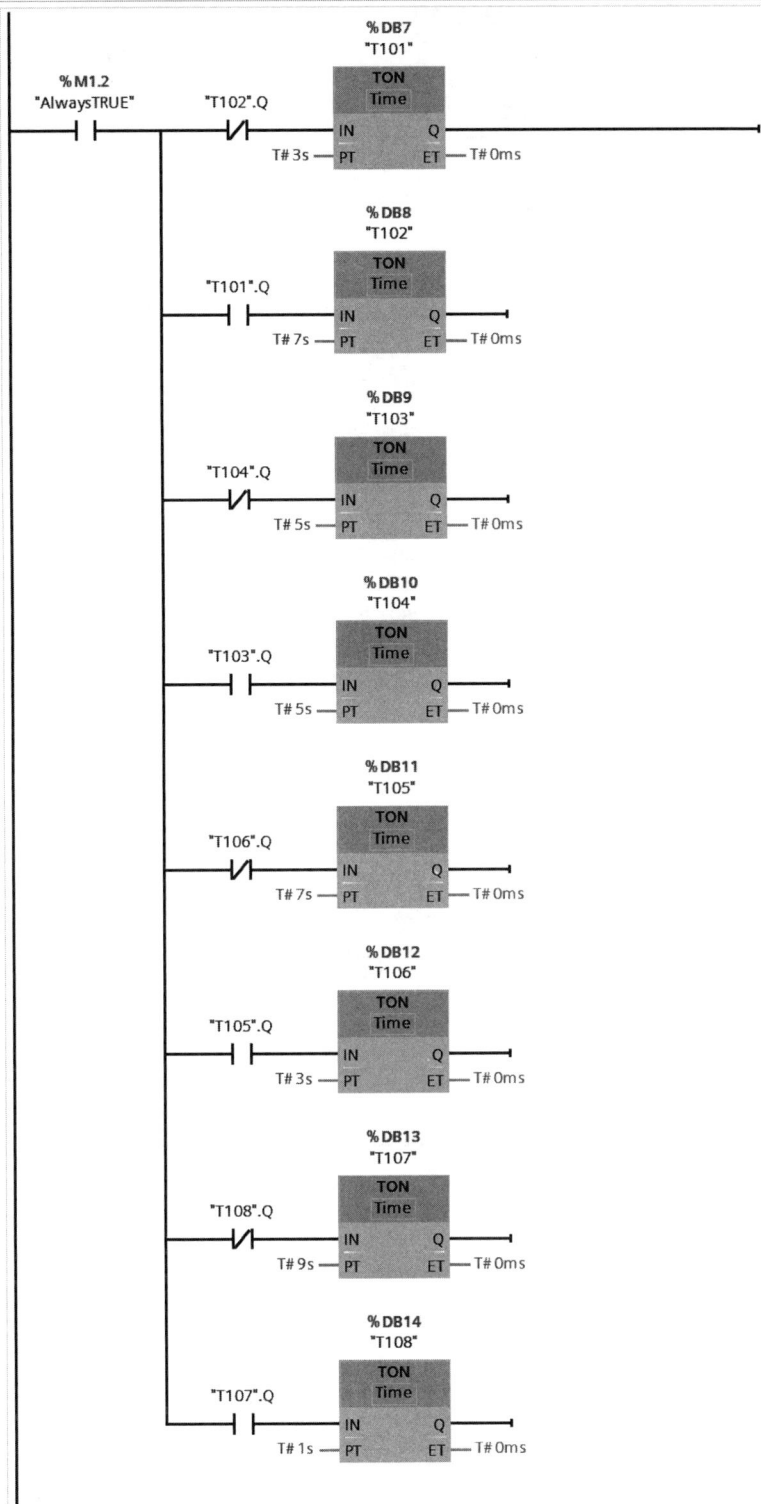

(b) 窑温控制系统梯形图程序(FC1子程序)

图 5-38

笔记

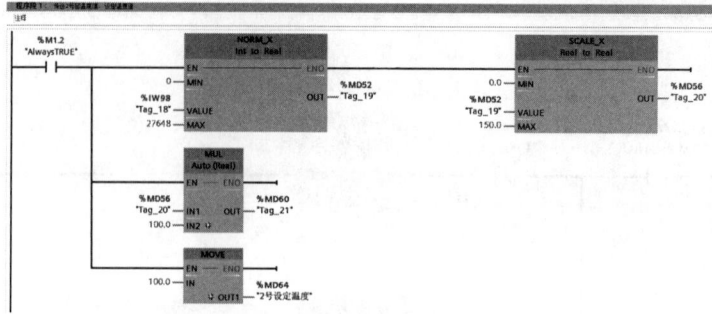

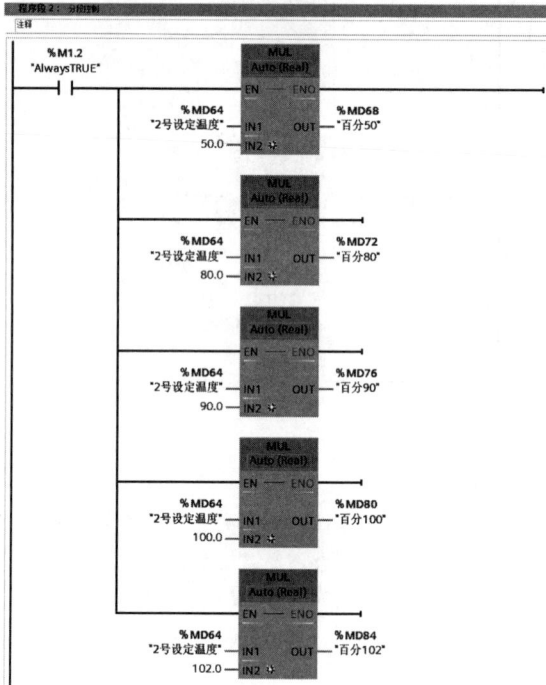

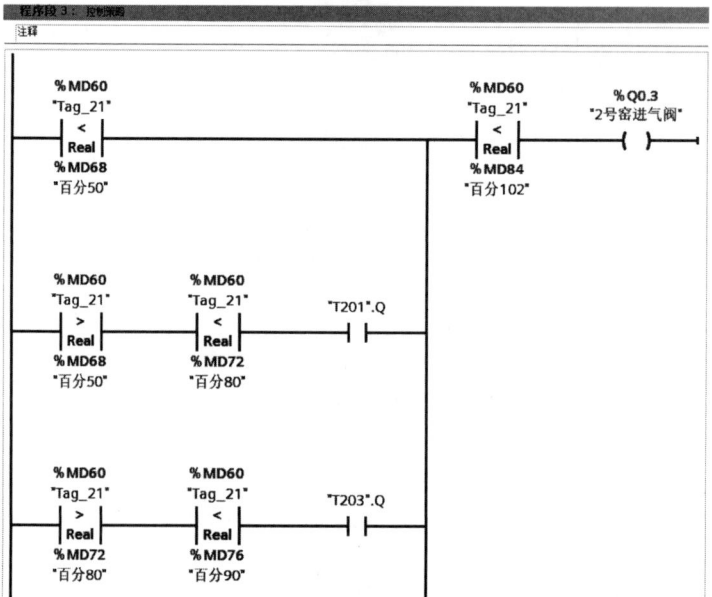

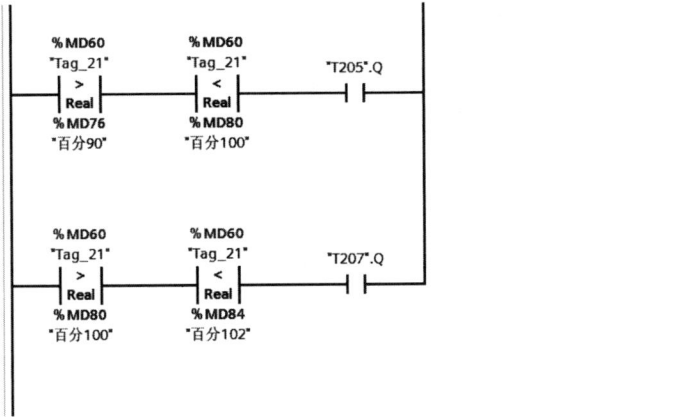

笔记

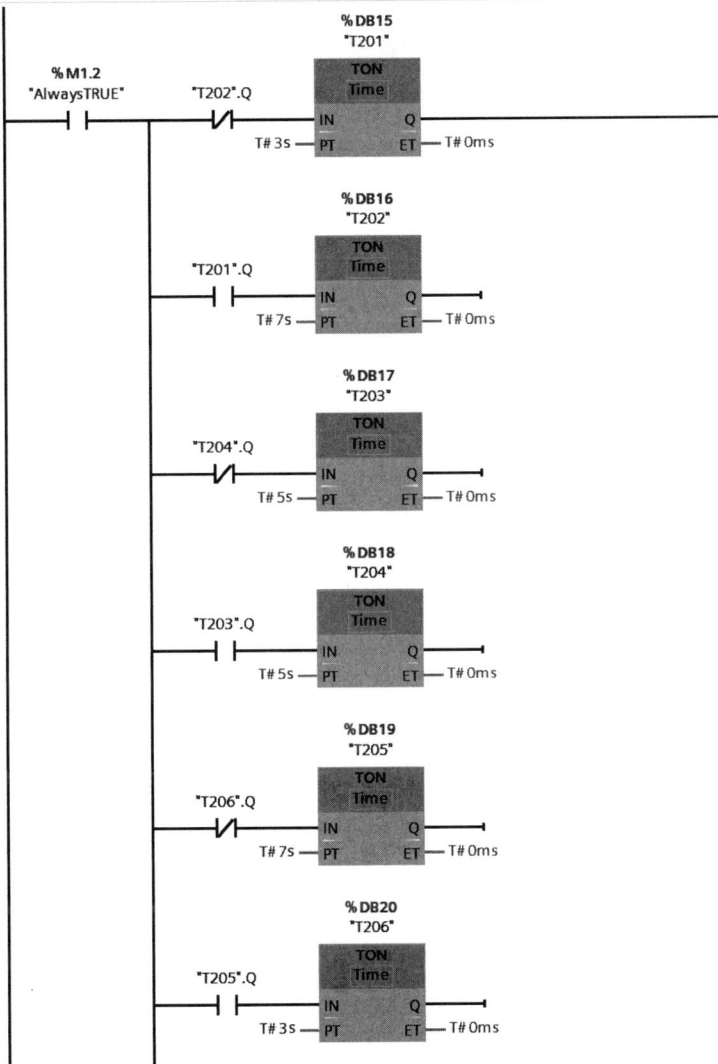

图 5-38

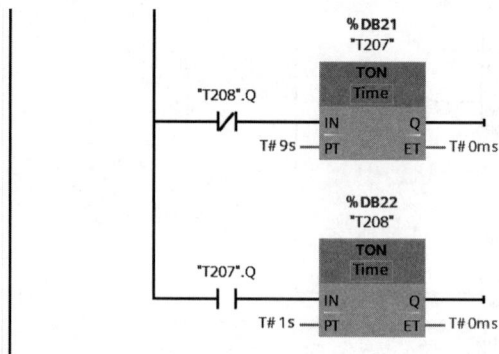

(c) 窑温控制系统梯形图程序(FC2子程序)

图 5-38　窑温控制系统梯形图程序

3. 程序调试

在上位计算机上启动 TIA Portal 编程软件，将梯形图程序分别输入到计算机中。按照图连接好线路，将梯形图程序分别下载到 PLC 中，分别加入输入信号运行程序，观察运行结果。如果运行结果与控制要求不符，则需要对控制程序或外部接线进行检查，直到符合要求。

四、知识拓展：转换指令

1. 转换值指令

转换值指令（CONV）格式如图 5-39 所示。

转换值指令根据指令框中选择的数据类型对输入参数 IN 的数进行转换，然后输出到 OUT 处存储。其实现了将数据元素从一种数据类型转换为另一种数据类型，要转换的数值可以是位字符串、整数、浮点数、CHAR、WCHAR、BCD16、BCD32 等数据类型，转换结果也是位字符串、整数、浮点数、CHAR、WCHAR、BCD16、BCD32 等数据类型。

2. 取整指令

取整指令（ROUND）格式如图 5-40 所示。

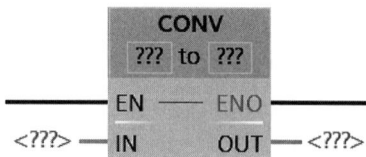

图 5-39　转换值指令

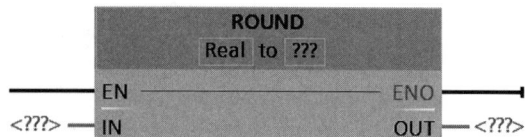

图 5-40　取整指令

取整指令的作用是将实数转换为整数，其默认输出数据类型为 DINT。实数的小数部分四舍六入为最接近的整数值，如果该数值刚好是两个连续整数的一半（例如，10.5），则将其取整为偶数。例如：ROUND（10.5）=10；ROUND（11.5）=12。

3. 截尾取整指令

截尾取整指令（TRUNC）格式如图 5-41 所示。

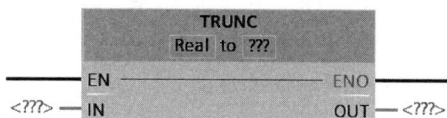

图 5-41 截尾取整指令

截尾取整指令的作用也是将实数转换为整数，与 ROUND 不一样之处是 TRUNC 直接把实数的小数部分舍去。

4. 浮点数向上和向下取整

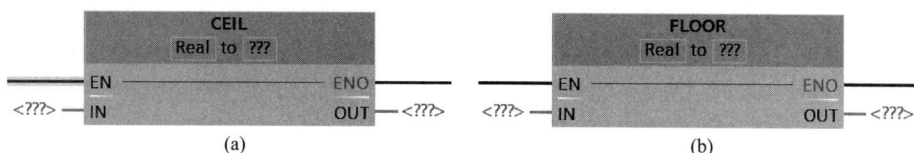

图 5-42 浮点数向上取整和浮点数向下取整指令

浮点数向上和向下取整（CEIL、FLOOR）指令如图 5-42 所示。

浮点数向上取整（CEIL）将实数（Real 或 LReal）转换为大于或等于所选实数的最小整数；浮点数向下取整（FLOOR）将实数（Real 或 LReal）转换为小于或等于所选实数的最大整数。

五、任务评价

根据任务完成情况，完成附录 C 的任务评价表。

任务三 温度 PID 控制

◇ **知识目标**

掌握模拟量的编程方法；
理解 PID 控制的基本原理；
掌握 PID 指令功能及应用。

◇ **能力目标**

熟悉 PLC 的日常维护工作及方法；

📄笔记

能够根据温度控制的实际需求，设计合理的 PID 控制系统；

能编写温度 PID 控制系统的控制程序并仿真实施。

◇ **素质目标**

培养在设计和调试过程中精益求精的工匠精神，确保系统的精确和稳定；

树立对控制系统安全和可靠性的责任意识；

培养团队项目中的有效沟通和协作能力。

一、任务导入和分析

图 5-43 所示为用 PLC 构成的温度检测和控制系统示意图。PLC 的模拟量输入端将温度变送器采集的物体温度信号作为过程变量，经程序 PID 运算后，由 PLC 的模拟量输出端输出控制信号至驱动模块输入端，从而控制加热器，对受热体进行加热。系统使用 PID 控制，假设采用下列控制参数值：给定值为 0.35，K_p 为 0.15，采样时间为 0.1s；T_i 为 30min；T_d 为 0min。要求物体温度维持在 35℃左右，过程变量比给定值大 0.0015 时不需输出加温信号，过程变量比给定值小 0.005 时需要输出加温信号，过程变量与给定值的差值在上述范围以内就保持。

PID 控制示意图如图 5-44 所示。在这里通过 PLC+A/D+D/A 实现 PID 闭环控制，只要比例、积分、微分系数取得合适，系统就容易稳定，这些都可以通过 PLC 软件编程来实现。

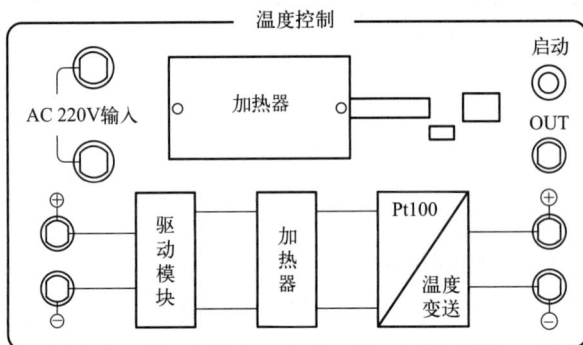

图 5-43　温度 PID 控制系统示意图

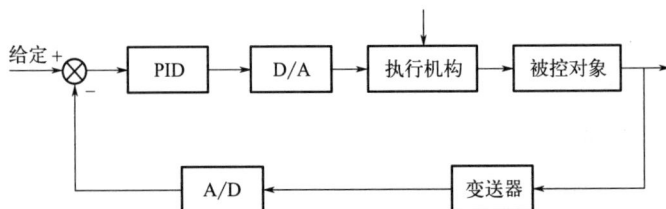

图 5-44　PID 控制示意图

二、相关知识：PID 指令和循环中断组织块

PID（比例 - 积分 - 微分）控制是一种自动控制方法，在过程控制领域内的闭环控制中得到了广泛应用。S7-1200 CPU 提供了 16 个回路的 PID 功能，用以实现需要按照 PID 控制规律自动调节的控制任务，比如温度、压力、流量控制等。PID 功能一般需要模拟量输入，以反映被控制的物理量的实际值（即反馈），而用户设定的调节目标值即为给定值。PID 运算的任务就是根据反馈与给定值的相对差值，按照 PID 运算规律计算出结果，输出给执行机构进行调节，以自动维持被控制的量跟随给定值变化。

1. PID 算法

如果一个 PID 回路的输出 $U(t)$ 是时间的函数，则

$$U(t) = K_p \left[e(t) + \frac{1}{T_i} \int_0^t e(t) dt + T_d \frac{de(t)}{dt} \right]$$

以上各量都是连续量，第一项为比例，最后一项为微分，中间项为积分。式中，$e(t)$ 是给定值与被控制变量之差；称为回路偏差；K_p 叫比例系数（即比例增益）；T_i 为积分系数（即积分时间常数）；T_d 为微分系数（即微分时间常数）。

增大比例系数将加快系统的响应，它作用于输出值较快，但不能很好稳定在一个理想的数值，结果是虽能有效地克服扰动的影响，但有余差出现。过大的比例系数会使系统有比较大的超调，并产生振荡，使稳定性变坏。积分能在比例的基础上消除余差，它能对稳定后有累积误差的系统进行误差修正，减小稳态误差。微分具有超前作用，对于具有容量滞后的控制通道，引入微分参与控制，在微分项设置得当的情况下，对于提高系统的动态性能指标有着显著效果，可以使系统超调量减小，稳定性增加，动态误差减小。

2. PID 调试的一般步骤

① 预选择一个足够短的采样周期让系统工作。

② 确定比例增益 K_p。

确定比例增益 K_p 时，首先去掉 PID 的积分项和微分项，一般是令 $T_i=0$、$T_d=0$，使 PID 为纯比例调节。输入设定为系统允许的最大值的 60% ～ 70%，由 0 逐渐加大比例增益，直至系统出现振荡；再反过来，从此时的比例增益逐渐减小，直至系统振荡消失，记录此时的比例增益，设定 PID 的比例增益为当前值的 60% ～ 70%。比例增益 K_p 调试完成。

③ 确定积分时间常数 T_i。

比例增益确定后，设定一个较大的积分时间常数 T_i 的初值，然后逐渐减小 T_i，直至系统出现振荡；再反过来，逐渐加大 T_i，直至系统振荡消失。记录此时的 T_i，设定 PID 的积分时间常数 T_i 为当前值的 150% ～ 180%。积分时间常数 T_i 调试完成。

④ 确定微分时间常数 T_d。

微分时间常数 T_d 一般不用设定，为 0 即可。若要设定，与确定 K_p 和 T_i 的方法相似，取不振荡时的 30%。

⑤ 系统空载、带载联调，再对 PID 参数进行微调，直至满足要求。

3. S7-1200 的 PID 控制

（1）S7-1200 的 PID 指令

S7-1200 PLC 提供三种 PID 指令：① PID_Compact，用于控制连续的输入输出量；② PID_3Step，用于控制电机驱动或数字开关量信号；③ PID_Temp，提供了集成自整定功能的连续 PID 控制器。PID_Temp 专为温度控制而设计，适用于加热或加热 / 制冷应用。为此提供了两路输出，分别用于加热和制冷。

这里主要介绍 PID_Compact 指令，指令格式见图 5-45，参数说明见表 5-6。

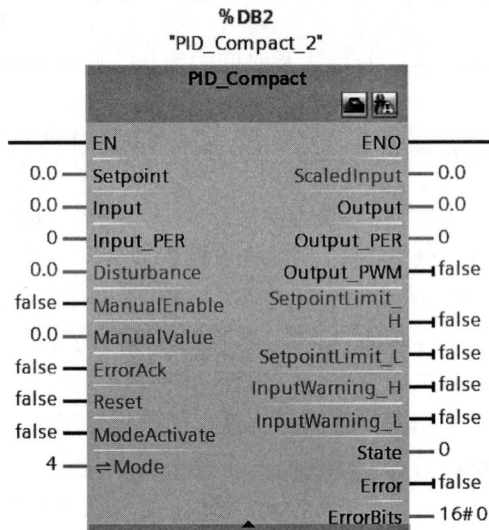

图 5-45　PID_Compact 指令

表 5-6　**PID_Compact 参数说明**

参数	数据类型	说明
Setpoint	Real	PID 控制器在自动模式下的设定值
Input	Real	过程值
Input_PER	Int	模拟量过程值
ManualEnable	Int	出现 FALSE → TRUE 沿时会激活 "手动模式"，而 State=4 和 Mode 保持不变。 只要 ManualEnable=TRUE，便无法通过 ModeActivate 的上升沿或使用调试对话框来更改工作模式
ManualValue	Real	手动操作的过程值
Reset	Bool	用于重新启动控制器
ScaledInput	Real	标定的过程值
Output	Real	输出值

参数	数据类型	说明
Output_PER	Int	模拟量输出值
Output_PWM	Bool	脉宽调制输出值
SetpointLimit_H	Bool	如果 SetpointLimit_H=TRUE，则说明已达到或超出设定值的绝对上限
SetpointLimit_L	Bool	如果 SetpointLimit_L=TRUE，则说明已达到或超出设定值的绝对下限
InputWarning_H	Bool	如果 InputWarning_H=TRUE，则说明过程值已达到或超出警告上限
InputWarning_L	Bool	如果 InputWarning_L=TRUE，则说明过程值已经达到或低于警告下限
State	Int	State=0：未激活 State=1：预调节 State=2：精确调节 State=3：自动模式 State=4：手动模式 State=5：含错误监视功能的替代输出值

（2）S7-1200 的 PID 组态

使用 PID 控制器前，需要对其进行组态设置，分为基本设置、过程值设置、高级设置等部分。如图 5-46 所示，点击 PID 指令右上角的组态编辑器图标，即可打开指令组态编辑器界面。

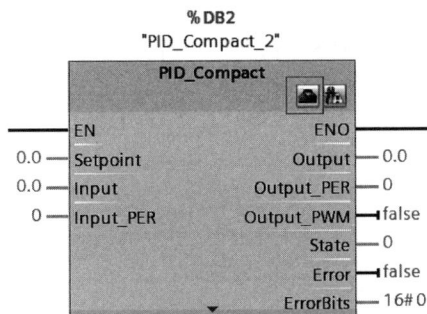

图 5-46 PID_Compact 组态打开方式

首先，设置"基本设置"中的"控制器类型"，勾选"CPU 重启后激活 Mode"，然后在此设置"手动模式"或"自动模式"等，如图 5-47 所示。

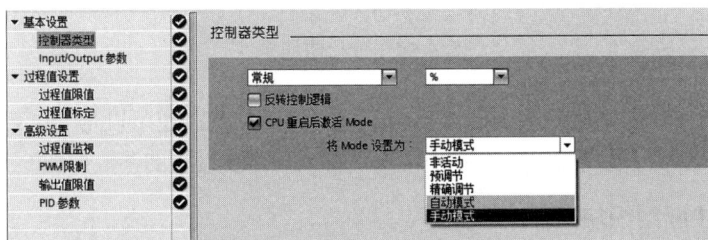

图 5-47 控制器类型设置

笔记

笔记

第二步，设置输入、输出，如图 5-48 所示。输入选择为"Input"时，输入量为模拟输入模块接收的模拟信号经过转换的过程值；输入选择为"Input_PER"时，输入量是模拟输入模块接收的模拟值。

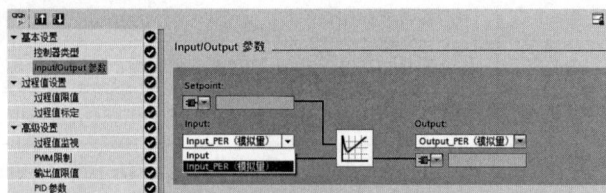

图 5-48　输入、输出参数设置

第三步，设置过程值限值，如图 5-49 所示，过程值下限要小于过程值上限。

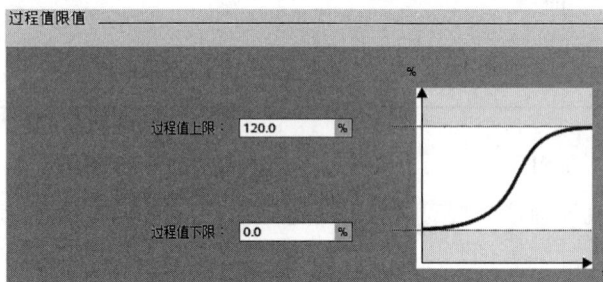

图 5-49　过程值限值设置

第四步，过程值标定，如图 5-50 所示。当且仅当在 Input/Output 中输入选择为"Input_PER"时，才可组态过程值标定。

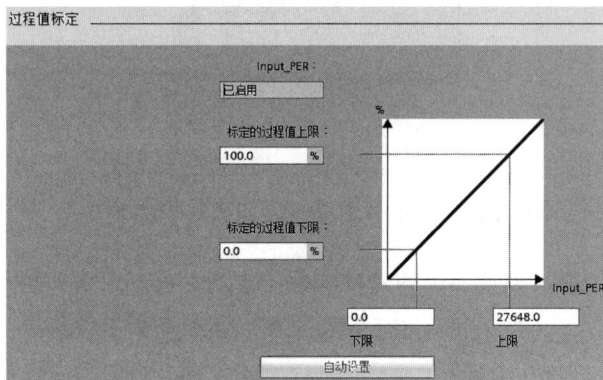

图 5-50　过程值标定

最后，需要掌握 PID 参数的调试，调节规则可以是 PID 也可以是 PI。当启用了手动输入的时候，参数才支持修改，否则是自动设置的。需要设置的参数如图 5-51 所示。

4. 循环中断组织块

PID 指令控制的输入输出需要不间断调整数值并反馈，所以指令需要额外执行。

这里就需要用到循环中断（cyclic interrupt）。

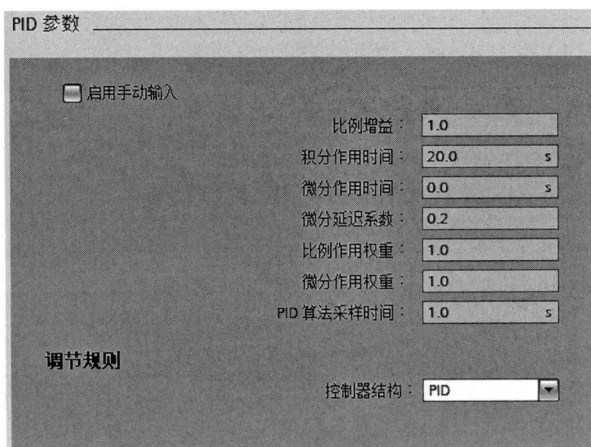

图 5-51　PID 参数

循环中断组织块以固定的时间间隔中断用户程序。按照设定的时间间隔，循环中断组织块被周期性地执行，如图 5-52 所示。例如周期性地定时执行闭环控制系统的 PID 运算程序等，循环中断 OB 的编号为 30 ～ 38 或者大于或等于 123。

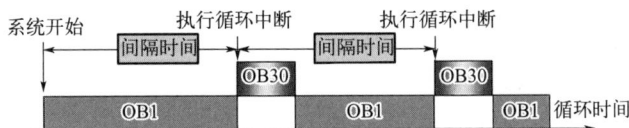

图 5-52　循环中断组织块

创建循环中断组织块，如图 5-53 所示。循环中断的时间间隔（循环时间）的默认值为 100ms（是基本时钟周期 1ms 的整数倍），它的设置区间为 1 ～ 60000ms。

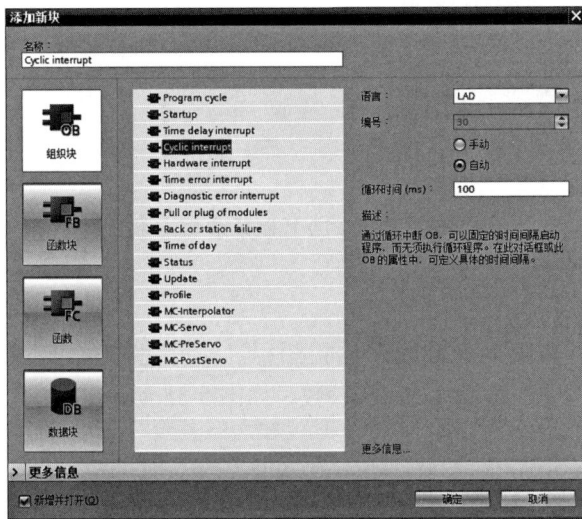

图 5-53　创建循环中断组织块

三、任务实施

1. 分配温度 PID 控制系统的 I/O 地址

温度 PID 控制系统的 I/O 地址分配如表 5-7 所示。

表 5-7　温度 PID 控制 I/O 地址分配

模拟量输入		模拟量输出	
温度变送 +	A+（变送器输出正信号）	驱动信号 +	VO（驱动正信号）
温度变送 −	A−（变送器输出负信号）	驱动信号 −	MO（驱动负信号）

注：温度模块 OUT 接温度 / 转速表 S1（温度显示信号）；AC 220V 电源从设备左下方三相交流输出处获得。

本控制任务按照图 5-43 及 I/O 地址分配进行接线。

2. 编写温度 PID 控制系统的梯形图程序

（1）编制 PLC 程序

在项目中添加循环中断组织块；在循环中断程序读入温度并进行标准化处理，然后调用 PID 指令。其控制程序的梯形图如图 5-54 所示。

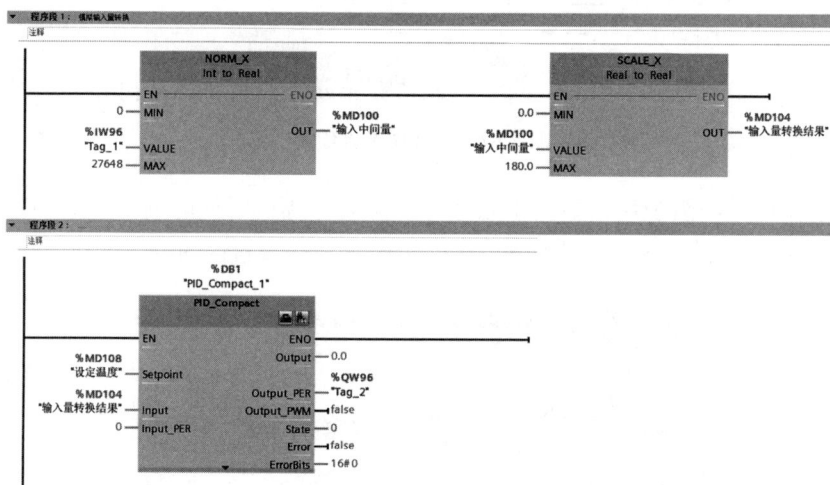

图 5-54　温度 PID 控制系统 PLC 程序

（2）PID 指令组态

鼠标左键点击 PID 指令上的工具箱图标，打开组态窗口，设定控制器类型、Input/Output 参数、过程值限值、PID 参数，如图 5-55 所示。

（3）程序调试

在上位计算机上启动 TIA Portal 编程软件，将梯形图程序分别输入到计算机中。按图连接好线路，将梯形图程序分别下载到 PLC 中，分别加入输入信号运行程序，观察运行结果。点击 PID 指令右上角的调试按钮，可以进入调试界面观察输入输出的结果，如图 5-56 所示。如果运行结果与控制要求不符，则需要对控制程序或外部接线进行检查，直到符合要求。

笔记

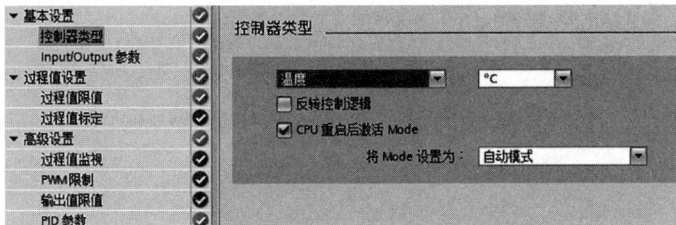

(a) 控制器类型

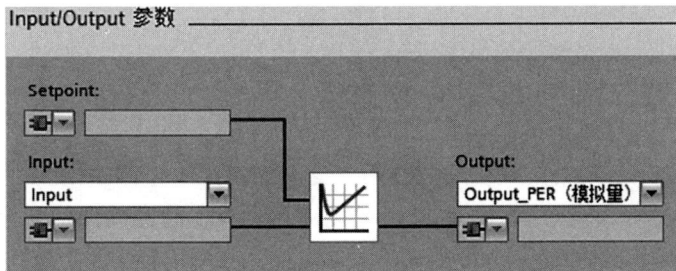

(b) Input/Output参数

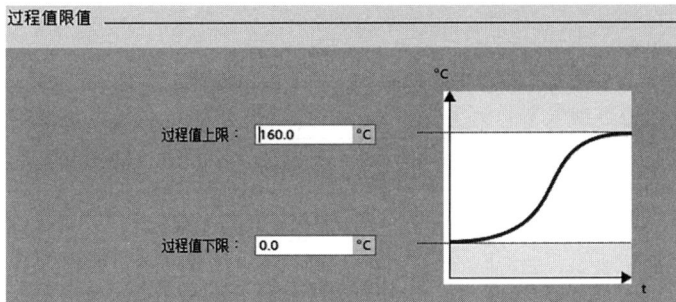

(c) 过程值限值

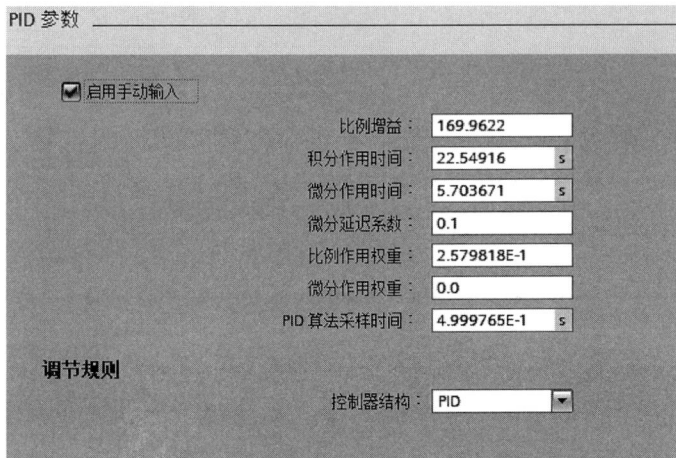

(d) PID参数

图 5-55 PID 组态设置

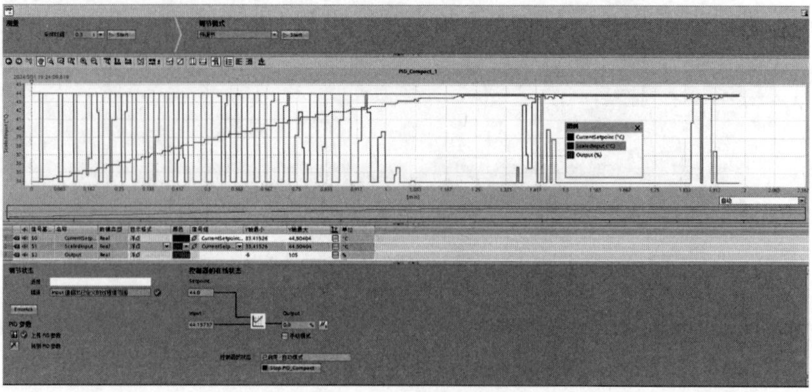

图 5-56　监视画面

四、知识拓展：组织块

组织块（OB）是操作系统与用户程序之间的接口，操作系统发生事件时调用对应的组织块执行任务。S7-1200 PLC 对能够启动 OB 的事件有优先级规定，支持的优先级有 26 级，1 级最低，26 级最高。高优先级的 OB 可以调用低优先级的 OB。调用 OB 的事件如表 5-8 所示。

表 5-8　调用 OB 的事件

事件类别	OB 编号	OB 数目	事件	优先级	优先级组
程序循环	1 或 ≥ 123	≥ 1	启动或结束上一个循环 OB	1	1
启动	100 或 ≥ 123	≥ 0	STOP 到 RUN 的转换	1	
延时中断	20 ～ 23 或 ≥ 123	≥ 0	延时时间到	3	
循环中断	30 ～ 38 或 ≥ 123	≥ 0	固定的循环时间	4	2
硬件中断	≤ 50	≤ 50	上升沿≤ 16 个，下降沿≤ 16 个	5	
			高速计数 HSC= 设定值，计数方向变化，外部复位，最多各 6 次	6	
诊断错误中断	80	0 或 1	检测到错误	9	
时间错误中断	82	0 或 1	超过最大循环时间时，调用的 OB 仍在执行，中断负载过高而丢失中断 OB	26	3

1. 程序循环组织块

主程序 OB1（也叫 Main）属于程序循环 OB，CPU 在 RUN 模式下循环执行 OB1，在 OB1 中可以调用 FC 和 FB。一般来说，一个项目里只需要一个 OB1，基本的用户执行程序都写在 OB1 中。

如果用户程序要添加其他的程序循环 OB，编号要大于或等于 123，CPU 在执行程序循环时会按照 OB 的编号顺序来依次执行。CPU 会首先执行 OB1，然后执行编号大于或等于 123 的 OB。新建循环组织块：先打开项目工程，点击打开 PLC 下的"程序块"，点击"添加新块"，单击打开的对话框中的"组织块"按钮，选中"Program cycle"，生成一个程序循环组织块，如图 5-57 所示。

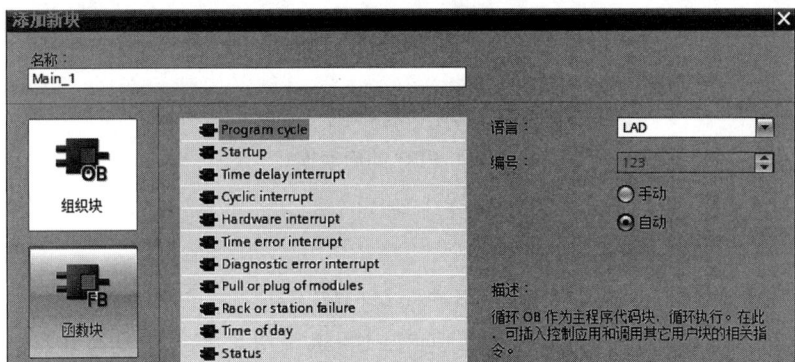

图 5-57 新建循环组织块

2. 启动组织块

接通 CPU 电源后，S7-1200 系列 PLC 在开始执行用户程序循环组织块之前，首先执行一次启动组织块。通过在启动组织块中编写程序来实现一些初始化的工作，如给某些变量赋值等。允许生成多个启动 OB，默认的是 OB100，如图 5-58 所示，其他启动 OB 的编号应大于或等于 123，一般只需要一个启动 OB，或不使用启动 OB。

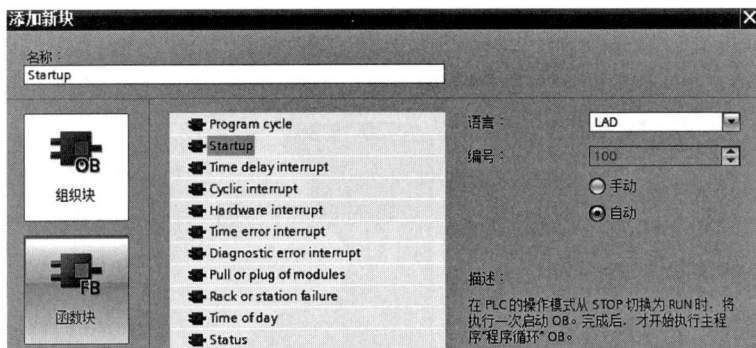

图 5-58 启动组织块

S7-1200 系列 PLC 支持 3 种启动模式：不重新启动模式、暖启动-RUN 模式、暖启动-断电前的操作模式。在博途软件中可以设置 PLC 的启动模式，如图 5-59 所示。不管选择哪种启动模式，已编写的所有启动 OB 都会执行，并且 CPU 是按 OB 的编号顺序执行的。首先执行启动组织块 OB100，然后执行编号大于或等于 123 的启动组织块 OB。

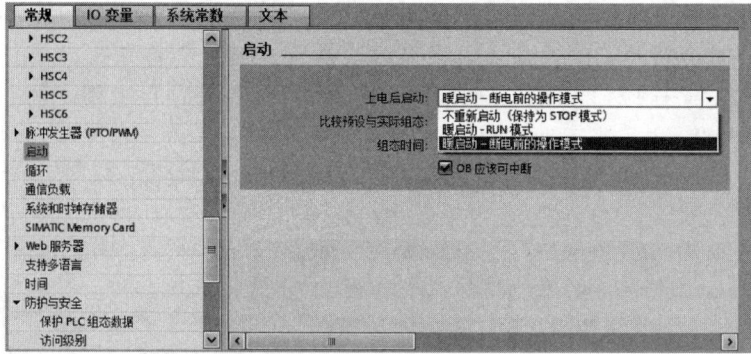

图 5-59　PLC 的启动模式

3. 延时中断组织块

前面所介绍的定时器指令的工作过程与扫描工作方式有关，其定时精度较差。如果项目需要高精度定时，就要采用延时中断组织块来实现。延时中断组织块就是在启用延时事件时，延时一段时间后执行延时中断组织块中的程序，其示意图如图 5-60 所示。

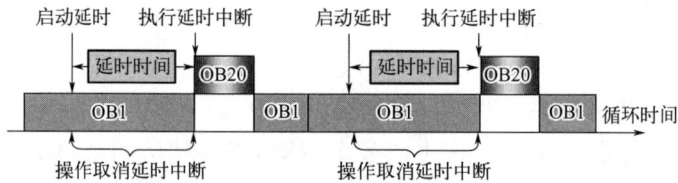

图 5-60　延时中断组织块执行示意图

延时中断组织块就是在启用延时事件时调用 SRT_DINT 指令，指令 EN 使能输入的上升沿触发，该指令的延时时间为 1 ~ 60000ms，精度为 1ms。延时时间到时触发延时中断，调用指定的延时中断组织块。循环中断和延时中断组织块的个数之和不大于 4 个，延时中断 OB 的编号应为 20 ~ 23，或 ≥ 123。

图 5-61 是一个延时中断组织块的实例说明，每次执行 OB1 时都延时 1s，把 MW20 的值加 1。其中，OB_NR 参数是延时时间后要执行的 OB 的编号，DTIME 是延时时间，SIGN 是调用延时中断 OB 时 OB 的启动事件信息中出现的标识符，RET_VAL 是延时启动指令的状态。

4. 硬件中断组织块

硬件中断（hardware interrupt）组织块在发生相关硬件事件时执行调用，用来处理需要快速响应并执行硬件中断 OB 中的程序（例如立即停止某些关键设备）。当 CPU 内置的数字量输入出现上升沿、下降沿或者发生高速计数器事件时，立即中断当前正在执行的程序，改为执行对应的硬件中断 OB，硬件中断组织块没有启动信息。

S7-1200 系列 PLC 最多可以生成 50 个硬件中断 OB，硬件中断 OB 的编号为 40 ~ 47 或者大于或等于 123。支持下列中断事件。

① 上升沿事件：CPU 内置的数字量输入（根据 CPU 型号而定，最多 12 个）和信号板上的数字量输入由 OFF 变为 ON 时，产生的上升沿事件；

② 下降沿事件：上述数字量由 ON 变为 OFF 时，产生的下降沿事件；

③ 高速计数器 1～6 的实际计数值等于设置值（CV=PV）；

④ 高速计数器 1～6 的方向改变，计数值由增大变为减小，或由减小变为增大；

⑤ 高速计数器 1～6 的外部复位，某些高速计数器的数字量外部复位输入由 OFF 变为 ON 时，将计数值复位为 0。

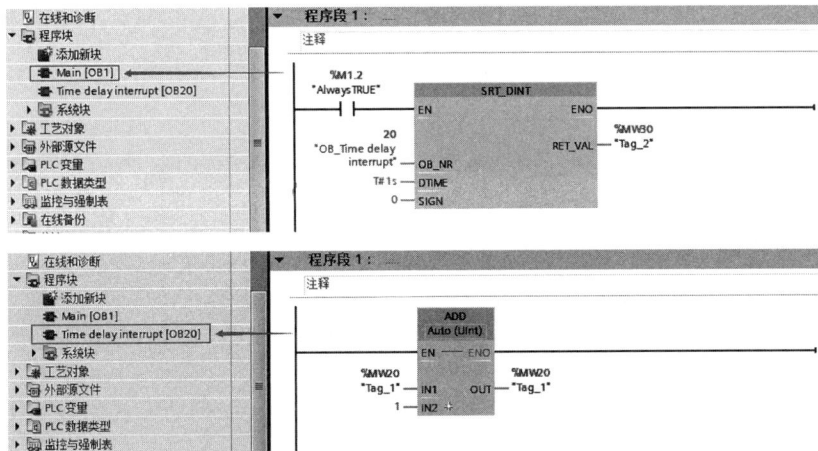

图 5-61　延时中断组织块的应用

5. 时间错误中断组织块

如果发生下列事件之一，操作系统将调用时间错误中断（time error interrupt）OB：

① CPU 中的程序执行时间超过最大循环时间；

② 发生时间错误事件，循环中断 OB 仍在执行前一次调用时，该循环中断 OB 的启动事件再次发生；

③ 中断 OB 队列发生溢出，如果中断的出现频率超过其处理频率，就会出现队列溢出这种情况；

④ 中断负载过大导致中断丢失。

6. 诊断错误中断组织块

出现故障（进入事件）、故障解除（离开事件）均会触发诊断错误中断组织块（OB82）。当模块检测到故障并且在软件中使能了诊断错误中断 OB 时，操作系统将启动诊断错误中断 OB，诊断错误中断 OB82 将中断正常的循环程序优先执行。此时无论程序中有没有诊断错误中断 OB82，CPU 都会保持 RUN 模式，同时 CPU 的 ERROR 指示灯闪烁。如果希望 CPU 在接收到该类型的错误时进入 STOP 模式，可以在 OB82 中加入 STP 指令使 CPU 进入 STOP 模式。

笔记

五、任务评价

根据任务完成情况，完成附录 C 的任务评价表。

任务四　步进电机的定位控制

◇ 知识目标

了解步进电机的工作原理；
掌握运动控制指令；
掌握高速计数指令。

◇ 能力目标

能熟练应用运动控制指令；
能熟练应用高速计数指令；
能够根据具体的应用需求，设计并实现步进电机的定位控制系统。

◇ 素质目标

培养独立分析和解决问题的能力；
培养设计和运行控制系统时进行风险评估和管理的能力；
增强系统化思维能力。

一、任务导入和分析

现有一零件加工站如图 5-62 所示，需要对零件完成打孔和攻螺纹两道工序。零件夹装到工作台上后，按下启动按钮，步进电机带动工作台向左运行找原点，原点检测信号灯亮后将当前位置设置为新的原点参考点，即当前位置为 0。找原点动作只执行一次，然后步进电机向右运行，把工作台往前运 4000mm，到位后启动打孔电机对工件进行打孔作业。打孔作业持续 8s，然后把工作台再往前运 4000mm，到位后启动攻螺纹电机对工件进行攻螺纹作业。攻螺纹作业持续 10s。攻螺纹作业结束后，步进电机运行，把工作台向后运 8000mm，运回原点处取下工件。

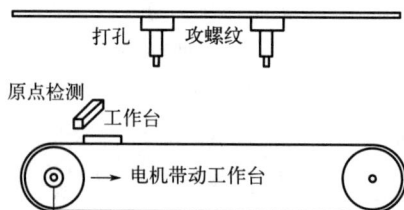

图 5-62　步进电机定位控制系统示意图

二、相关知识：步进电机和运动控制

笔记

1. 步进电机

步进电机是一种将电脉冲信号转换成相应角位移或线位移的电动机。每输入一个脉冲信号，转子就转动一个角度或前进一步。步进电机相对于其他控制用途电机的最大区别是，它接收数字控制信号（电脉冲信号）并转换成与之相对应的角位移或直线位移，本身就是一个完成数模转换的执行元件，同时步进电机采用开环方式实现位置控制，输入一个脉冲信号就得到一个规定的位置增量。步进电机的角位移量与输入的脉冲个数严格成正比，而且在时间上与脉冲同步，因而只要控制脉冲的数量、频率和电机绕组的相序，即可获得所需的转角、速度和方向。步进电机开环控制如图 5-63所示。

图 5-63 步进电机开环控制示意图

为了方便技术人员的使用，如图 5-64 所示，现场用的步进电机一般采用套装方式，步进电机通过驱动器实现控制。只需要向控制器发出脉冲信号，就可以通过脉冲信号的数量和频率决定步进电机的位移量和速度量。

图 5-64 步进电机套装

2. 运动控制

（1）运动控制方式

S7-1200 运动控制根据连接驱动方式不同，分成以下三种控制方式，如图 5-65所示。

① PROFIdrive：S7-1200 PLC 通过基于 PROFIBUS/PROFINET 的 PROFIdrive 方式与支持 PROFIdrive 的驱动器连接，进行运动控制。控制器和驱动装置/编码器之间通过各种 PROFIdrive 消息帧进行通信。通过 PROFIdrive 消息帧，可传输控制字、状态字、设定值和实际值。

② 脉冲串输出（PTO）：S7-1200 PLC 本体通过发送 PTO 脉冲的方式控制驱动器，可以是脉冲+方向、A/B 正交，也可以是正/反脉冲的方式。选用 PTO 控制电机时，PLC 的输出类型要为晶体管输出。

③ 模拟量：S7-1200 PLC 通过输出模拟量来控制驱动器。

笔记

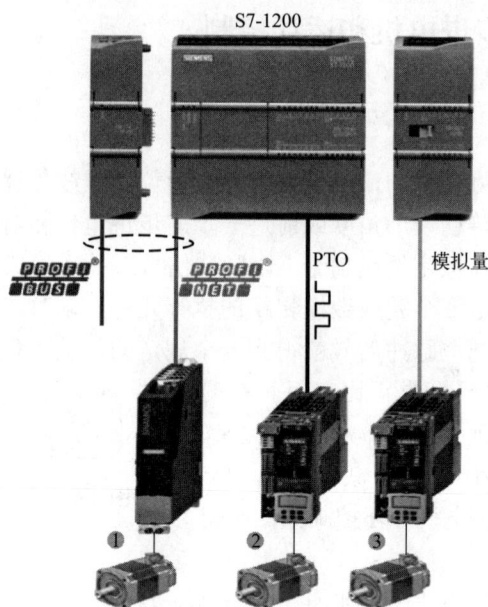

图 5-65   PLC 运动控制的三种方式

S7-1200 PLC 自带四路 PTO 通道，也可以用扩展模块增加。脉冲输出有四种方式，本任务使用的是 PTO（脉冲 A 和方向 B），这种方式是比较常见的"脉冲 + 方向"方式，其中 A 点用来产生高速脉冲串，B 点用来控制轴运动的方向。如图 5-66 所示，当方向输出为高电平时，电机正转，方向输出为低电平时电机反转。

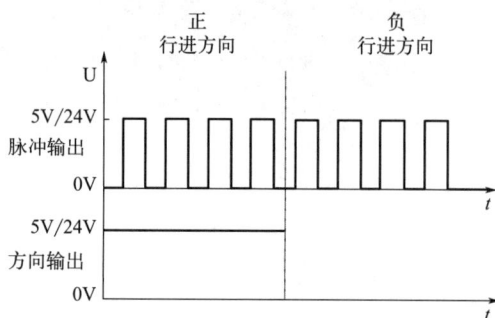

图 5-66   脉冲 + 方向 PTO 方式的时序图

（2）运动控制指令

S7-1200 的 PLC 运动控制指令主要有 8 个，见表 5-9。

表 5-9   S7-1200 的 PLC 运动控制指令表

指令名称	功能
MC_Power	使能轴或禁用轴
MC_Reset	轴故障确认和复位

续表

指令名称	功能
MC_Home	回原点指令、设置参考点
MC_Halt	停止轴
MC_MoveAbsolute	轴的绝对定位指令，MC_MoveAbsolute 指令之前必须有 MC_Home 指令
MC_MoveRelative	轴的相对定位指令，使轴以某一速度在轴当前位置的基础上移动一个相对距离
MC_MoveVelocity	轴预设速度指令，使轴以预设的速度运行
MC_MoveJog	轴在手动模式下点动指令

① MC_Power。MC_Power 指令（启动 / 禁用轴指令）必须在程序里一直调用，并且在其他运动控制指令之前调用并使能，这样才能使轴运动，如表 5-10 所示。

表 5-10　MC_Power 参数

指令格式	参数	描述	数据类型
	EN	MC_Power 指令的使能端，不是轴的使能端	Bool
	Axis	轴名称	TO_Axis
	Enable	轴使能端，Enable=1 时将接通驱动器的电源	Bool
"MC_Power_DB" MC_Power EN　ENO Axis　Status Enable　Error StartMode StopMode	StartMode	轴启动模式： 0：速度控制模式； 1：位置控制	Int
	StopMode	轴停止模式： 0：紧急停止； 1：立即停止； 2：带有加速度变化率控制的紧急停止	Int
	ENO	使能输出	Bool
	Status	轴的使能状态	Bool
	Error	标记 MC_Power 指令是否产生错误	Bool

② MC_Reset。MC_Reset（轴故障确认指令）用来确认"伴随轴停止出现的运行错误"和"组态错误"。当轴在运行过程中发生错误时，必须由该指令进行错误确认。具体参数见表 5-11。

表 5-11　MC_Reset 参数

指令	参数	描述	数据类型
MC_Reset EN　　　ENO Axis　　Done Execute　Error	EN	指令使能端	Bool
	Axis	轴名称	TO_Axis
	Execute	MC_Reset 指令的启动位，用上升沿触发	Bool
	Done	表示轴的错误已确认	Bool

③ MC_Home。MC_Home（回原点指令）使轴归位，设置参考点，用来将轴坐标与实际的物理驱动器位置进行匹配。轴做绝对位置定位前一定要触发 MC_Home 指令。

在运动控制系统中，原点是很重要的参数，轴运行中需要知道自己的准确位置，就需要知道坐标原点位置。使用回原点指令后，即可设置确认原点位置。指令的具体参数见表 5-12。

表 5-12　MC_Home 参数

指令	参数	描述	数据类型
MC_Home EN　　　ENO Axis　　Done Execute　Error Position Mode	EN	指令的使能端	Bool
	Axis	轴名称	TO_Axis
	Position	位置值： Mode=1：对当前轴位置的修正值； Mode=0,2,3：轴的绝对位置值	Real
	Mode	回原点模式值： 　Mode=0：绝对式直接回零点，轴的位置值为参数"Position"的值； 　Mode=1：相对式直接回零点，轴的位置值等于当前轴位置＋参数"Position"的值； 　Mode=2：被动回零点，轴的位置值为参数"Position"的值； 　Mode=3：主动回零点，轴的位置值为参数"Position"的值； 　Mode=6：绝对编码器相对调节，将当前的轴位置设定为当前位置＋参数"Position"的值； 　Mode=7：绝对编码器绝对调节，将当前的轴位置设置为参数"Position"的值	Int

④ MC_Halt。MC_Halt（停止轴指令）能停止轴的运动，执行时轴按照组态配置的减速度停止。常用 MC_Halt 指令来停止通过 MC_MoveVelocity 指令触发的轴的运行。指令的具体参数见表 5-13。

表 5-13　**MC_Halt 参数**

指令	参数	描述	数据类型
MC_Halt EN　　ENO Axis　　Done Execute　　Error	EN	MC_Power 指令的使能端，不是轴的使能端	Bool
	Axis	轴名称	TO_Axis
	Execute	指令的启动位，用上升沿触发	Bool

⑤ MC_MoveAbsolute。MC_MoveAbsolute（绝对定位指令）使轴以某一速度进行绝对位置定位。在使能绝对定位指令之前，轴必须回原点。因此 MC_MoveAbsolute 指令之前必须有 MC_Home 指令。

轴的绝对定位指令执行前需要确定坐标原点，通过回原点指令建立参考点后，根据本指令接收的速度和距离方向运行到定义好的绝对位置处。指令的具体参数见表 5-14。

表 5-14　**MC_MoveAbsolute 参数**

指令	参数	描述	数据类型
MC_MoveAbsolute EN　　ENO Axis　　Done Execute　　Error Position Velocity	EN	指令的使能端	Bool
	Axis	轴名称	TO_Axis
	Position	绝对目标位置值	Real
	Mode	绝对运动的速度	Real

⑥ MC_MoveRelative。MC_MoveRelative（相对定位指令）使轴以某一速度在轴当前位置的基础上移动一个相对距离。指令的具体参数见表 5-15。

表 5-15　**MC_MoveRelative 参数**

指令	参数	描述	数据类型
MC_MoveRelative EN　　ENO Axis　　Done Execute　　Error Distance Velocity	EN	指令的使能端	Bool
	Axis	轴名称	TO_Axis
	Distance	相对轴当前位置移动的距离，该值通过正 / 负数值来表示距离和方向	Real
	Velocity	相对运动的速度	Real

⑦ MC_MoveVelocity。MC_MoveVelocity（轴预设速度指令）使轴以预设的速度

笔记

运行，执行 MC_Halt 指令后才会停止。也可以设定"Velocity"数值为 0.0，触发指令后轴会以组态的减速度停止运行，相当于 MC_Halt 指令。指令的具体参数见表 5-16。

表 5-16　MC_MoveVelocity 参数

指令	参数	描述	数据类型
MC_MoveVelocity EN　　　ENO Axis　　InVelocity Execute　　Error Velocity Current	EN	指令的使能端	Bool
	Axis	轴名称	TO_Axis
	Velocity	轴的速度	Real
	Current	相对运动的速度： 0：轴按照参数"Velocity"和"Direction"值运行； 1：轴忽略参数"Velocity"和"Direction"值，轴以当前速度运行	Bool
	InVelocity	0：输出未达到速度设定值； 1：输出已达到速度设定值	Bool

⑧ MC_MoveJog。MC_MoveJog（轴点动指令）就是使轴在点动的模式下以指定的速度连续移动轴。正向点动和反向点动不能同时触发，用户程序一般要用互锁逻辑来设定点动方向。点动模式不是用上升沿触发，而是当参数输入为 TRUE，则轴按参数"Velocity"中所指定的速度和方向移动，直到输入为 FALSE，轴运行停止。指令的具体参数见表 5-17。

表 5-17　MC_MoveJog 参数

指令	参数	描述	数据类型
MC_MoveJog EN　　　ENO Axis　　InVelocity JogForward　　Error JogBackward Velocity	EN	指令的使能端	Bool
	Axis	轴名称	TO_Axis
	JogForward	正向点动。不是用上升沿触发。参数输入为 TRUE，则轴按参数"Velocity"中所指定的速度正向移动	Real
	JogBackward	反向点动。不是用上升沿触发。参数输入为 TRUE，则轴按参数"Velocity"中所指定的速度反向移动	Bool
	Velocity	点动速度设定。数值可以实时修改，实时生效	Real

📝笔记

三、任务实施

1. 分配 I/O 地址，绘制 PLC 输入 / 输出接线图

本控制任务的 I/O 地址分配如表 5-18 所示。

表 5-18　两台电动机的异地控制 I/O 地址分配

输入		输出	
启动	I0.0	步进电机驱动脉冲	Q0.0
停止	I0.1	步进电机驱动方向	Q0.1
原点信号	I0.2	打孔电机	Q0.2
故障复位	I0.3	攻螺纹电机	Q0.3

2. 组态配置

（1）硬件组态

① 创建项目，并添加 CPU。此处要添加晶体管输出的 CPU，所以选用了"CPU 1215C"。

② 启用脉冲发生器，如图 5-67 所示。在 CPU "属性"下打开脉冲发生器选项，点开"PTO1/PWM1"并勾选"启用该脉冲发生器"，脉冲发生器就启用了。

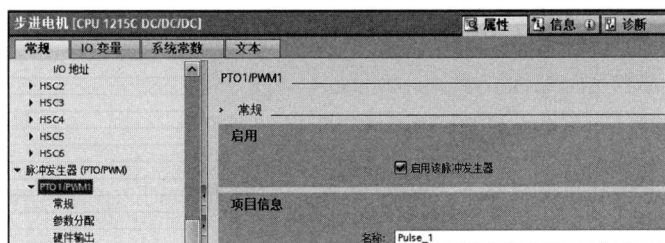

图 5-67　启用脉冲发生器

③ 设置脉冲发生器类型。如图 5-68 所示，信号类型选择"PTO（脉冲 A 和方向 B）"。

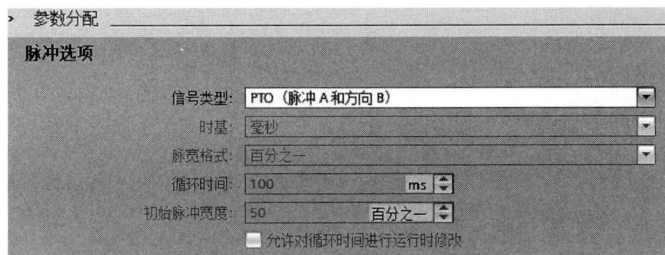

图 5-68　设置脉冲发生器类型

④ 硬件配置输出。如图 5-69 所示，脉冲输出为 Q0.0，方向输出为 Q0.1。硬件输出是有 PLC 的 CPU 自带的。

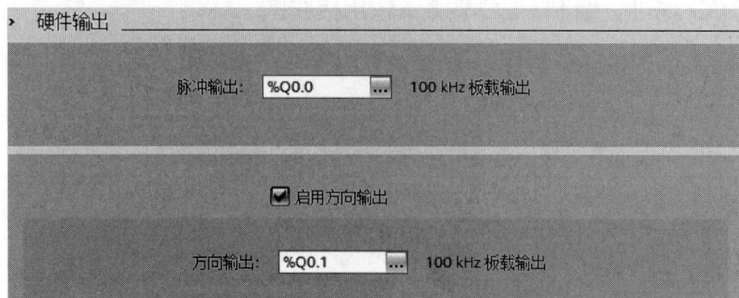

图 5-69　硬件配置输出

（2）工艺对象

工艺对象"轴"的配置是硬件配置的一部分。"轴"表示驱动的工艺对象，"轴"工艺对象是用户程序与驱动的接口，每一个轴都需要添加一个"工艺对象"。在 S7-1200 PLC 运动控制系统中，必须对工艺对象进行配置，才能够应用到控制指令块。

① 添加工艺对象"轴"。本次任务只需添加一个轴，如图 5-70 所示。双击"工艺对象"下的"新增对象"打开"新增对象"窗口，然后依次执行"运动控制"→添加工艺对象"TO_PositioningAxis"→自动生成轴名称为"轴_1"（可修改）→编号"自动"用于背景 DB 分配方式，最后单击"确定"按钮，生成名称为"轴_1"的工艺对象。

图 5-70　添加轴工艺对象

② 轴工艺对象参数组态。

a. 常规基本参数。如图 5-71 所示，工艺对象轴的名称为"轴_1"，位置单位有 mm（毫米）、m（米）、in（英寸，1in=2.54cm）等，角度是°（度）。本任务是线性工作台，选择距离单位 mm。

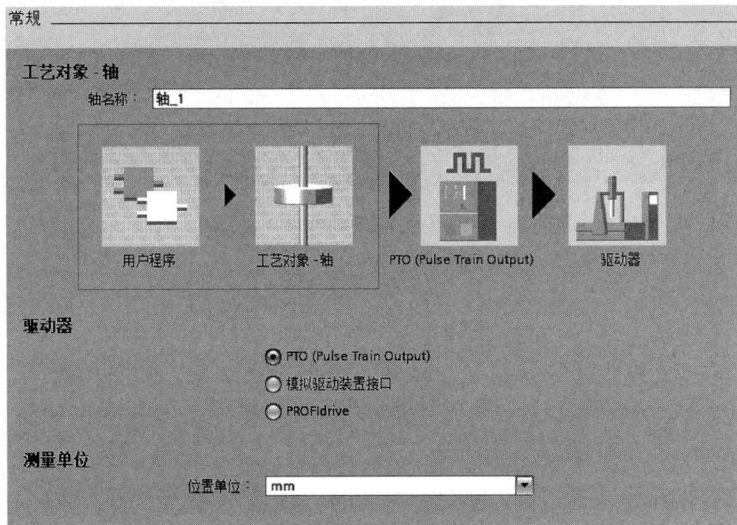

图 5-71　常规基本参数

b. 驱动器设置。驱动器设置见图 5-72，前面激活的是 PTO1 口，这里的硬件接口就选择 Pulse_1，脉冲通过 Q0.0 口输出，方向通过 Q0.1 输出控制。

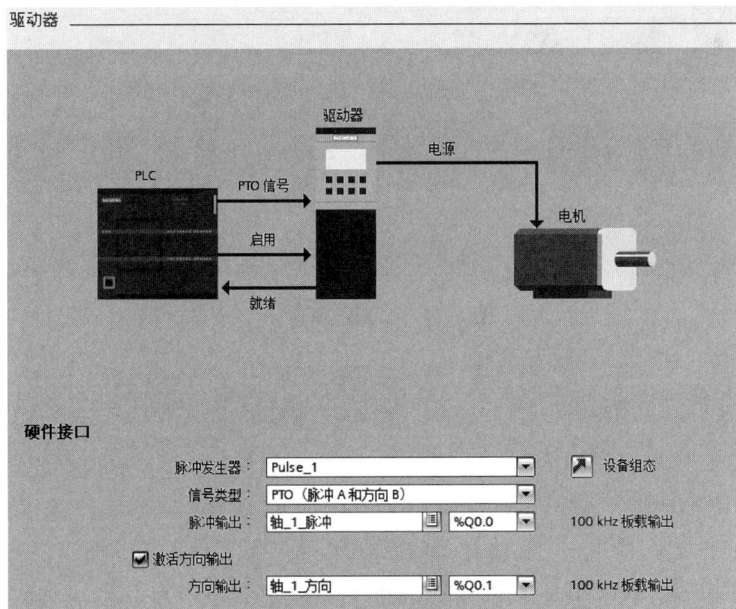

图 5-72　驱动器设置

c. 扩展参数：机械。"机械"参数中主要设置电机每转的脉冲数与电机每转的负载位移的对应关系，如图 5-73 所示。

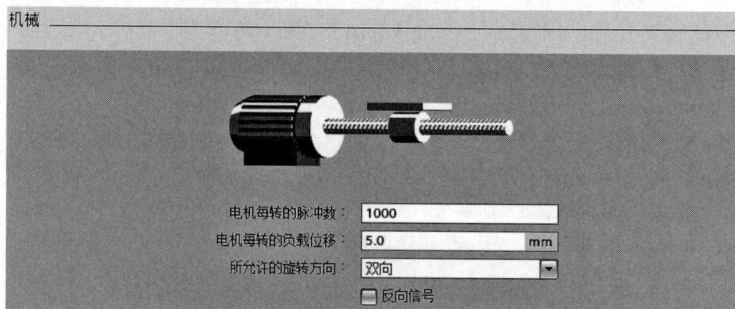

图 5-73 机械参数

电机每转的脉冲数：这是非常重要的一个参数，表示电机旋转一周需要接收多少个脉冲。这里选择 1000，也就是电机每转需要的脉冲数是 1000。

电机每转的负载位移：这也是一个很重要的参数，表示电机每旋转一周时驱动装置位移的距离。本任务中电机每转一周前进 5mm。

d. 扩展参数：位置限制。如图 5-74 所示，勾选"启用软限位开关"，软限位开关下限位置为 -10，上限位置为 10000。

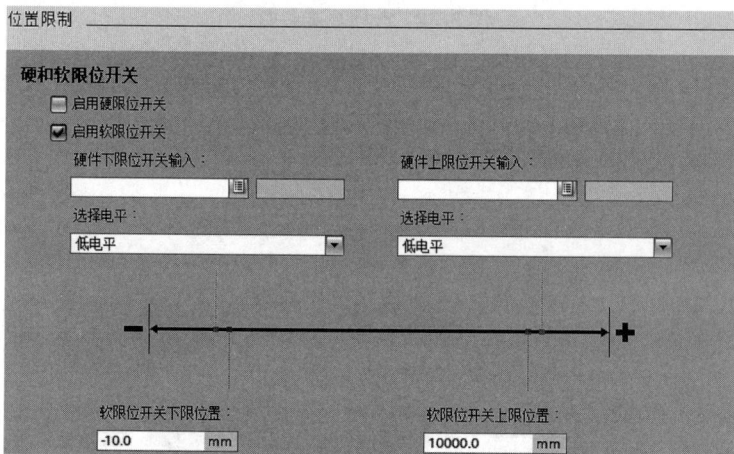

图 5-74 位置限制参数

e. 扩展参数：常规。这部分完成对轴的各种限制速度的配置，如图 5-75 所示，速度的单位为"mm/s"。

最大转速设定要比实际系统工艺应用中最大转速大，并不是系统能达到的极限转速。启动 / 停止速度要小于最大转度。

f. 扩展参数：急停。当轴出现错误时，或使用 MC_Power 指令禁用轴时（stopMode=0 或是 StopMode=2），采用急停速度停止轴。如图 5-76 所示，在"急停"参数配置中，速度设定跟"常规"参数中的设定相同，主要不同是设定"急停减速时间"，时间设定比启动 / 停止加减速时间要短，这里设定为 0.2s，"紧急减速度"自动生成。

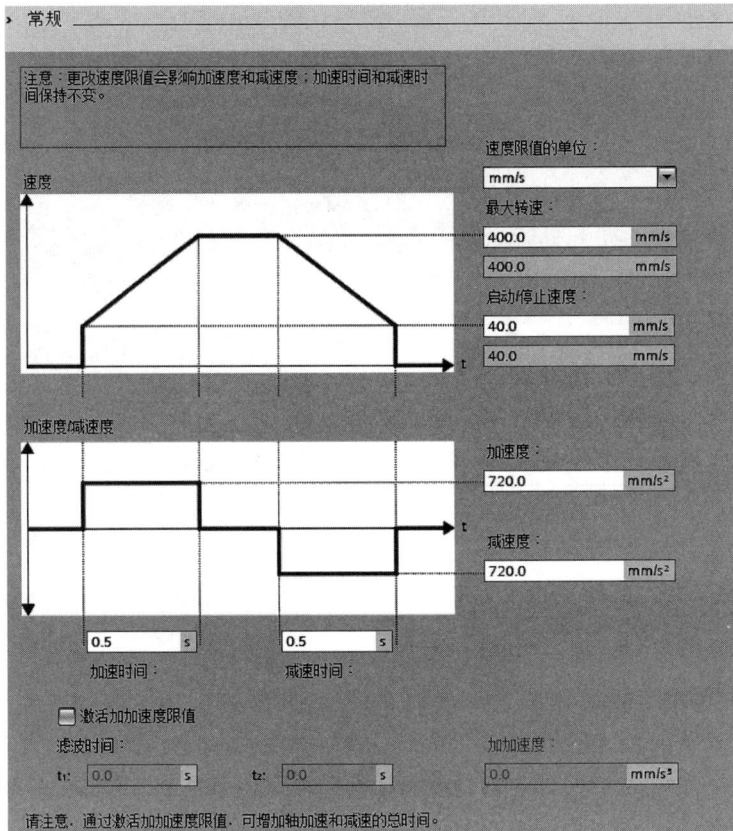

图 5-75 常规参数

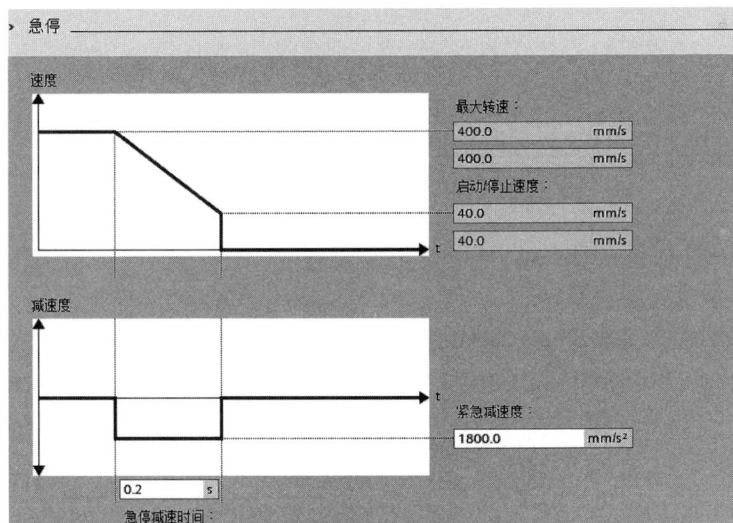

图 5-76 急停参数

g. 扩展参数：主动。原点检测信号在左侧，因此选择"接近 / 回原点方向"为负方向，"归位开关一侧"为下侧，"原点位置偏移量"为 0mm，设置如图 5-77 所示。

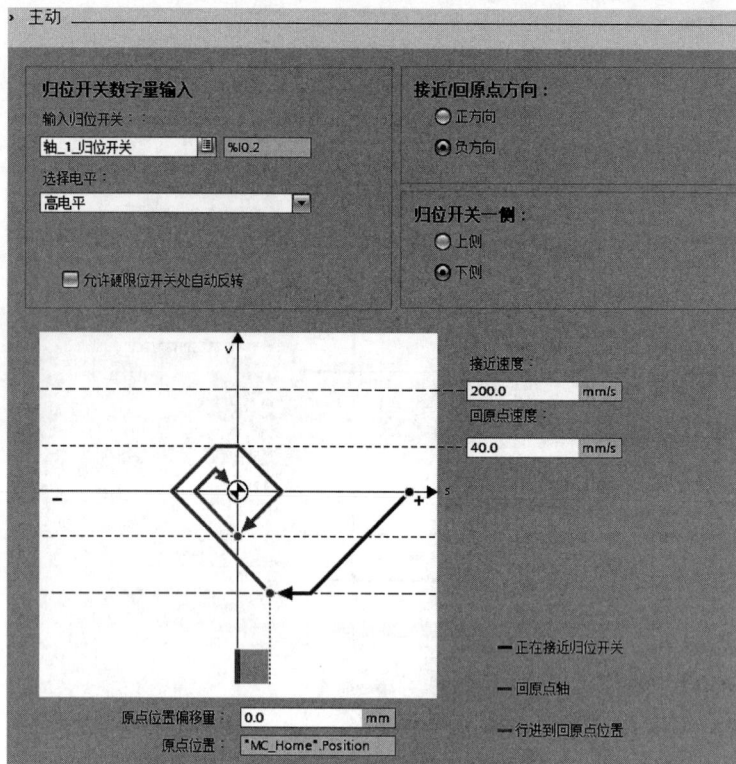

图 5-77 主动参数

（3）编制 PLC 程序

根据任务要求编制梯形图，如图 5-78 所示。

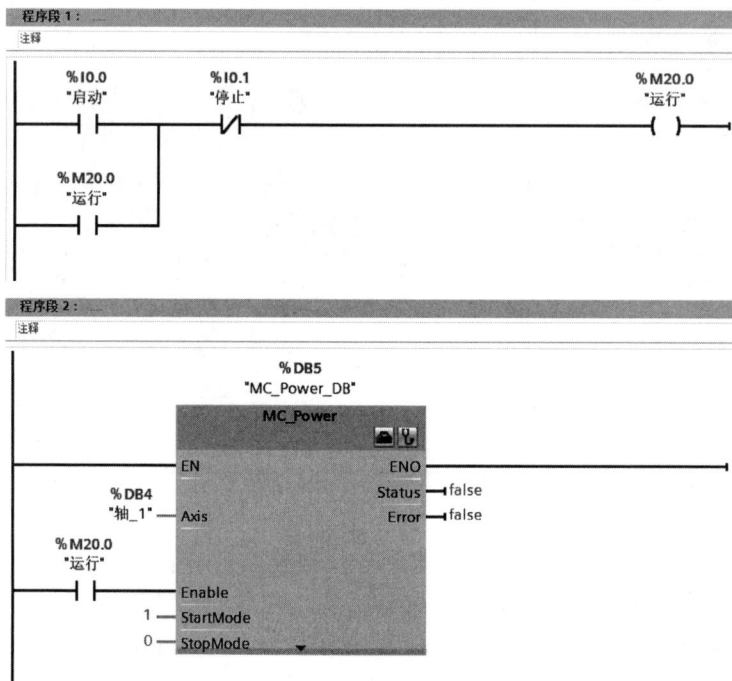

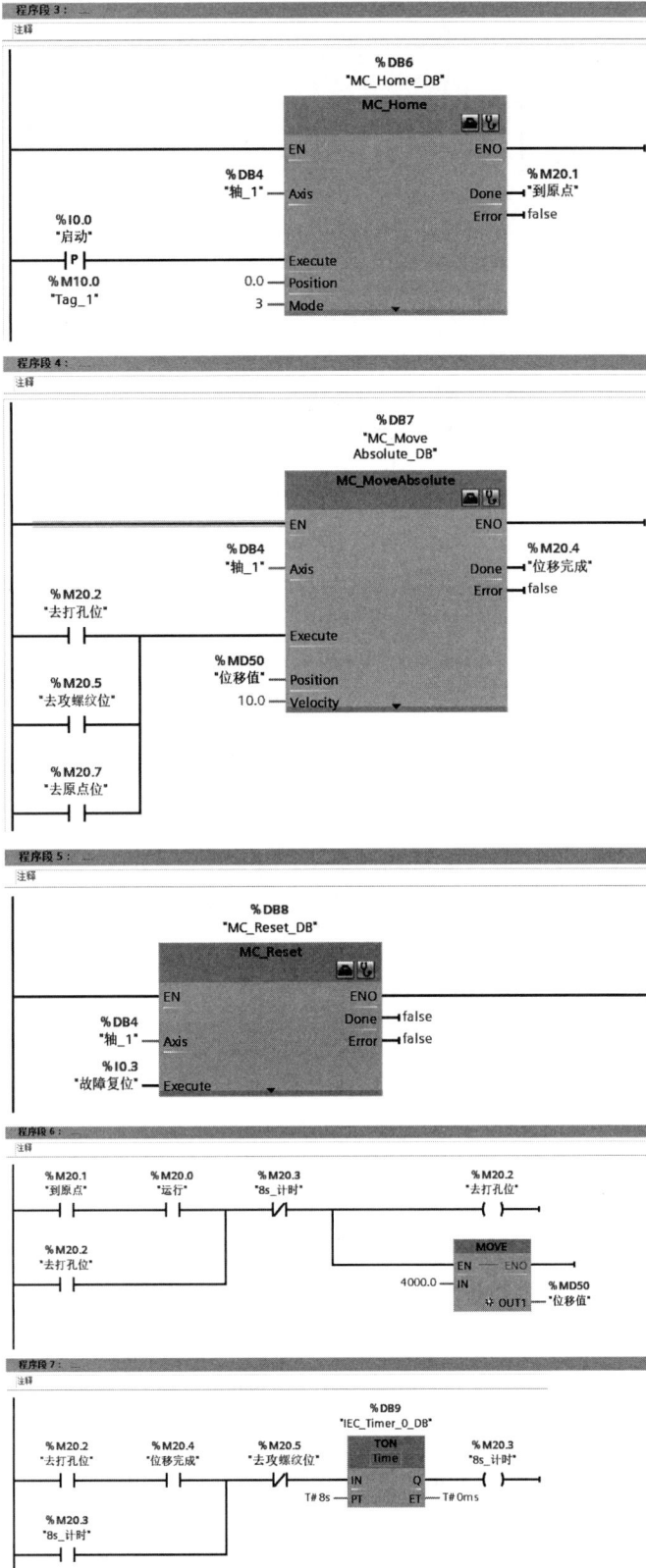

程序段 3：__
注释

%DB6
"MC_Home_DB"

MC_Home

EN　　　　　ENO

%DB4
"轴_1" — Axis　　Done — %M20.1
　　　　　　　　　　"到原点"
　　　　　　　Error — false

%I0.0
"启动"
—|P|——————— Execute
%M10.0
"Tag_1"　　　0.0 — Position
　　　　　　　　3 — Mode

程序段 4：
注释

%DB7
"MC_Move
Absolute_DB"

MC_MoveAbsolute

EN　　　　　ENO

%DB4
"轴_1" — Axis　　Done — %M20.4
　　　　　　　　　　"位移完成"
　　　　　　　Error — false

%M20.2
"去打孔位"
—| |——————— Execute

%M20.5　　　%MD50
"去攻螺纹位"　"位移值" — Position
—| |　　　　10.0 — Velocity

%M20.7
"去原点位"
—| |

程序段 5：
注释

%DB8
"MC_Reset_DB"

MC_Reset

EN　　　　　ENO

%DB4　　　　　　　Done — false
"轴_1" — Axis　　Error — false

%I0.3
"故障复位" — Execute

程序段 6：
注释

%M20.1　　%M20.0　　%M20.3　　　　　　%M20.2
"到原点"　　"运行"　　"8s_计时"　　　　　"去打孔位"
—| |————| |————|/|———————————( )

%M20.2
"去打孔位"
—| |

MOVE
EN —— ENO
4000.0 — IN
　　　　　 ⇒ OUT1 — %MD50
　　　　　　　　　　"位移值"

程序段 7：
注释

%DB9
"IEC_Timer_0_DB"

%M20.2　　%M20.4　　%M20.5　　TON　　%M20.3
"去打孔位"　"位移完成"　"去攻螺纹位"　Time　　"8s_计时"
—| |————| |————| |——IN　　Q——( )
%M20.3　　　　　　　　　T# 8s — PT　ET — T# 0ms
"8s_计时"
—| |

图 5-78

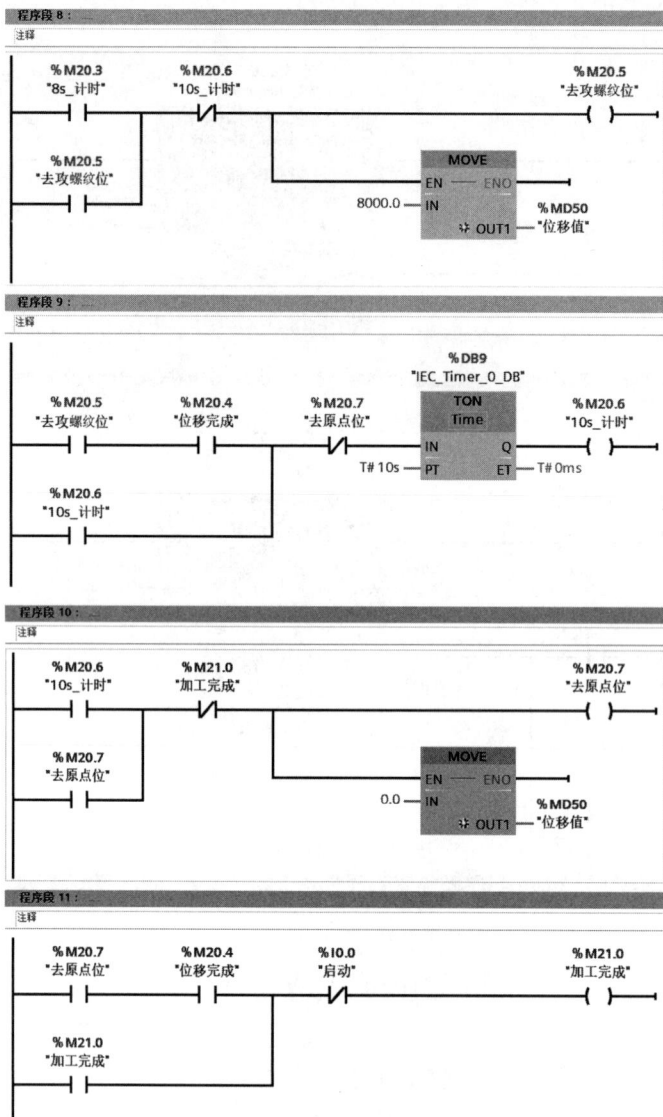

图 5-78 步进电机控制系统梯形图

（4）程序调试

在上位计算机上启动 TIAPortal 编程软件，将梯形图程序分别输入到计算机中。按图连接好线路，将梯形图程序分别下载到 PLC 中，分别加入输入信号运行程序，观察运行结果。如果运行结果与控制要求不符，则需要对控制程序或外部接线进行检查，直到符合要求。

四、知识拓展：高速计数器

S7-1200 CPU 提供了最多 6 个（1214C）高速计数器（HSC），其独立于 CPU 的扫描周期进行计数。可测量的单相脉冲频率最高为 100kHz，双相或 A/B 相最高为

30kHz，除用来计数外还可用来进行频率测量。高速计数器可用于连接增量型旋转编码器。

1. 高速计数器工作模式

S7-1200 高速计数器有 5 种工作模式。

（1）单相计数，外部方向控制

单相计数的工作时序如图 5-79 所示。当外部方向（例如外部按钮）为高电平时，采集并记录时钟的个数做加计算；当外部方向为低电平时，采集并记录时钟的个数做减计算。

（2）单相计数，内部方向控制

单相计数的工作时序如图 5-79 所示。当内部方向为高电平时，采集并记录时钟的个数做加计算；当内部方向为低电平时，采集并记录时钟的个数做减计算。

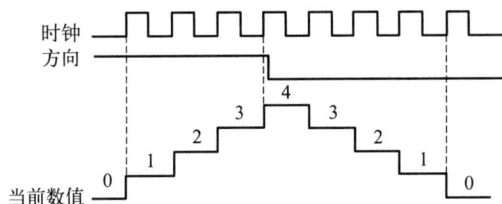

图 5-79　单相计数

（3）双相（加 / 减）计数，双脉冲输入

双相计数的工作时序如图 5-80 所示，有加、减计数 2 个信号端子。当加计数信号端子有脉冲输入时，计数器的值增加；当减计数信号端子有脉冲输入时，计数器的值减小。

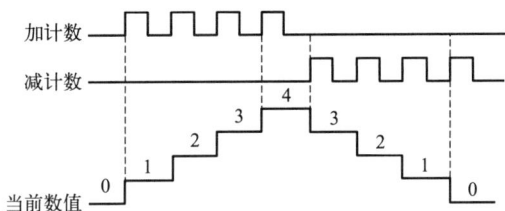

图 5-80　双相加 / 减计数

（4）A/B 相正交计数

A/B 相正交计数的工作时序如图 5-81 所示，有 A 和 B 两个信号端子。当 A 信号为高电平时，B 信号有上升沿，计数器的值增加，这种情况叫 A 相信号超前 B 相信号。当 B 信号为高电平时，A 信号有上升沿，计数器的值减小，这种情况叫 B 相信号超前 A 相信号。利用光电编码器测量位移和速度时，通常采用这种模式。

（5）监控 PTO 输出

HSC1 和 HSC2 支持此工作模式。在此工作模式下，不需要外部接线，即可用于检测 PTO 功能发出的脉冲。如用 PTO 功能控制步进驱动系统或者伺服驱动系统，可利用此模式监控步进电动机或者伺服电动机的位置和速度。

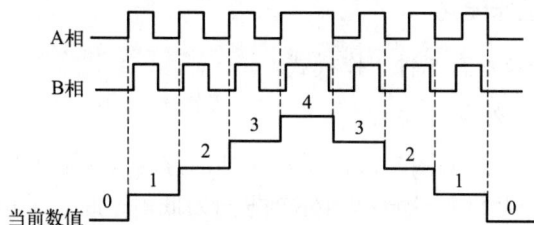

图 5-81 A/B 相正交计数

所有的计数器无需启动条件设置，在硬件向导中设置完成后下载到 CPU 中即可启动高速计数器。高速计数功能所能支持的输入电压为 24V DC，目前不支持 5V DC 的脉冲输入。高速计数器的硬件输入定义和工作模式如表 5-19 所示。

表 5-19 高速计数器的硬件输入定义和工作模式

		描述	输入点定义			功能	
HSC	HSC1	使用 CPU 集成 I/O 或信号板或监控 PTO0	I0.0 I4.0 PTO 0	I0.1 I4.1 PTO 0 方向	I0.3		
	HSC2	使用 CPU 集成 I/O 或监控 PTO0	I0.2 PTO 1	I0.3 PTO 1 方向	I0.1		
	HSC3	使用 CPU 集成 I/O	I0.4	I0.5	I0.7		
	HSC4	使用 CPU 集成 I/O	I0.6	I0.7	I0.5		
	HSC5	使用 CPU 集成 I/O 或信号板	I1.0 I4.0	I1.1 I4.1	I1.2		
	HSC6	使用 CPU 集成 I/O	I1.3	I1.4	I1.5		
模式		单相计数，内部方向控制	时钟		正常工作状态	计数或频率	
					复位	计数	
		单相计数，外部方向控制	时钟	方向	正常工作状态	计数或频率	
					复位	计数	
		双相计数，两路时钟输入	增时钟	减时钟	正常工作状态	计数或频率	
					复位	计数	
		A/B 相正交计数	A 相	B 相	正常工作状态	计数或频率	
					Z 相	计数	
		监控 PTO 输出	时钟	方向		计数	

2.高速计数器寻址

CPU 将每个高速计数器的测量值存储在过程映像输入内，数据类型为 32 位双整型有符号数。用户可以在设备组态中修改这些存储地址，在程序中可直接访问这些地址。由于过程映像区受扫描周期影响，在一个扫描周期内，此数值不会发生变化，但高速计数器中的实际值有可能会在一个周期内变化，用户可通过读取外设地址的方式，读取到当前时刻的实际值。以 ID1000 为例，其外设地址为"ID1000：P"。高速计数器寻址列表见表 5-20。

笔记

表 5-20 高速计数器寻址列表

高速计数器编号	数据类型	默认地址
HSC1	DInt	ID1000
HSC2	DInt	ID1004
HSC3	DInt	ID1008
HSC4	DInt	ID1012
HSC5	DInt	ID1016
HSC6	DInt	ID1020

3.高速计数器指令

高速计数器指令需要使用指定背景数据块用于存储参数，高速计数器指令 CTRL_HSC 的参数见表 5-21。

表 5-21 高速计数器指令 CTRL_HSC 参数

指令格式	参数	数据类型	功能
	HSC	HW_HSC	高速计数器硬件识别号
	DIR	Bool	TRUE= 使能新方向
	CV	Bool	TRUE= 使能新初始值
	RV	Bool	TRUE= 使能新参考值
	PERIOD	Bool	TRUE= 使能新频率测量周期
	NEW_DIR	Int	方向选择：1= 正向，0= 反向
	NEW_CV	DInt	新初始值
	NEW_RV	DInt	新参考值
	NEW_PERIOD	Int	新频率测量周期

4. 应用举例

为了便于读者理解如何使用高速计数功能，下面通过一个例子来介绍组态及应用。

假设在旋转机械上有单相增量编码器作为反馈，接入到 S7-1200 CPU，要求在计数 25 个脉冲时，计数器复位，并重新开始计数，周而复始执行此功能。

针对此应用，选择 CPU 1214C，高速计数器为：HSC1。模式为：单相计数，内部方向控制，无外部复位。据此，脉冲输入应接入 I0.0，使用 HSC1 的预置值中断（CV=RV）功能实现此应用。

选中 CPU，选择"属性"，打开组态界面，激活高速计数功能，如图 5-82 所示。

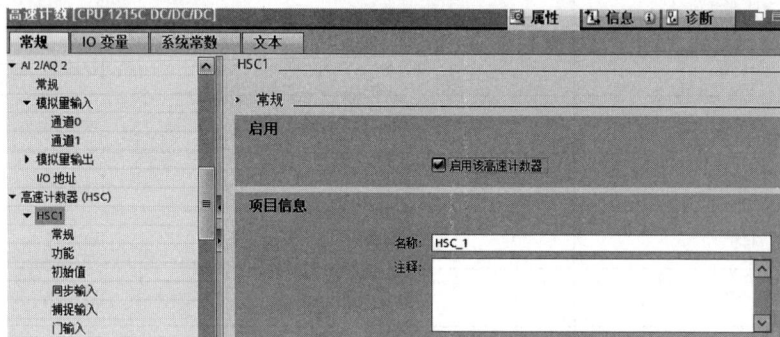

图 5-82　激活高速计数功能

计数类型、计数方向组态如图 5-83 所示。计数方向取决于：这里选用内部方向控制。初始计数方向：这里选择向上计数。

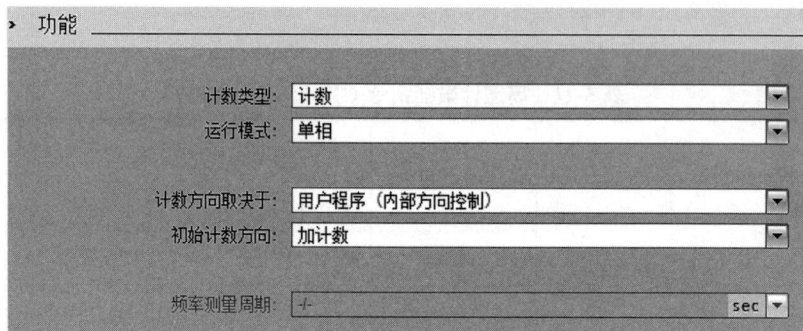

图 5-83　计数类型、计数方向

初始值设置如图 5-84 所示，任务要求计数 25 以后重新计数，所以在此将初始参考值设为 25。

事件组态如图 5-85 所示，将"为计数器等于参考值这一事件生成中断"打钩，当计数器的值等于上一步设置的初始参考值 25 时，触发一次硬件中断。

添加硬件中断，如图 5-86 所示。在"事件组态"界面点击"硬件中断"后的扩展按钮，在弹出的界面中点击"新增"，此时弹出新增硬件中断 OB。

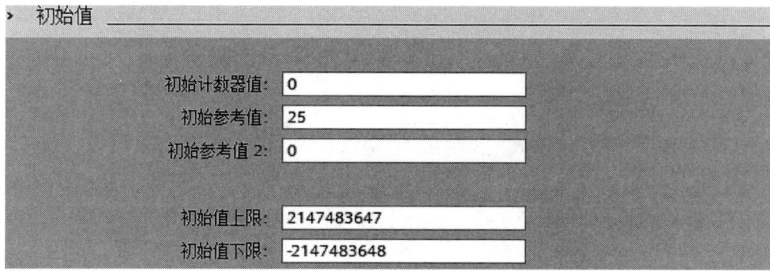

图 5-84　初始值设置

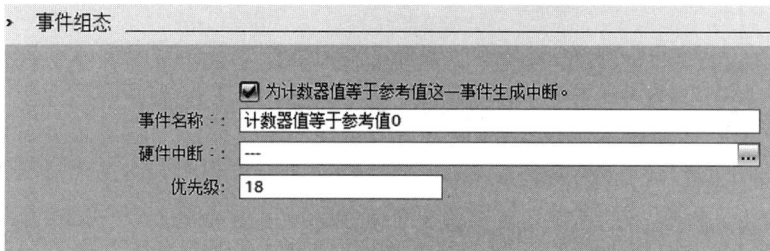

图 5-85　事件组态

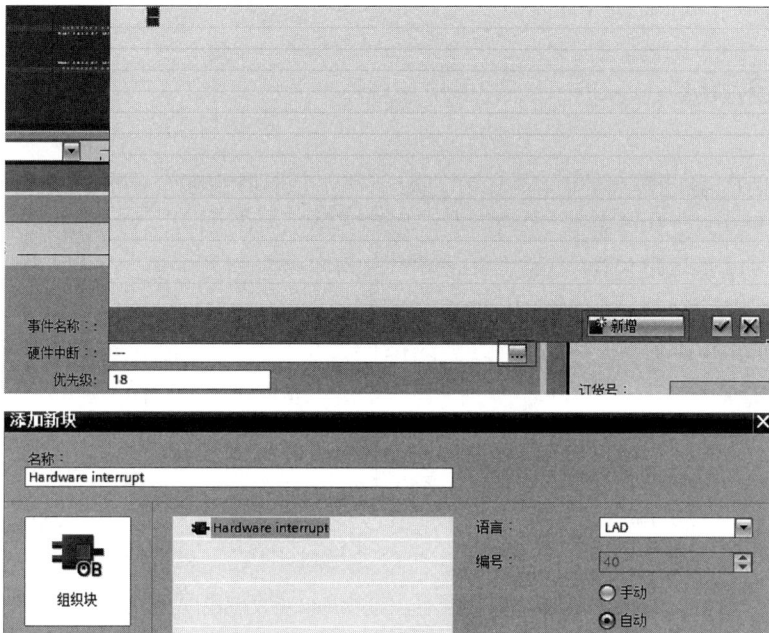

图 5-86　添加硬件中断

　　打开新增的硬件中断组织块，添加高速计数指令，并配置参数，如图 5-87 所示。"HSC" 为 257，对应高速计数器 1，接口是 "I0.0"。"CV" 值为 1，每次触发硬件中断时，就使能计数指令更新计数值。"NEW_CV" 值为 0，在此就是把计数值更新为 0。计数器每计数 25 个脉冲时，计数器复位，并重新开始计数，实现了此功能周而复始。

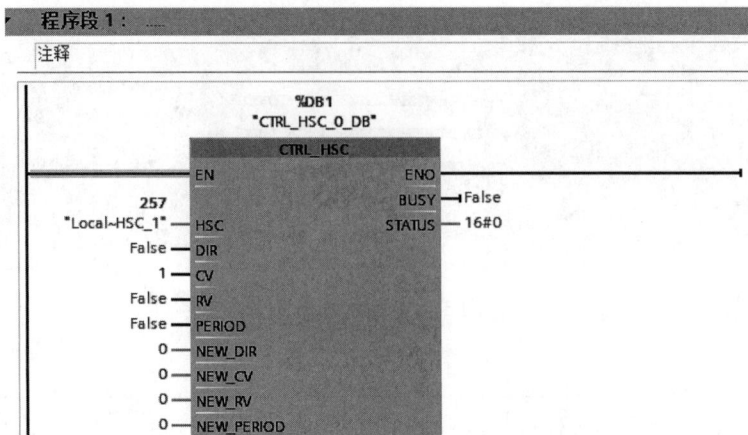

图 5-87　PLC 程序

五、任务评价

根据任务完成情况，完成附录 C 的任务评价表。

项目小结

本项目内容涵盖了西门子 S7-1200 系列 PLC 中的多个重要功能模块，包括 S7-1200 PLC 以太网通信、TSEND_C 和 TRCV_C 指令、模拟量处理、PID 控制、组织块以及运动控制。通过本项目的学习，读者将能够更深入地理解并掌握这些高级功能在工业自动化系统中的实际应用。

S7-1200 PLC 以太网通信： 以太网通信是现代工业自动化系统中广泛应用的一种数据传输方式。S7-1200 系列 PLC 支持以太网通信，允许多个 PLC 之间或 PLC 与其他设备之间进行高速数据交换。掌握以太网通信有助于实现复杂的分布式控制系统，并提高系统的响应速度和灵活性。

TSEND_C 和 TRCV_C 指令： TSEND_C 和 TRCV_C 是用于发送和接收数据的标准通信指令。这些指令能够在 PLC 之间或 PLC 与其他网络设备之间实现可靠的数据传输，尤其是在以太网通信中，能够确保数据的完整性和准确性。通过学习这些指令，读者可以设计和实现基于 PLC 的通信系统。

模拟量处理： 在工业控制中，模拟量（如电压、电流、温度等）是常见的信号类型。S7-1200 系列 PLC 能够对模拟量进行采集和处理，支持高精度的传感器数据读取和控制输出。掌握模拟量处理的相关知识，有助于实现对工业过程的精确监控和调节。

PID 控制： PID 控制（比例 - 积分 - 微分控制）是工业自动化中广泛应用的一种控制算法。S7-1200 系列 PLC 内置 PID 控制功能，能够自动调节过程变量，如温度、压力和速度等。通过本章的学习，读者能够理解 PID 控制的基本原理，并能够在实际应用中配置和调试 PID 控制器，提升系统的稳定性和控制精度。

组织块：组织块是 PLC 编程中的核心部分，用于结构化编写和管理程序。它们有助于提高程序的可读性和可维护性，并支持多任务处理。组织块包括主程序块（OB1）、中断块和周期性执行块等，灵活运用这些组织块，可以实现复杂的控制逻辑。

运动控制：S7-1200 系列 PLC 支持基本的运动控制功能，如定位控制、速度控制和步进控制等。这些功能在机械自动化和生产线控制中至关重要。学习运动控制模块的使用方法，可以帮助读者设计和实现自动化设备的精准运动控制，满足工业现场的各种控制需求。

思考与练习

5.1　OSI 七层模型分别是哪七层？

5.2　开放式用户通信有什么特点？指令 TSEND_C 和 TRCV_C 有什么优点？

5.3　甲、乙两台 PLC，甲作为主站，乙作为从站。系统开始运行时，甲站 PLC 的 Q0.0 ~ Q0.7 控制的八盏灯每隔 1s 依次点亮，接着乙站 PLC 的 Q0.0 ~ Q0.7 控制的八盏灯每隔 1s 依次点亮。请编写两台 PLC 的程序以实现以上功能。

5.4　简述 NORM_X 指令和 SCALE_X 指令的用法。

5.5　简述模拟量模块的接线方法。

5.6　简述 PID 控制原理，以及各环节的作用。

5.7　控制步进电动机运行，控制要求如下。

（1）通电后，复位指示灯闪烁；

（2）按"复位"按钮（此时其他按钮无效），步进电动机带动工作台自动回到原点，复位指示灯灭；

（3）按"正转"按钮，步进电动机正向移位 20mm，按"反转"按钮，步进电动机反向移位 20mm，速度参数为 50.0mm/s；

（4）左右要有限位保护。

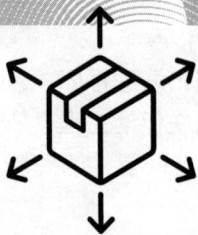

项目六
S7-1200 PLC 综合设计

设计一个 PLC 控制系统，首先必须充分了解被控对象的情况，诸如生产工艺、技术特性、工作环境以及控制要求等，据此设计出 PLC 控制系统。设计内容包括画出控制系统图、选择合适的 PLC 型号、确定 PLC 的输入器件和输出执行设备、确定接线方式、编写 PLC 控制程序、系统调试及编制技术文件等。在前面的项目中已经涉及了 PLC 综合设计的部分内容，本项目将在上述基础上详细介绍 PLC 控制系统的基本设计步骤和方法。

笔记

任务一 电动运输车呼车控制

◇ **知识目标**

掌握 PLC 控制系统的设计步骤与方法；
掌握 PLC 设备的选型；
了解 PLC 设备的安装方法。

◇ **能力目标**

能按照 PLC 控制系统的设计步骤与方法开发电动运输车呼车控制系统并仿真实施。

◇ **素质目标**

培养精诚合作、诚实守信、积极进取的职业道德；
成为德才兼备、知行合一的 PLC 领域人才。

一、任务导入和分析

某电动运输车呼车 PLC 控制系统如图 6-1 所示。图中，ST1 ~ ST8 为限位开关，SB1 ～ SB8 为呼车按钮。其中，电动运输车供 8 个加工点使用，对车的控制要求是：

电动运输车呼车系统未上电时，车停在某个加工点（也称工位）；

电动运输车呼车系统上电后，若无用车呼叫（也称呼车）时，则各工位的指示灯全亮，表示各工位均可以呼车；

当工作人员按下某工位的呼车按钮进行呼车时，各工位的指示灯均灭，此时别的工位呼车无效；

当呼车工位号大于停车工位号时小车自动向高位行驶，当呼车工位号小于停车工位号时小车自动向低位行驶，当小车到达呼车工位时自动停车。停车时间为 30s，供用车工位使用，此时，其他工位不能呼车。停车工位呼车时，小车不动。从安全角度出发，停电后再来电时，小车不能自行启动。

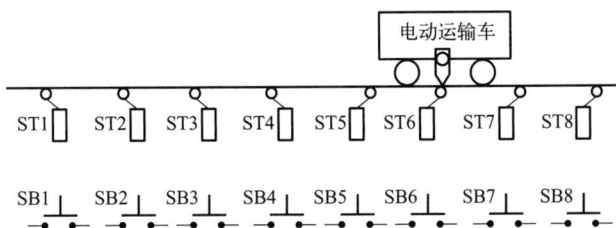

图 6-1　电动运输车呼车 PLC 控制系统示意图

西门子 S7-1200 是一款紧凑型、模块化 PLC，具有简单逻辑控制、高级逻辑控制、HMI 和网络通信等多项功能，是小型自动化系统设计的优选。CPU 型号有：CPU 1211C、CPU 1212C、CPU 1214C、CPU 1215C、CPU 1217C。本任务有较多的输入信号需要接收，如呼车信号 8 个、限位开关 8 个、系统的启停按钮各 1 个，故选择 CPU 1214C AC/DC/RLY 基本单元（14 输入 /10 输出）1 台和 SM1221 扩展单元（8 输入）1 台组成系统。

二、相关知识：PLC 控制系统的设计步骤

PLC 控制系统设计的基本原则是：

① 最大限度地满足被控对象（生产设备或工业生产过程）的控制要求；

② 确保控制系统的可靠性；

③ 力求控制系统简单经济、实用合理及维修方便；

④ 考虑生产发展、工艺改进等因素，在选择 PLC 机型时留有余量。

PLC 控制系统设计的一般步骤如图 6-2 所示。

1. 分析控制对象，确定控制方案

设计人员必须对被控对象的工艺流程特点和要求深入了解、认真分析研究、明确控制任务，如需要完成的动作（动作顺序、动作条件、必需的保护和联锁等）、操作方式（手动、自动、连续、单周期、单步等），搞清楚哪些信号要送给 PLC、PLC

笔记

的输出又需要驱动哪些负载，估算 I/O 开关量的点数、I/O 模拟量的接口数量和精度要求，从而对 PLC 提出整体要求，绘制相应的控制流程图。

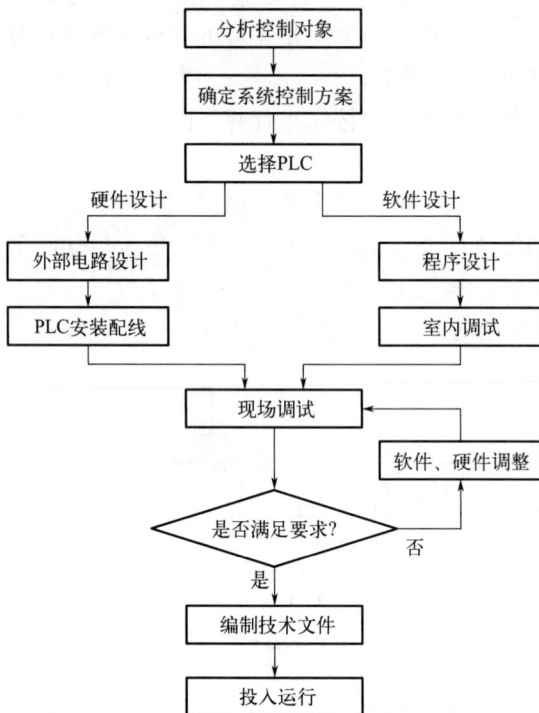

图 6-2　PLC 控制系统设计步骤框图

PLC 控制系统的设计中应树立模块化的思想，对于极小规模的被控对象，可以用单模块单机系统设计来实现控制任务；对于大规模或位置分散的被控对象，应用框图的方式将被控对象分解成若干相对独立的模块，采用多机联网的控制系统。

控制系统的设计中必须充分考虑系统的安全性。控制系统应具有显示、报警、出错和故障的诊断处理、对紧急情况的处理等功能。

2. 选择 PLC

在选择 PLC 时主要考虑以下几个因素：

① 功能范围。根据系统控制要求选择所需 PLC 模块的种类和数量，使 PLC 功能与控制任务相适应。如对于开关量控制的应用系统，当对控制速度要求不高时，选用小型 PLC 就能满足要求；对于工艺复杂、控制要求较高的系统，如需要 PID 调节、快速控制、联网通信等功能的系统，就应选择中、大型 PLC。

② I/O 点数。选择 I/O 总点数时除了要满足当前控制系统的要求以外，还应考虑到将来的发展，一般会在估算的 I/O 总点数上再加上 20% 左右的余量。

③ 存储器容量。用户存储器容量的估算与许多因素有关，如 I/O 点数、运算处理量、控制要求、程序结构等。一般用下面公式估算：

开关量 I/O 点所需字节数 = I/O 总点数 × 8

$$模拟量 I/O 点所需字节数 = 通道数 \times 100$$
$$定时器 / 计数器所需字节数 = 定时器 / 计数器个数 \times 2$$
$$通信接口所需字节数 = 接口数量 \times 300$$

有时可在估算的基础上增加 20% 的余量。

笔记

3. 外部电路设计

PLC 控制系统的电气设计包括：选择用户输入设备（按钮、操作开关、限位开关、传感器等）、输出设备（继电器、接触器、信号灯等执行元件）以及由输出设备驱动的控制对象（电动机、电磁阀等），并列出元器件清单；绘制电气原理图、电柜布置图、接线图与互连图等。这方面的内容请读者参阅其他相关课程和 PLC 使用手册。

进行电气设计时特别要注意以下几点：

① PLC 输出接口的类型，如是继电器输出还是光电隔离输出等。

② PLC 输出接口的驱动能力：一般继电器输出为 2A，光隔输出为 500mA。

③ 模拟量接口的类型和极性要求：一般有电流型输出（-29mA ～ +20mA）和电压型输出（-10V ～ +10V）两种可选。

④ 采用多直流电源时的共地要求。

⑤ 输出端接不同负载类型时的保护电路。执行电器若为感性负载，需接保护电路，电源为直流时可加续流二极管，电源为交流时可加阻容吸收电路。

⑥ 若电网电压波动较大或附近有大的电磁干扰源，应在电源与 PLC 间加设隔离变压器、稳压电源或电源滤波器。

⑦ 注意 PLC 的散热条件，当 PLC 的环境温度大于 55℃时，要用风扇通风。

4. 程序设计

软件设计的主要任务是根据控制要求将工艺流程图转换为梯形图，这是 PLC 应用的最关键的问题，程序的编写是软件设计的具体表现。I/O 信号在 PLC 接线端子上的地址分配是进行 PLC 控制系统设计的基础。对软件设计来说，I/O 地址分配以后才能进行编程；对控制柜及 PLC 的外围接线来说，也必须在确定 I/O 地址后才能绘制电气接线图。因此在进行 I/O 地址分配时，应该将 I/O 点的名称、代码、地址用表格列写出来，同时还应将在程序设计时使用的软继电器（内部继电器、定时器、计数器等）列表，并标明用途，以便于程序设计、调试和系统运行维护与检修时查阅。

5. 调试

程序初调也称为模拟调试。将设计好的程序通过程序编辑工具下载到 PLC 控制单元中。由外接信号源加入测试信号，通过各种状态指示灯了解程序运行的情况，观察输入 / 输出之间的变化关系及逻辑状态是否符合设计要求，并及时修改和调整程序，消除缺陷，直到满足设计的要求为止。

在室内初调合格后，将 PLC 与现场设备连接。在正式调试前全面检查整个 PLC 控制系统，包括电源、接地线、设备连接线、I/O 连线等。在保证整个硬件连接正

笔记

确无误的情况下即可送电。应该反复调试，消除可能出现的各种问题。在调试过程中也可以根据实际需求对硬件做适当修改以配合软件的调试。应保持足够长的运行时间以使问题充分暴露并加以纠正。试运行无问题后可将程序固化在具有长久记忆功能的存储器中，并做备份（至少应该做 2 份）。

6. 编制技术文件，交付使用

现场调试成功并经过试运行后，整个系统的硬件及软件就基本设计成功了，接下来就要全面整理技术文件，包括电路图、PLC 控制程序、使用说明、帮助文件等。至此就可交付使用。

三、任务实施

任务实施

1. 分配 I/O 地址，绘制 PLC 输入 / 输出接线图

电动运输车呼车控制系统的 I/O 地址分配如表 6-1 所示。

表 6-1 电动运输车呼车控制系统 I/O 地址分配

输入		输出		内部编程元件
系统启动按钮	I1.0	电动机正转接触器 KM1	Q0.0	定时器 1 个
系统停止按钮	I1.1	电动机正转接触器 KM2	Q0.1	位继电器 M0.0，M0.1
限位开关 ST1 ～ ST8	I0.0 ～ I0.7	可呼车指示灯 HL	Q0.2	变量存储器 MW1，MW2
呼车按钮 SB1 ～ SB8	I2.0 ～ I2.7			

将已选择的输入 / 输出设备和分配好的 I/O 地址一一对应连接，形成 PLC I/O 接线图，如图 6-3 所示。

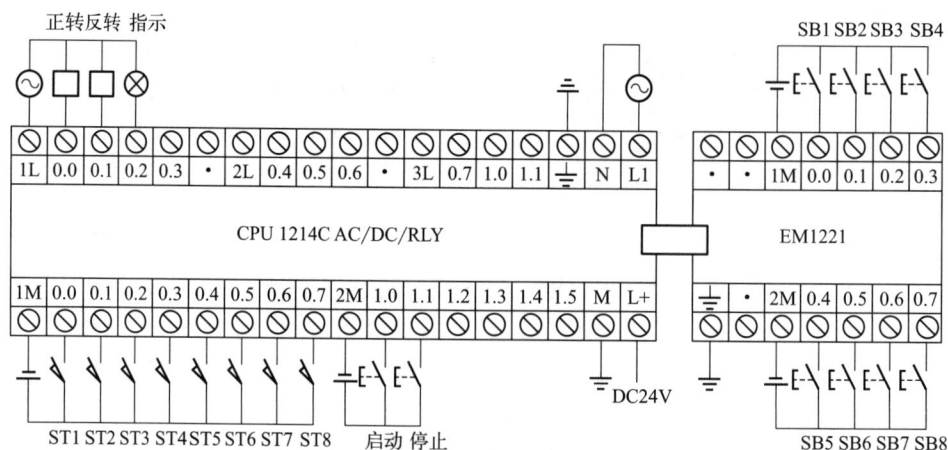

图 6-3 电动运输车呼车控制系统 I/O 接线图

2. 编制 PLC 程序

电动运输车呼车控制系统的工作流程如图 6-4 所示。在编写程序时除小车的启动、停止在主程序中完成,其余控制在子程序 DB2 中完成。

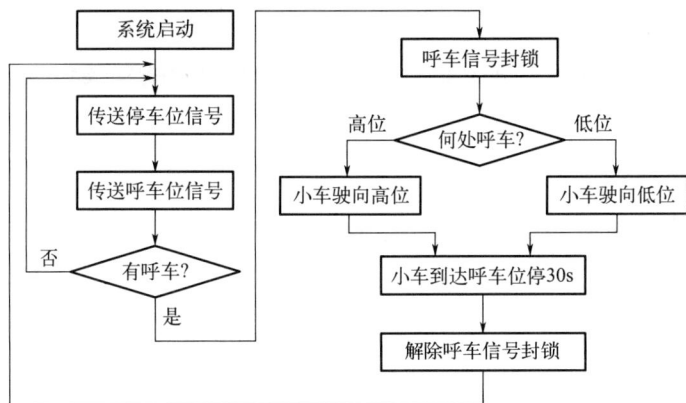

图 6-4 电动运输车呼车控制系统工作流程

电动运输车呼车控制系统的梯形图程序如图 6-5 所示。

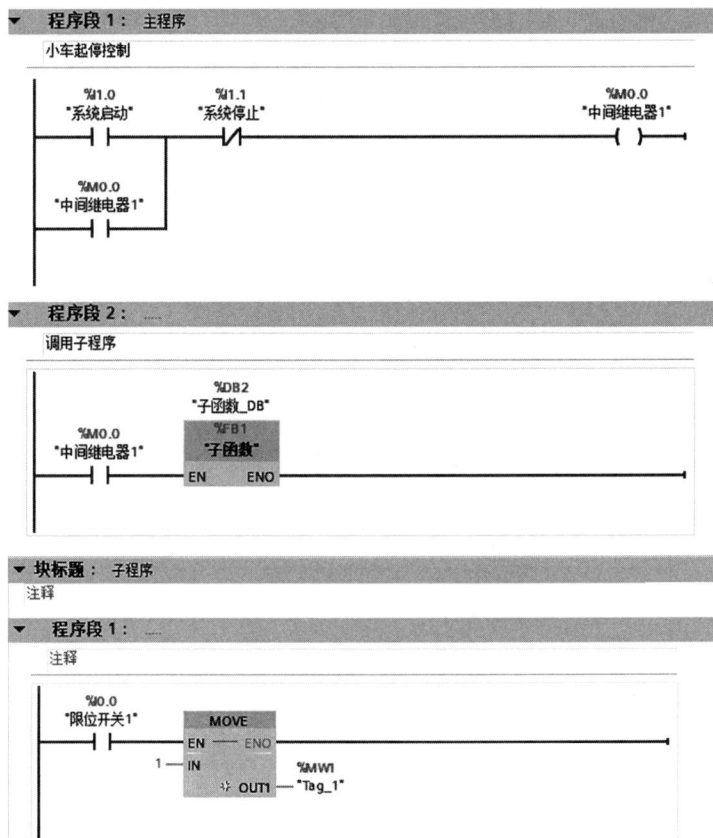

图 6-5

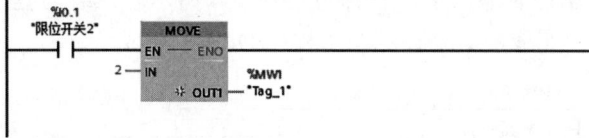

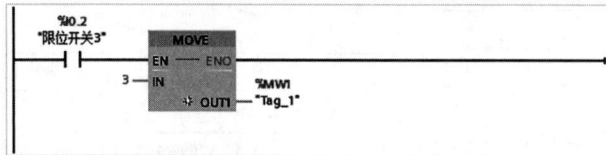

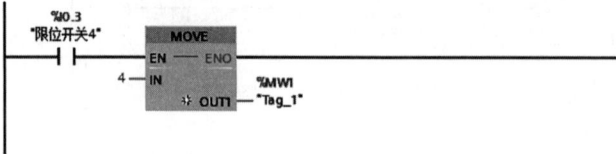

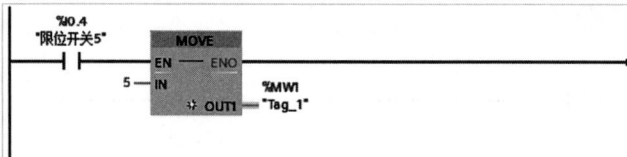

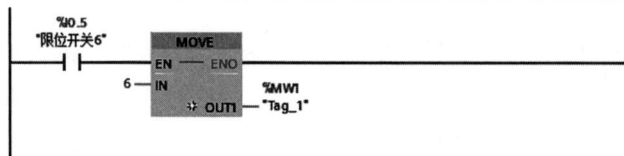

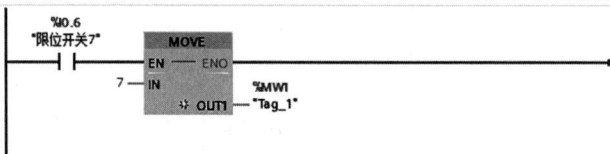

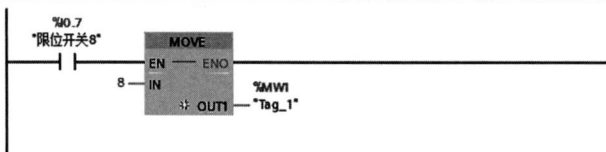

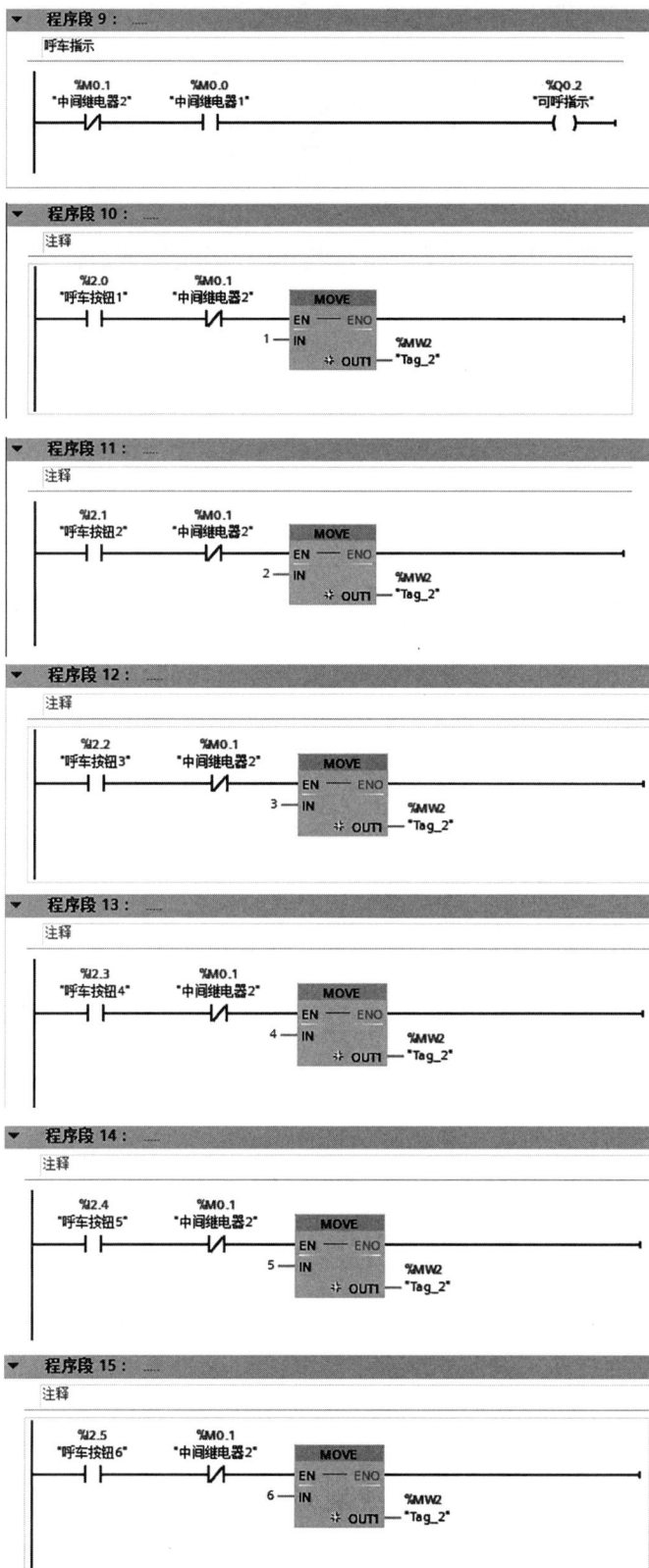

▼　程序段 9：.......

呼车指示

```
    %M0.1          %M0.0                                          %Q0.2
  "中间继电器2"   "中间继电器1"                                    "可呼指示"
  ───┤ ├─────────┤/├──────────────────────────────────────────────( )───
```

▼　程序段 10：.......

注释

```
    %I2.0          %M0.1
  "呼车按钮1"    "中间继电器2"         ┌──────────────┐
  ───┤ ├─────────┤/├─────────────────┤     MOVE     │
                                     ┤EN        ENO ├──
                                  1 ─┤IN            │        %MW2
                                     │        ✻ OUT1├──────  "Tag_2"
                                     └──────────────┘
```

▼　程序段 11：.......

注释

```
    %I2.1          %M0.1
  "呼车按钮2"    "中间继电器2"         ┌──────────────┐
  ───┤ ├─────────┤/├─────────────────┤     MOVE     │
                                     ┤EN        ENO ├──
                                  2 ─┤IN            │        %MW2
                                     │        ✻ OUT1├──────  "Tag_2"
                                     └──────────────┘
```

▼　程序段 12：.......

注释

```
    %I2.2          %M0.1
  "呼车按钮3"    "中间继电器2"         ┌──────────────┐
  ───┤ ├─────────┤/├─────────────────┤     MOVE     │
                                     ┤EN        ENO ├──
                                  3 ─┤IN            │        %MW2
                                     │        ✻ OUT1├──────  "Tag_2"
                                     └──────────────┘
```

▼　程序段 13：.......

注释

```
    %I2.3          %M0.1
  "呼车按钮4"    "中间继电器2"         ┌──────────────┐
  ───┤ ├─────────┤/├─────────────────┤     MOVE     │
                                     ┤EN        ENO ├──
                                  4 ─┤IN            │        %MW2
                                     │        ✻ OUT1├──────  "Tag_2"
                                     └──────────────┘
```

▼　程序段 14：.......

注释

```
    %I2.4          %M0.1
  "呼车按钮5"    "中间继电器2"         ┌──────────────┐
  ───┤ ├─────────┤/├─────────────────┤     MOVE     │
                                     ┤EN        ENO ├──
                                  5 ─┤IN            │        %MW2
                                     │        ✻ OUT1├──────  "Tag_2"
                                     └──────────────┘
```

▼　程序段 15：.......

注释

```
    %I2.5          %M0.1
  "呼车按钮6"    "中间继电器2"         ┌──────────────┐
  ───┤ ├─────────┤/├─────────────────┤     MOVE     │
                                     ┤EN        ENO ├──
                                  6 ─┤IN            │        %MW2
                                     │        ✻ OUT1├──────  "Tag_2"
                                     └──────────────┘
```

图 6-5

笔记

▼ 程序段 16：⋯⋯

注释

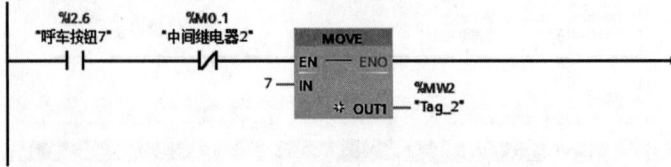

▼ 程序段 17：⋯⋯

注释

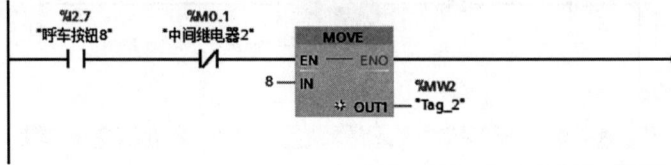

▼ 程序段 18：⋯⋯

注释

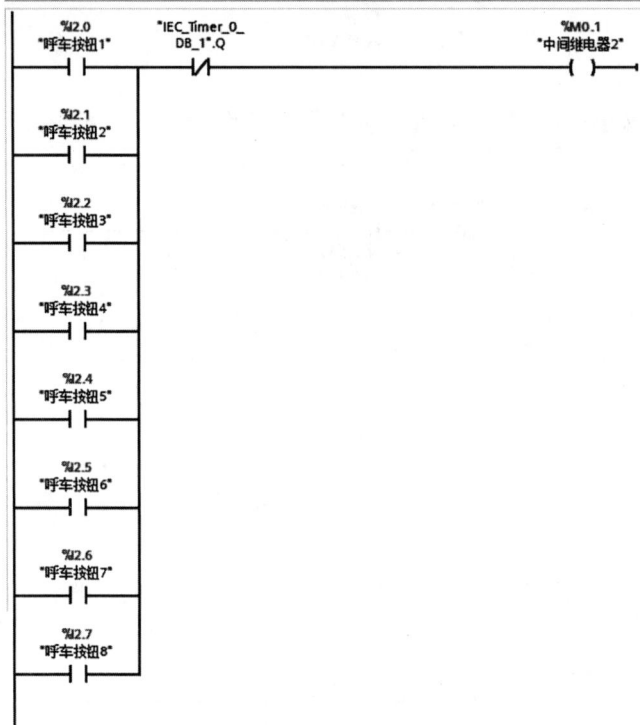

▼ 程序段 19：⋯⋯

注释

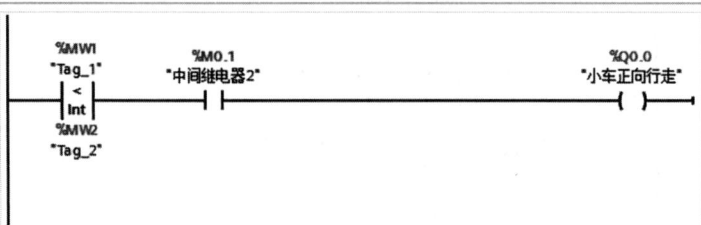

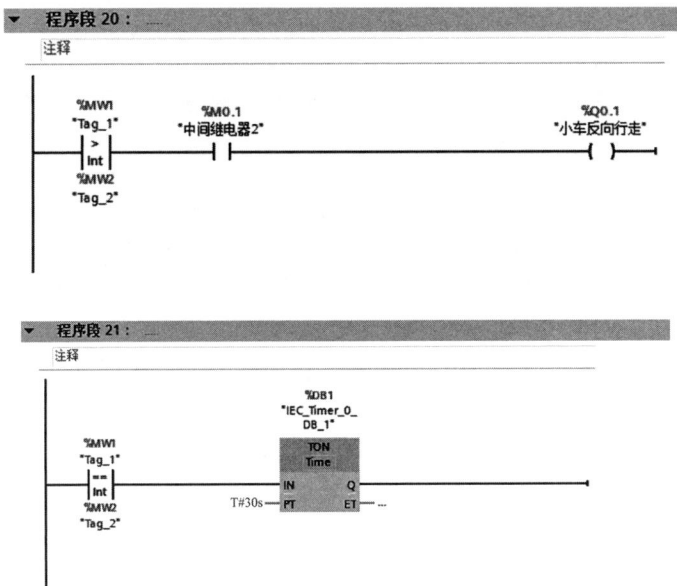

图 6-5　电动运输车呼车控制系统的梯形图程序

3. 程序调试

在上位计算机上启动博途编程软件，将图 6-5 所示梯形图程序输入到计算机。

按照图 6-3 连接好线路，将梯形图程序下载到 PLC，根据控制要求加入不同的输入信号运行程序，观察、分析结果，直到运行情况与控制要求相符。

四、知识拓展：可编程控制器的安装

工业生产现场的环境条件一般是比较恶劣的，干扰源众多。例如大功率用电设备的启动或者停止引起电网电压的波动，形成低频干扰；电焊机、电火花加工机床、电机的电刷等会产生高频电火花干扰；各种动力电源线会通过电磁耦合产生工频干扰，等等。这些干扰都会影响可编程控制器的正常工作。

尽管可编程控制器是专门在生产现场使用的控制装置，在设计制造时已采取了很多措施，使它的环境适应力比较强，但是为了确保整个系统稳定可靠，还是应当尽量使可编程控制器有良好的工作环境条件，并采取必要的抗干扰措施。

1. 可编程控制器的安装环境与安装方法

（1）安装环境

可编程控制器适用于大多数工业现场，但它对使用场合、环境温度等还是有一定要求的。控制可编程控制器的工作环境，可以有效地提高它的工作效率和使用寿命。在安装可编程控制器时要避开下列场所：

① 环境温度超过 0 ～ 55℃的范围。

② 相对湿度超过 85% 或者存在露水凝聚（由温度突变或其他因素所引起的）。

③ 太阳光直接照射。

④ 有腐蚀性和易燃的气体，例如氯化氢、硫化氢等。

⑤ 有大量铁屑及灰尘。

⑥ 频繁或连续振动，振动频率为 10 ～ 55Hz，幅度为 0.5mm（峰 - 峰）。

⑦ 超过 10g（重力加速度）的冲击。

（2）安装方法

小型可编程控制器外壳的四个角上均有安装孔，有两种安装方法：一种是用螺钉固定，不同的单元有不同的安装尺寸；另一种是 DIN（德国工业标准）轨道固定，DIN 轨道配套使用的安装夹板左右各一对，在轨道上先装好左右夹板，装上可编程控制器，然后拧紧螺钉。为了使控制系统工作可靠，通常把可编程控制器安装在有保护外壳的控制柜中，以防止灰尘、油污水溅。为了保证可编程控制器在工作状态下其温度保持在规定环境温度范围内，安装机器时应留有足够的通风空间，基本单元和扩展单元之间要有 30mm 以上间隔。如果周围环境温度超过 55℃，要安装电风扇强迫通风。

为了避免其他外围设备的电干扰，可编程控制器应尽可能远离高压电源线和高压设备。可编程控制器与高压设备和电源线之间应留出至少 200mm 的距离。

当可编程控制器垂直安装时，要严防导线头、铁粉、灰尘等脏物从通风窗掉入可编程控制器内部。导线头等脏物会损坏可编程控制器印制电路板，使其不能正常工作。

2. 接线

电源：PLC 的供电电源为 50Hz、220V（±10%）交流市电。

S7-1200 系列可编程控制器有直流 24V 输出接线端，该接线端可为输入传感器（如光电开关或接近开关）提供直流 24V 电源。

如果电源发生故障，中断时间不超过 10ms，可编程控制器工作不受影响。若电源中断超过 10ms 或电源电压下降超过允许值，则可编程控制器停止工作，所有的输出点均同时断开。当电源恢复时，若 RUN 输入接通，则操作自动进行。

对于从电源线来的干扰，可编程控制器本身具有足够的抵制能力。如果电源干扰特别严重，可以安装一个变比为 1∶1 的隔离变压器，以减少设备与地之间的干扰。

3. 接地

良好的接地是保证可编程控制器可靠工作的重要条件，可以避免偶然发生的电压冲击危害。接地线与机器的接地端相接，基本单元接地；如果要用扩展单元，其接地点应与基本单元的接地点接在一起。

为了抑制附加在电源及输入端、输出端的干扰，应给可编程控制器接以专用地线，接地点应与动力设备（如电动机）的接地点分开。若达不到这种要求，则也必须做到与其他设备公共接地，禁止与其他设备串联接地。接地点应尽可能靠近可编程控制器。

4. 直流 +24V 接线端

使用无源触点的输入器件时，可编程控制器内部 24V 电源通过输入器件向输入端提供每点 7mA 的电流。

可编程控制器上的 24V 接线端子还可以向外部传感器（如接近开关或光电开关）提供电流。L+ 端子作传感器电源时，M 端子是直流 L+ 地端，即 0V 端。如果采用扩展单元，则应将基本单元和扩展单元的 24V 端连接起来。另外，任何外部电源都不能接到这个端子。

如果有过载现象发生，电压将自动跌落，该点输入对可编程控制器不起作用。

每种型号的可编程控制器，其输入点数量是有规定的。对每一个尚未使用的输入点，它不耗电，因此在这种情况下 24V 电源端子外供电流的能力可以增加。

S7-1200 系列可编程控制器的空位端子在任何情况下都不能使用。

5. 输入接线

可编程控制器一般接收行程开关、限位开关等输入的开关量信号。输入接线端子是可编程控制器与外部传感器负载转换信号的端口，输入接线一般指外部传感器与输入端口的接线。

输入器件可以是任何无源的触点或集电极开路的 NPN 管。输入器件接通时，输入端接通，输入线路闭合，同时输入指示的发光二极管亮。

输入端的一次电路与二次电路之间采用光电耦合隔离。二次电路带 R-C 滤波器，以防止由于输入触点抖动或从输入线路串入的电噪声引起可编程控制器的误动作。

若在输入触点电路串联二极管，在串联二极管上的电压应小于 4V。使用带发光二极管的舌簧开关时，串联二极管的数目不能超过两只。

对输入接线还应特别注意：

① 输入接线一般不要超过 30m，但如果环境干扰较小，电压降不大时，输入接线可适当长些。

② 输入、输出线不能用同一根电缆。输入、输出线要分开走。

③ 可编程控制器所能接收的脉冲信号的宽度应大于扫描周期。

6. 输出接线

① 可编程控制器有继电器输出、晶闸管输出、晶体管输出三种形式。

② 输出端接线分为独立输出和公共输出。当可编程控制器的输出继电器或晶闸管动作时，同一号码的两个输出端接通。在不同组中可采用不同类型和电压等级的输出电压。但在同一组中的输出，只能用同一类型、同一电压等级的电源。

③ 由于可编程控制器的输出元件被封装在印制电路板上，并且连接至端子板，若将连接输出元件的负载短路，将烧毁印制电路板，因此应用熔丝保护输出元件。

④ 采用继电器输出时承受的电感性负载大小影响到继电器的工作寿命。

⑤ 可编程控制器的输出负载可能产生噪声干扰，因此要采取措施加以抑制。

此外，对于能对用户造成伤害的危险负载，除了在控制程序中加以考虑之外，应设计外部紧急停车电路，使得可编程控制器发生故障时，能将引起伤害的负载电源切断。

交流输出线和直流输出线不要用同一根电缆，输出线应尽量远离高压线和动力线，避免并行。

五、任务评价

根据任务完成情况，完成附录 C 的任务评价表。

任务二　自动洗衣机的控制

◇ 知识目标

掌握 PLC 控制系统中各类继电器的驱动方式；
了解 PLC 控制系统的故障诊断方法；
了解 PLC 控制系统的故障排除方法。

◇ 能力目标

能按照 PLC 控制系统的设计步骤与方法开发自动洗衣机的控制系统并仿真实施。

◇ 素质目标

培养勇于创新、甘于奉献的精神；
培养创新能力，激发创造力。

一、任务导入和分析

随着社会经济的发展和科学技术水平的提高，全自动化成为必然的发展趋势。全自动洗衣机的产生极大地方便了人们的生活。为了进一步提高全自动洗衣机的性能，避免传统控制的一些弊端，就产生了用 PLC 来控制全自动洗衣机这个课题。本任务要求采用西门子 S7-1200 组成一个全自动洗衣机控制系统。

全自动洗衣机控制面板如图 6-6 所示。全自动洗衣机 PLC 控制系统控制要求如下。

① 按下启动按钮开始洗涤：进水阀打开后水面升高，首先低位液位开关 SL2 闭合，然后高位液位开关 SL1 闭合，SL1 闭合后，关闭进水阀，开始洗涤。洗涤时电机正转 3s 再反转 3s，10 个循环后排水，排水阀打开后水面下降，首先液位开关 SL1 断开，然后 SL2 断开，SL2 断开 1s 后停止排水。洗涤结束。

② 漂洗：进水阀打开后水面升高，与洗涤时相同，水位至高限位时开始漂洗，电机正转 3s 再反转 3s，8 个循环后排水，进行 2 次漂洗。

③ 脱水：脱水 5s 后报警。

④ 报警：报警灯亮 4s。

整个洗衣过程结束。

另外，要求全自动洗衣机可以手动排水，按排水按钮可强制排水，并且用 LED

显示器显示洗涤和漂洗的次数。

　　本任务有 5 个输入信号、8 个输出信号，故选择 S7-1200 CPU 1215 基本单元实施控制。

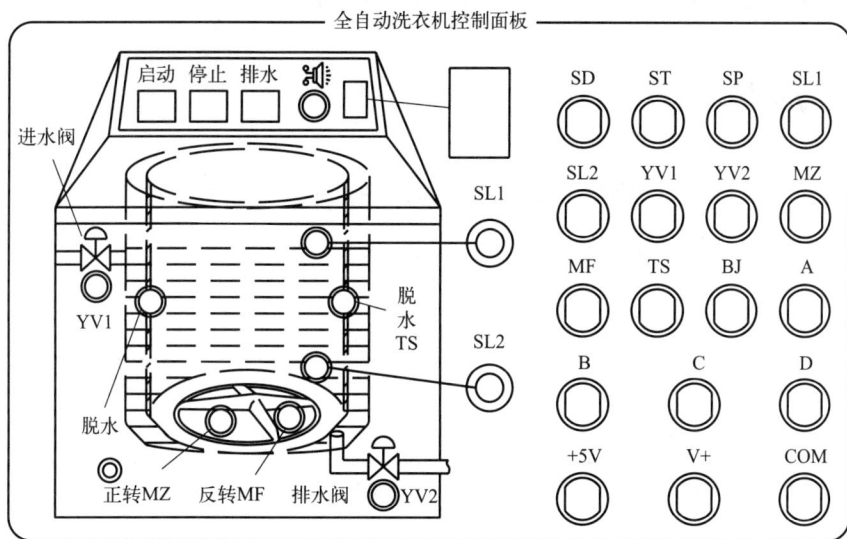

图 6-6　全自动洗衣机控制面板示意图

二、相关知识：PLC 中各类继电器的驱动方式

　　在 PLC 中，软继电器分为输入继电器、输出继电器和内部继电器，它们的驱动方式有所不同。

1. 输入继电器的驱动

　　PLC 输入继电器是接收外部输入设备（如开关、按钮或传感器）信号的编程元件。输入继电器通过输入端子与输入设备相连，且一个输入继电器线圈只能连接一个输入设备，但输入继电器的触点在编程时可以无限次使用。值得注意的是，输入继电器线圈只能由外部输入信号驱动而不能通过程序控制，因此，在梯形图中只出现输入继电器的触点，而不出现输入继电器的线圈。

2. 输出继电器的驱动

　　PLC 输出继电器是向外部负载输出信号的编程元件。输出继电器的接通或断开由程序控制。PLC 在执行完用户程序后，将输出继电器的状态转存到输出锁存器中，并在每次扫描周期的结尾通过 PLC 的输出模块转成被控设备所能接收的信号，驱动外部负载。一个输出继电器对应一个外部输出端子。输出继电器的触点在程序中可以无限次使用，但线圈一般只能用一次。

3. 内部继电器的驱动

　　PLC 内部继电器是专供内部编程使用的编程元件。内部继电器的种类很多，其线圈的驱动与输出继电器一样，由 PLC 内各软元件的触点来驱动。内部继电器与外

📝笔记

部没有任何联系，不能直接地接收输入设备信号，也不能直接地驱动外部负载，但其触点在程序中可以无限次使用。内部继电器可分为通用继电器和专用继电器。通用继电器的线圈和触点在程序中均可使用，但线圈一般只能用一次；专用继电器用来存储系统工作时的一些特定状态信息，只能使用其触点，不能使用其线圈。

三、任务实施

🎬 任务实施

1. 分配 I/O 地址，绘制 PLC 输入 / 输出接线图

全自动洗衣机控制系统的 I/O 地址分配如表 6-2 所示。

表 6-2　全自动洗衣机控制系统 I/O 地址分配

输入		输出		内部编程元件	
启动按钮 SD	I0.0	进水阀	Q0.0	定时器	6 个
停止按钮 ST	I0.1	排水阀	Q0.1	计数器	3 个
排水	I0.2	正转	Q0.2	变量存储器	WM1
水位上限位	I0.3	反转	Q0.3	位继电器	MB1 MB2
水位下限位	I0.4	脱水	Q0.4		
		报警	Q0.5		
		显示编码 A	Q0.6		
		显示编码 B	Q0.7		

将已选择的输入 / 输出设备和分配好的 I/O 地址一一对应连接，形成 PLC 的 I/O 接线图，如图 6-7 所示。

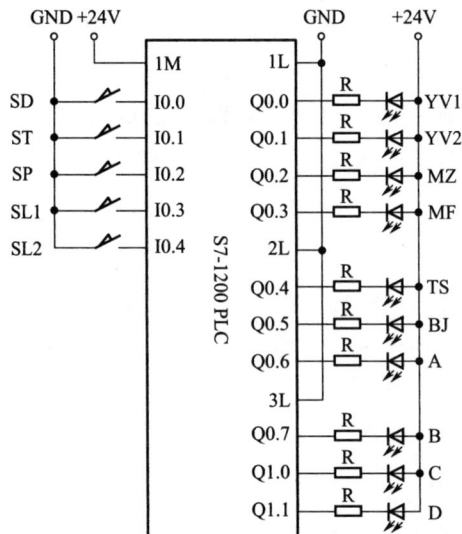

图 6-7　全自动洗衣机控制系统接线图

2. 编制 PLC 程序

全自动洗衣机控制流程图如图 6-8 所示，根据全自动洗衣机控制流程图绘制的梯形图程序如图 6-9 所示。

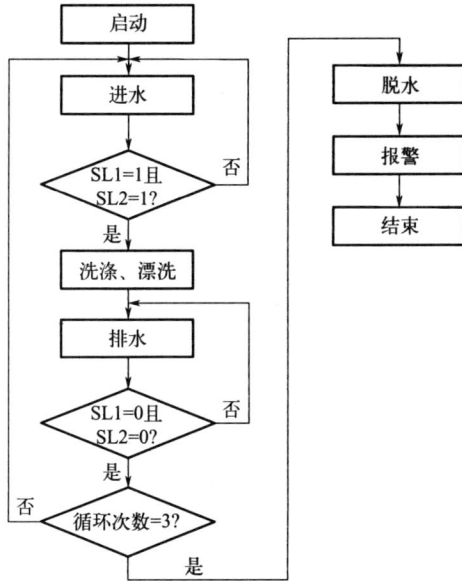

图 6-8 全自动洗衣机控制流程

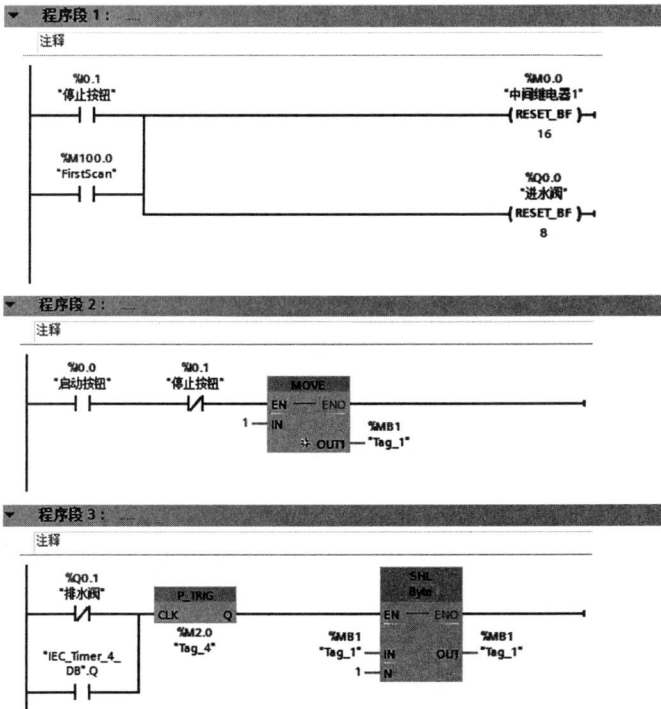

图 6-9

笔记

程序段 4 : ...

注释

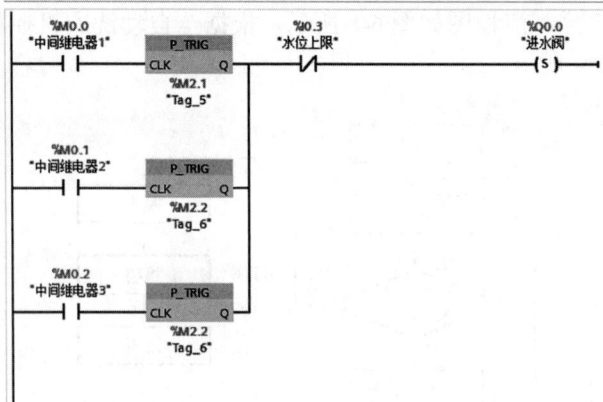

程序段 5 : ...

注释

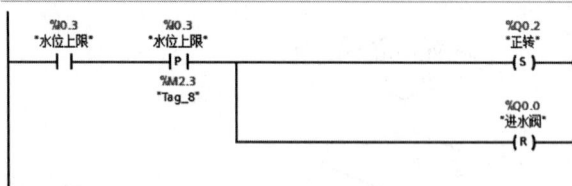

程序段 6 : ...

注释

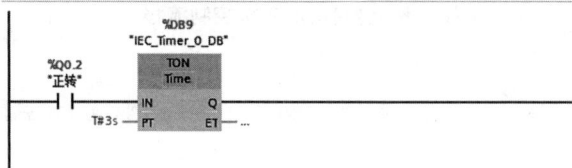

程序段 7 : ...

注释

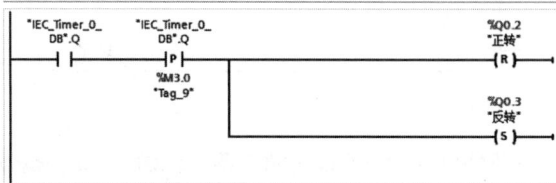

程序段 8 : ...

注释

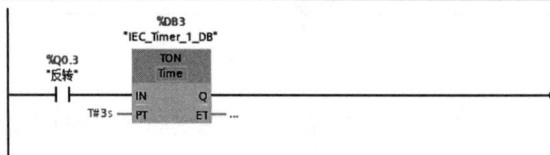

程序段 9 : ...

注释

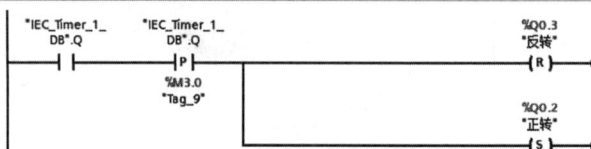

▼　**程序段 10 :** .....

注释

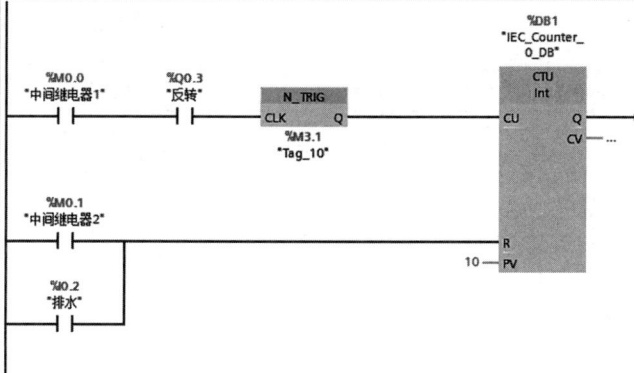

▼　**程序段 11 :** .....

注释

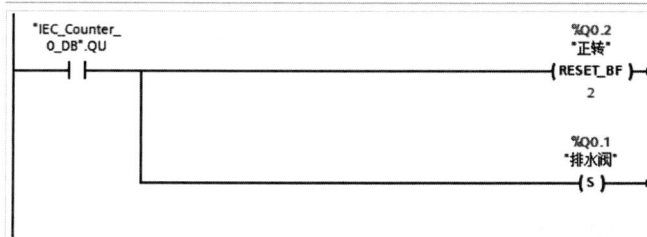

▼　**程序段 12 :** .....

注释

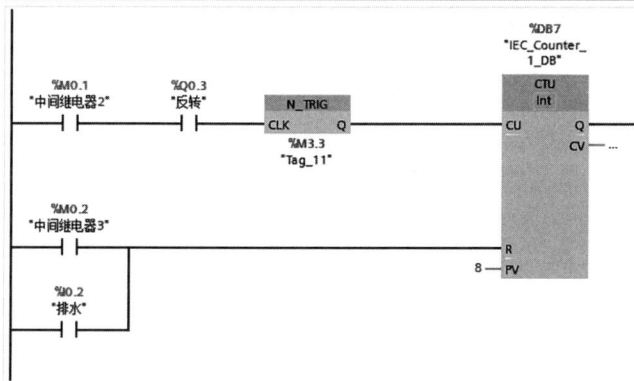

▼　**程序段 13 :** .....

注释

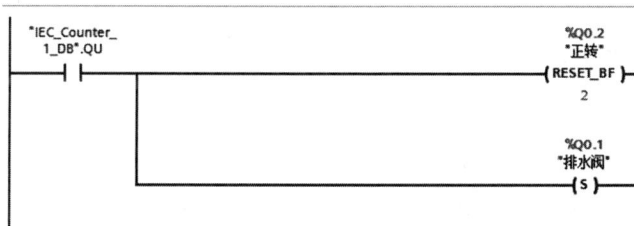

图 6-9

程序段 14： ___

注释

程序段 15： ___

注释

程序段 16： ___

注释

程序段 17： ___

注释

程序段 18： ___

注释

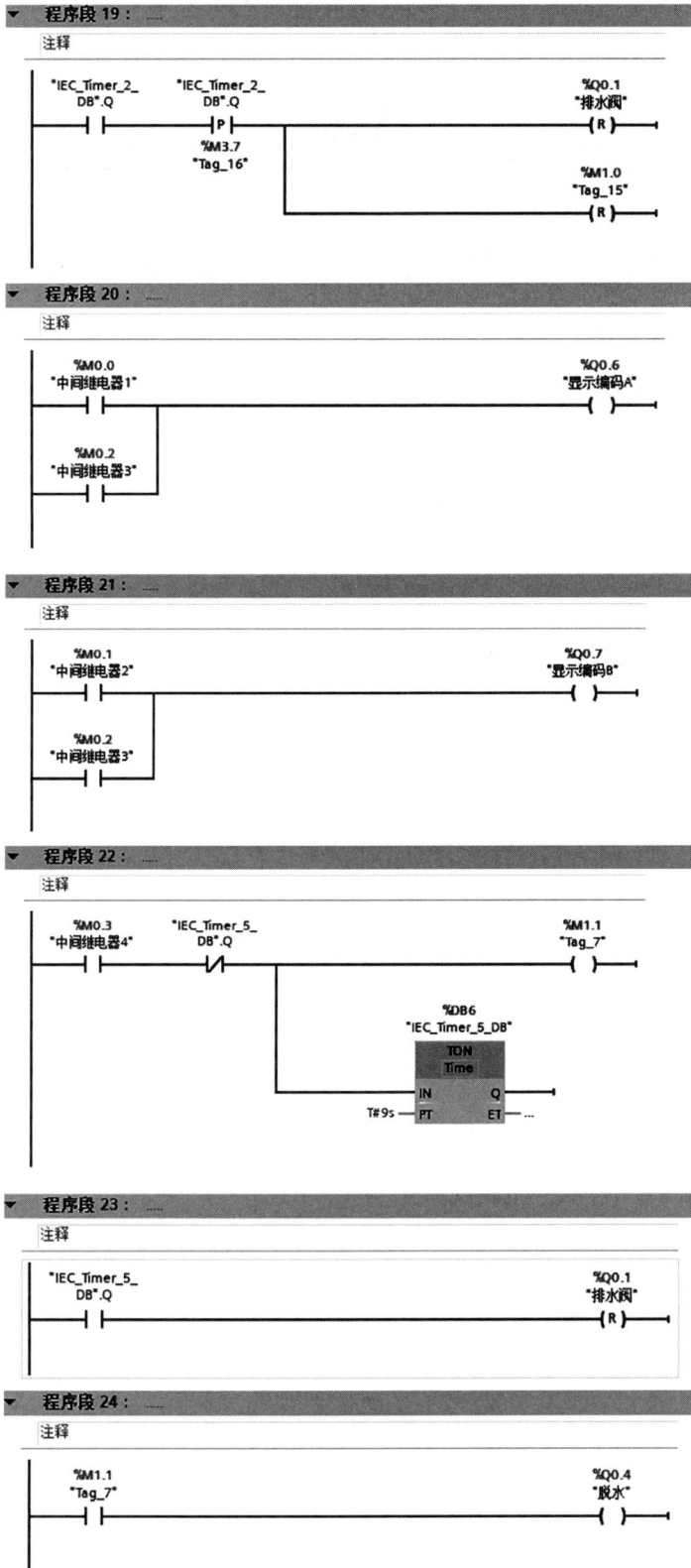

笔记

程序段 19： ......

注释

```
"IEC_Timer_2_      "IEC_Timer_2_                              %Q0.1
    DB".Q              DB".Q                                 "排水阀"
   ─┤ ├──────────────┤P├──────┬──────────────────────────( R )──
                      %M3.7    │
                     "Tag_16"  │
                               │                            %M1.0
                               │                           "Tag_15"
                               └──────────────────────────( R )──
```

程序段 20： ......

注释

```
   %M0.0                                                     %Q0.6
"中间继电器1"                                              "显示编码A"
   ─┤ ├──┬───────────────────────────────────────────────( )──
         │
   %M0.2 │
"中间继电器3"│
   ─┤ ├──┘
```

程序段 21： ......

注释

```
   %M0.1                                                     %Q0.7
"中间继电器2"                                              "显示编码B"
   ─┤ ├──┬───────────────────────────────────────────────( )──
         │
   %M0.2 │
"中间继电器3"│
   ─┤ ├──┘
```

程序段 22： ......

注释

```
   %M0.3        "IEC_Timer_5_                                %M1.1
"中间继电器4"      DB".Q                                     "Tag_7"
   ─┤ ├──┬──────┤/├─────────────────────────────────────( )──
         │
         │                        %DB6
         │                    "IEC_Timer_5_DB"
         │                      ┌──────────┐
         │                      │   TON    │
         │                      │   Time   │
         └──────────────────────┤IN      Q ├──
                          T#9s ──┤PT     ET ├─ ...
                                 └──────────┘
```

程序段 23： ......

注释

```
"IEC_Timer_5_                                               %Q0.1
    DB".Q                                                  "排水阀"
   ─┤ ├──────────────────────────────────────────────────( R )──
```

程序段 24： ......

注释

```
   %M1.1                                                     %Q0.4
  "Tag_7"                                                   "脱水"
   ─┤ ├──────────────────────────────────────────────────( )──
```

图 6-9

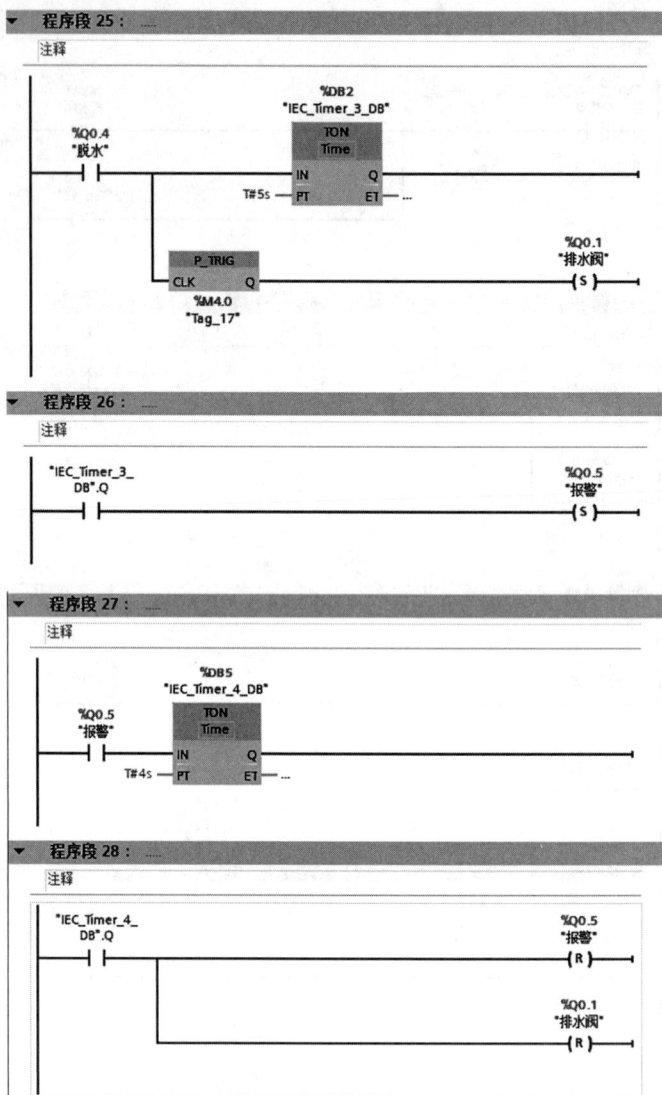

图 6-9　全自动洗衣机控制系统梯形图程序

3. 程序调试

在上位计算机上启动博途编程软件，将图 6-9 所示梯形图程序输入到计算机。

按照图 6-7 连接好线路，将梯形图程序下载到 PLC，根据控制要求加入输入信号运行程序，观察灯管和流水灯的亮暗情况。如果运行结果与控制要求不符，则需要对控制程序或外部接线进行检查。

四、知识拓展：PLC 故障的特性、分类与诊断

尽管 PLC 是一种高可靠性的计算机控制系统，但在使用过程中由于各种意想不到的原因，有时会发生故障。面对各种可能出现的故障，需要依据机电设备故障诊断与维修的一般原则、方法、步骤和技巧，认真分析、反复排查，及时进行维修并

更换器件，以免通电后故障的再次发生。PLC 控制系统的常见故障，一方面可能来自外部设备，如各种开关、传感器、执行机构和负载等；另一方面也可能来自系统内部，如 CPU、存储器、系统总线、电源等。

1. 故障特性

对于一个 PLC 控制系统，由系统内在工艺缺陷、设计错误及元器件质量问题等原因造成的早期故障率随时间而逐步下降。这个时期是从系统投入运行时开始的，其长短因系统的规模和设计而异。设计者的主要任务是尽早找出不可靠的原因，使系统稳定下来。大量的统计分析与实践经验已经证明：外部设备和内部系统的故障发生概率按图 6-10 分布。

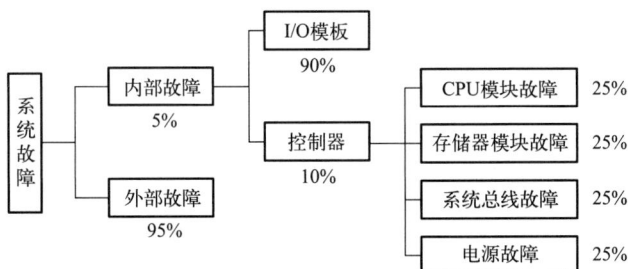

图 6-10　PLC 控制系统的故障分布

图 6-10 中的系统故障是指整个控制系统失效的总故障，外部故障指系统与实际过程关联的传感器、检测开关、执行机构和负载等部分的故障，内部故障指可编程控制器本身的故障。

由图 6-10 可以看出，PLC 本身一般是很少发生故障的，控制系统故障主要发生在各种开关、传感器、执行机构等外部设备。因此，当系统发生故障时，先要想到：哪些部件最容易损坏？故障现象与故障部位有哪些联系？什么样的环境会产生这样的故障？由此初步判断故障的发生部位，大大节省故障诊断时间。

经过一段时间的运行及系统完善后，故障率就大体稳定下来。在这一时期故障是随机发生的，系统的故障率最低，而且系统稳定，所以这一时期是系统的最佳状态时期。

随着系统的某些零部件逐渐老化耗损，寿命衰竭，故障率日益上升。在实际使用中，如能事先更换元器件，就可以把故障曲线拉平坦一些，用这种办法可以延长系统的有效寿命。

为延长可编程控制器组成的控制系统的寿命，一方面在设计系统时要采取一定的措施，另一方面在耗损故障期之前，更换将要进入耗损故障期的元器件。为了做好这两个方面的工作，就要知道系统中哪些部分易于出现故障，以便采取相应措施，延长系统的有效寿命期。

由图 6-10 可知，在系统总故障中只有 10％的故障发生在可编程控制器中，这说明了可编程控制器本身的可靠性远远高于外部设备的可靠性。在可编程控制器的故障中，90％的故障发生在 I/O 模板中，只有 10％的故障发生在控制器中。也就是说，可编程控制器 CPU、存储器、系统总线和电源中的故障概率很小，系统的大部

笔记

分故障都发生在 I/O 模板及信号元件和回路中。

根据上述分析，要提高系统的可靠性，在系统设计中要注意外部设备的选择，在可编程控制器中要提高 I/O 模板维修能力，缩短平均维修时间。

2. 故障分类

随着可编程控制器在工业生产过程中日益广泛应用，可靠性、稳定性的地位显得更加突出，也使人们对整个系统要求越来越高。一方面，人们希望由可编程控制器组成的控制系统尽量少出故障；另一方面，希望系统一旦出现故障，能尽快诊断出故障部位并尽快修复，使系统重新工作。由此可见故障诊断的重要性。

设备故障可分为系统故障、外部设备故障、硬件故障和软件故障。

① 系统故障：影响系统运行的全局性故障。系统故障可分为固定性故障和偶然性故障。如果故障发生后，可重新启动使系统恢复正常，则可认为是偶然性故障。相反，若重新启动不能恢复而需要更换硬件或软件，系统才能恢复正常，则可认为是固定故障。这种故障一般是由系统设计不当或系统运行年限较长所致。

② 外部设备故障：与实际过程直接关联的各种开关、传感器、执行机构、负载等所发生的故障，直接影响系统的控制功能。这类故障一般是由设备本身的质量和寿命问题所致。

③ 硬件故障：主要指系统中的模板（特别是 I/O 模板）损坏而造成的故障。这类故障一般比较明显，且影响也是局部的，主要是由使用不当或使用时间较长导致模板内元件老化所致。

④ 软件故障：软件本身所包含的错误引起的故障。主要原因是软件设计者考虑不周，在执行中一旦条件满足就会引发故障。在实际工程应用中，由于软件相关工作复杂、工作量大，因此软件错误几乎难以避免，这就产生了软件的可靠性问题。

上述故障分类并不全面，但对于由可编程控制器组成的控制系统而言，绝大部分故障属于上述四类故障。根据这一故障分类，可以分析故障发生的部位和产生的原因。

3. 故障诊断

（1）故障的宏观诊断

故障的宏观诊断就是根据经验、参照发生故障的环境和现象来确定故障的部位和原因。这种诊断的具体方法因可编程控制器产品不同而异，所以也要根据具体的可编程控制器型号来进行宏观诊断。

对于由可编程控制器组成的控制系统的故障诊断，应按如下步骤进行：

判断是否为使用不当引起的故障。对这类故障，根据使用情况可初步判断出故障类型、发生部位。常见的使用不当引起的故障包括供电电源故障、端子接线故障、模板安装故障和现场操作故障等。

如果不是上述故障，则可能是偶然性故障或系统运行时间较长所引发的故障。对于这类故障，可按可编程控制器系统的故障分布，依次检查、判断故障。首先检查与实际过程相连的传感器、检测开关、执行机构和负载是否有故障；然后检查可编程控制器的 I/O 模板是否有故障；最后检查可编程控制器的 CPU 是否有故障。按此方法如果已找到故障并排除，则不必再检查下去。

在检查可编程控制器本身故障时，可参考可编程控制器 CPU 模板和电源模板上的指示灯。

采取上述步骤还检查不出故障部位和原因，则可能是系统设计错误，此时要重新检查系统设计，包括硬件设计和软件设计。

（2）故障的自诊断

PLC 具有一定的自诊断能力，无论是 PLC 自身故障还是外部设备故障，绝大部分都可由 PLC 的面板故障指示灯来判断故障部位。

① 电源指示（POWER）。当 PLC 的工作电源接通并符合额定电压要求时，该灯亮；否则，说明电源有故障。

② 运行指示（RUN）。当 PLC 处于运行状态时，该灯亮；否则，说明 PLC 接线不正确或者 CPU 芯片、RAM 芯片有问题。

③ 锂电池电压指示。锂电池电压正常时，该灯一直不亮；否则，说明锂电池的电压已经下降到额定值以下，提醒维修人员要在一周内更换锂电池。

④ 系统故障指示（CUP SF）。当 PLC 的硬件和软件都正常时，该灯不亮；当发生故障时，该灯有两种发光情况。

若该灯亮，说明可能发生下列几种错误。

● 程序出错，如程序语法错误、程序线路错误、定时器或计数器的常数丢失或超值等。

● 锂电池电压不足。

● 由噪声干扰或线间短路等引起的 PLC 内"求和"检查错误。

● 外来浪涌电压瞬时加到 PLC 时，引起程序执行出错。

● 程序执行时间太长，引起监视器动作。

⑤ 输入指示。有多少个输入端子，就有多少个输入指示灯。当 PLC 的输入端加上正常的输入时，输入指示灯应该亮；若正常输入而灯不亮或未加输入而灯亮，说明输入电路有故障。

⑥ 输出指示。有多少个输出端子，就有多少个输出指示灯。按照控制程序，当某个输出继电器上电时，该继电器的输出指示灯就应该亮。若某输出继电器指示灯亮而该路负载不动作，或输出继电器线圈未得电而指示灯亮，说明输出电路有问题，可能是输出触点因过载、短路而烧坏。

PLC 的自诊断功能是它突出的优点。它给用户提供所发生故障的诊断信息，从而大大提高故障诊断的速度和准确性。

（3）利用编程器诊断故障

编程器诊断主要是采用软件方法和分析来判断故障的部位和原因。一般的可编程控制器都具有极强的自诊断测试功能，在系统发生故障时一定要充分利用这一功能。在进行自诊断测试时，都要使用诊断调试工具，也就是编程器。系统的自诊断测试功能包括下述内容：

一般的可编程控制器系统中都有状态字和控制字。状态字是显示系统各部分工作状态的，一般是一位对应一个设备；控制字则是由用户设定的控制操作的，一般

笔记

是一位对应一种操作。状态字和控制字都要通过编程器来读写。

可编程控制器都具有块堆栈、中断堆栈和局部堆栈。块堆栈、中断堆栈和局部堆栈实际上是数据存储区，它们在系统自诊断软件作用下，自动生成并显示各部分状态。通过编程器调用系统的块堆栈、中断堆栈和局部堆栈，加以分析就可以确定故障原因和部位。在 S7 系列 PLC 中，块堆栈是指 B 堆栈，它列出了在 CPU 从"RUN"切换到"STOP"前所调用的所有块和没有完全处理的块。中断堆栈是指 I 堆栈，它记录了中断发生点的数据，如果 CPU 因为故障或操作模式改变而变到"STOP"。

除上述诊断方法外，可编程控制器的编程器（或编程软件）还具有状态测试、输入信号状态显示、输出信号状态控制、各种程序比较、内存比较、系统参数修改等功能。通过这些功能可迅速查找到故障原因。

在实际应用中，可利用可编程控制器本身所具有的各种功能，自行编制软件、采取一定措施，结合具体情况分析确定故障原因。另外，为了快速地区别是可编程控制器硬件故障还是应用软件故障，可以编制一个只有结束语句的应用程序装入CPU 中，如果硬件完好则可顺利地冷启动，冷启动失败就说明系统硬件有故障。

五、任务评价

根据任务完成情况，完成附录 C 的任务评价表。

项目小结

本项目通过电动运输车呼车控制、全自动洗衣机的控制两个任务为载体，介绍了使用 PLC 组成控制系统时，应该遵守的基本设计原则、设计的一般步骤及方法。

在实际工程应用中如何进行系统硬件设计，以及在选择机型时应考虑哪些性能指标和怎样选择各种控制 / 信号模板，都是比较重要的问题。另外，在完成了系统硬件选型设计之后，还要进行系统供电和接地设计。

程序设计是系统设计的核心。合理的程序结构与 PLC 内存资源的合理分配使用，不仅决定着应用程序的编程质量，而且对编程周期以及程序调试都有很大影响。在设计系统时，对过程或设备的分解以及创建的各项功能说明书，是程序结构设计与数据结构设计的主要技术依据。重点掌握用功能流程图法设计程序。

思考与练习

6.1　PLC 控制系统设计的基本原则是什么？

6.2　可编程控制器系统设计一般分为哪几步？

6.3 选择 PLC 机型时应考虑哪些内容？

6.4 用 PLC 控制喷水池花式喷水。喷水池共有 9 个喷水柱，水柱分布如图 6-11 所示。控制要求：1 号水柱喷水 10s；然后 2、3、4、5 号水柱喷水 10s；最后 6、7、8、9 号水柱喷水 10s。如此循环。

⑥
②
⑨ ⑤ ① ③ ⑦
④
⑧

图 6-11 水柱分布

6.5 判断题（正确的打"√"，错误的打"×"）：

◇ 设计 PLC 系统时 I/O 点数不需要留余量，刚好满足控制要求就行。（ ）

◇ 深入了解控制对象及控制要求是 PLC 控制系统设计的基础。（ ）

◇ PLC 编程软件不能模拟现场调试。（ ）

◇ PLC 控制程序下载时不能断电。（ ）

◇ PLC 硬件故障只有 I/O 类型的。（ ）

◇ 给 PLC 加入输入信号，输入模块指示灯不亮时，应检查输入电路是否开路。（ ）

6.6 用 PLC 构成四节传送带控制系统，如图 6-12 所示，系统由传动电机 M1、M2、M3、M4 和故障设置开关 A、B、C、D 组成，完成物料的运送、故障停止等功能。具体控制要求如下。

（1）闭合"启动"开关，首先启动最末一条传送带（电机 M4），每经过 1s 延时，依次启动一条传送带（电机 M3、M2、M1）。

（2）当某条传送带发生故障时，该传送带及其前面的传送带立即停止，而该传送带以后的待运完货物后方可停止。例如 M2 存在故障，则 M1、M2 立即停，经过 1s 延时后，M3 停，再过 1s，M4 停。

（3）排除故障，打开"启动"开关，系统重新启动。

（4）关闭"启动"开关，先停止最前一条传送带（电机 M1），待物料运送完毕后再依次停止 M2、M3 及 M4 电机。

要求列出 I/O 分配表，编写梯形图程序并仿真实施。

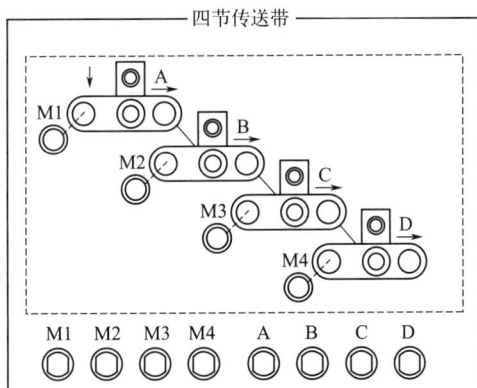

图 6-12 四节传送带控制示意图

6.7 某自动售货机控制系统面板如图 6-13 所示。控制要求如下：

（1）按下"M1""M2""M3"三个开关，模拟投入 1 元、2 元、3 元的货币，投入的货币可以累加起来，通过 Y 的数码管显示出当前投入的货币总数。

（2）售货机内的两种饮料有相对应价格，当投入的货币大于或等于其售价时，对应的汽水指示灯 C、咖啡指示灯 D 点亮，表示可以购买。

（3）当可以购买时，按下相应的汽水按钮 QS 或咖啡按钮 CF，同时与之对应的汽水指示灯 A 或咖啡指示灯 B 点亮，表示已经购买了汽水或咖啡。出口处指示灯 E 或 F 点亮，表示饮料已经取走。

（4）在购买了汽水或咖啡后，Y 显示当前的余额，按下找零按钮 ZL 后，Y 显示 00，表示已经清零。

设计该自动售货机控制系统：分配输入、输出地址；画出 PLC 接线示意图；设计控制程序。

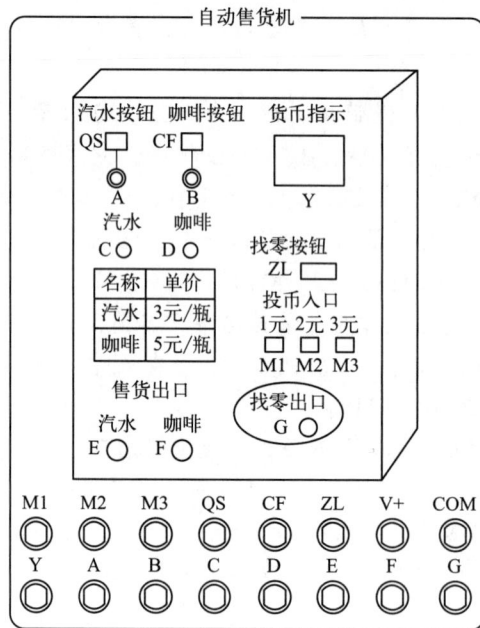

图 6-13　自动售货机控制系统面板示意图

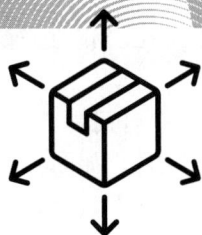

附录 A
TIA Portal 编程软件

TIA Portal（简称 TIA 博途）是西门子工业自动化集团发布的一款全集成自动化软件，可对西门子全集成自动化中所涉及的所有自动化和驱动产品进行组态、编程和调试，其中 S7-1200 PLC 也是采用 TIA 博途软件进行组态编程。TIA 博途可安装于 Windows 7 或 Windows 10 系统。附录 A 主要介绍基于 Windows 10 系统的博途 V15 编程软件的安装和基本使用方法。

A.1　软件安装

A.1.1　软件安装条件

1. 硬件要求

安装博途的计算机必须满足的最低要求：

处理器：CoreTM i3-6100U 2.3 GHz；

RAM：4G；

硬盘：至少 8GB 可用内存；

图形分辨率：1024 ×768。

2. 系统要求

Windows 7（64 位）、Windows 8.1（64 位）、Windows 10（64 位）或 Windows Server（64 位）操作系统。

A.1.2　软件安装步骤

博途安装包一般包含三个安装文件，即 STEP7、WinCC 和 PLCSIM。以博途

笔记

STEP7 安装为例，具体安装步骤如下（按照相同步骤可对 WinCC、PLCSIM 进行安装）：

① 在博途安装过程中，为解决在软件安装过程中电脑反复重启问题，在 Windows 命令中输入 regedit 指令，找到 PendingFileRenameOperations 文件，如图 A-1 所示，将该文件删除。

图 A-1　PendingFileRenameOperations 文件

② 找到安装文件，以管理员身份运行安装应用程序，如图 A-2 所示。

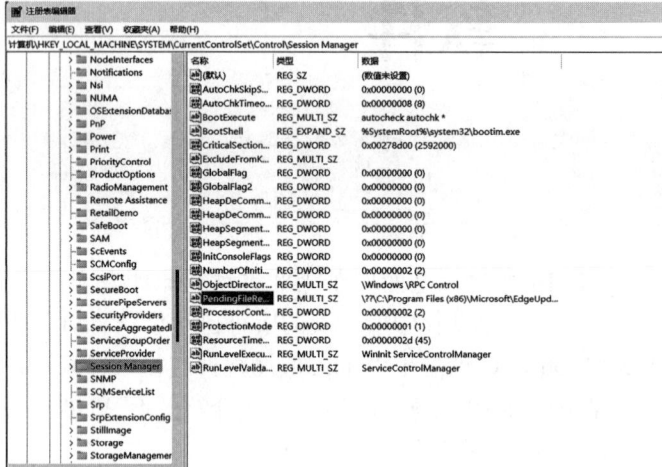

图 A-2　安装应用程序

③ 如图 A-3 所示，选择安装语言：中文。

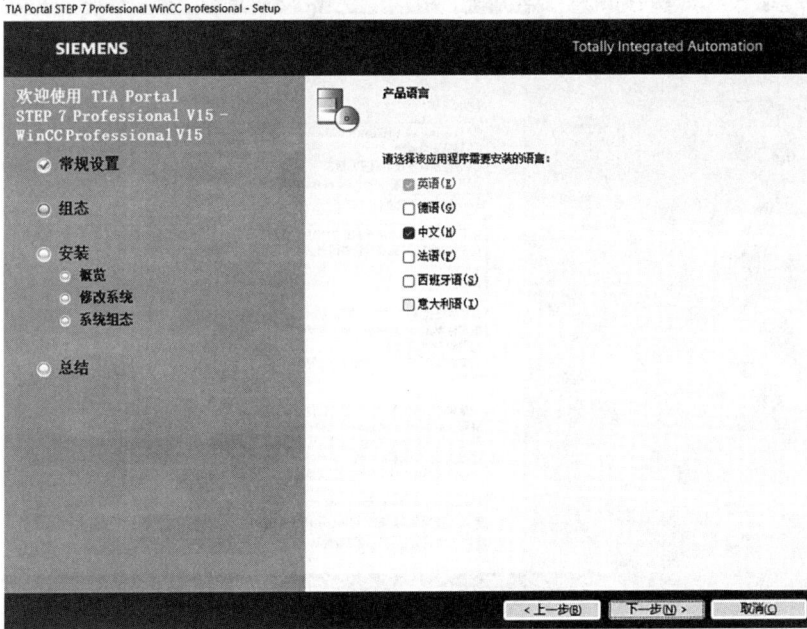

图 A-3　选择安装语言

④ 选择安装路径（图 A-4）。

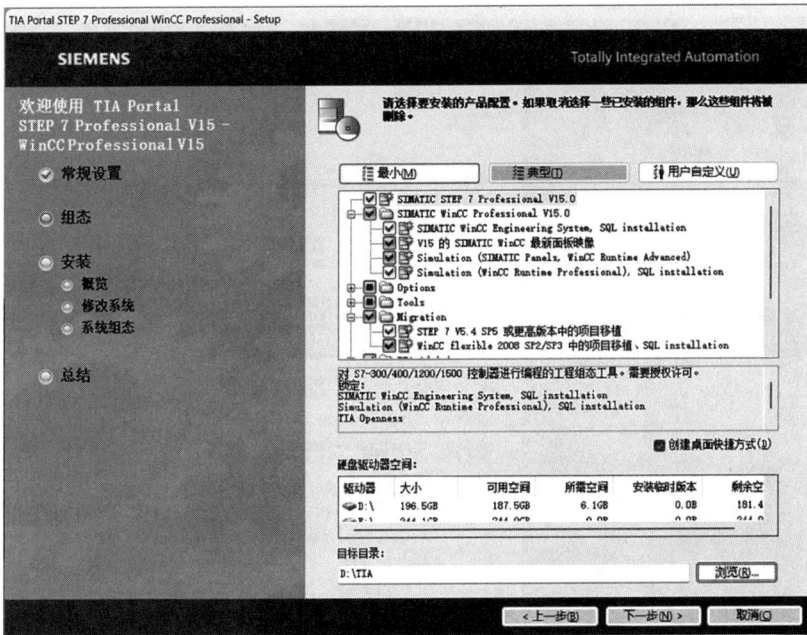

图 A-4　选择安装路径

⑤ 接受所有许可证条款（图 A-5）。

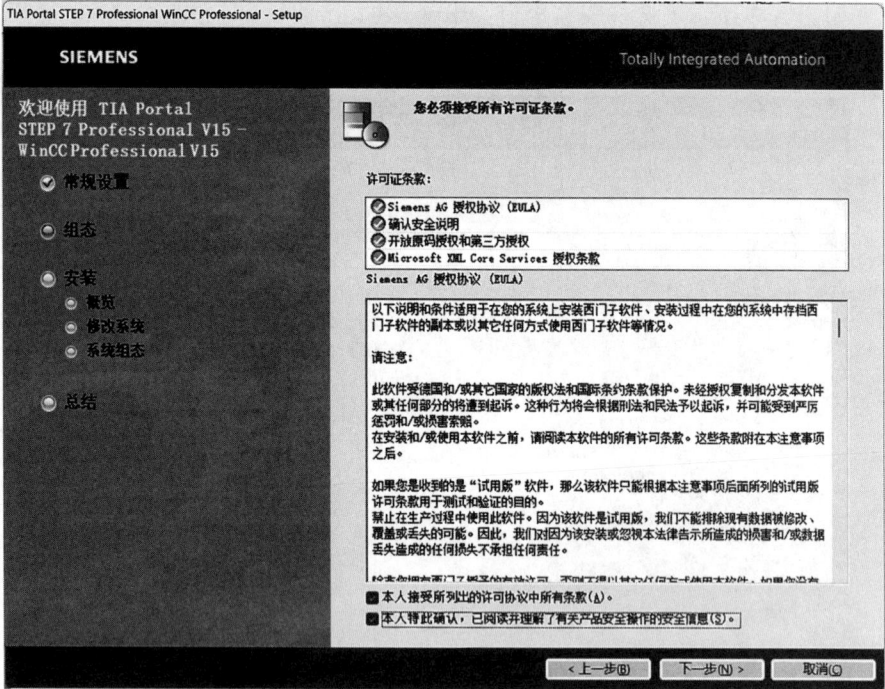

图 A-5　确认安装许可

⑥ 接受计算机上的安全和权限设置（图 A-6）。

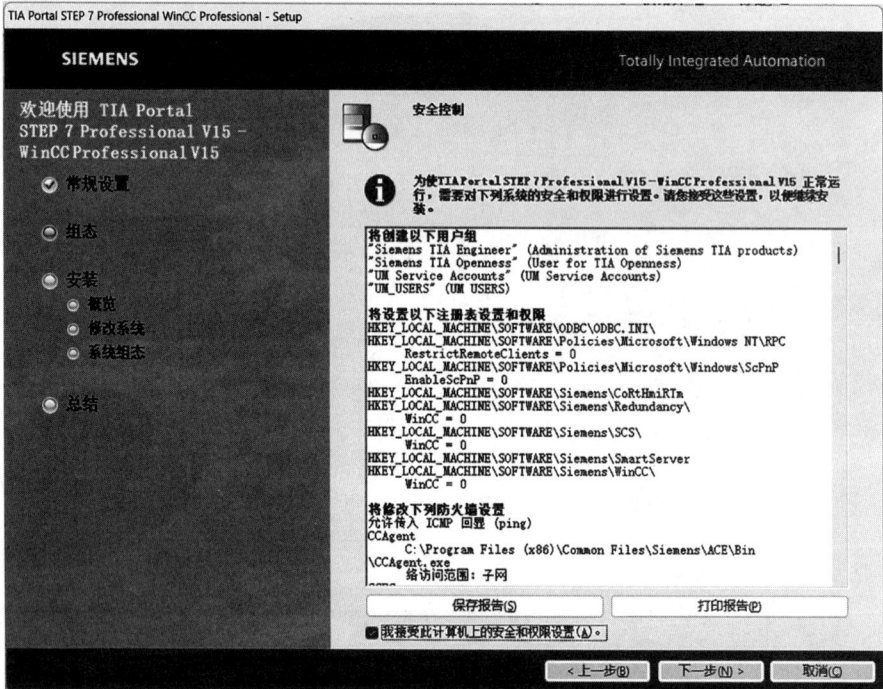

图 A-6　确认安装安全和权限设置

⑦ 设置完成后，开始软件安装（图 A-7）。

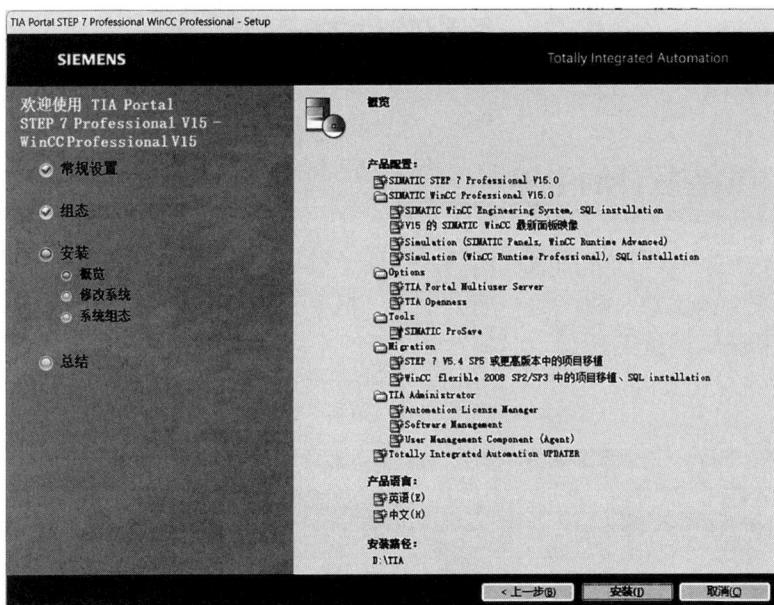

图 A-7　开始软件安装

⑧ 等待安装完成（图 A-8）。如果安装过程中未找到许可密钥，可将其传输到电脑端。如果跳过许可密钥传送，安装完成后可通过 Automation Liscense Manager 进行注册。

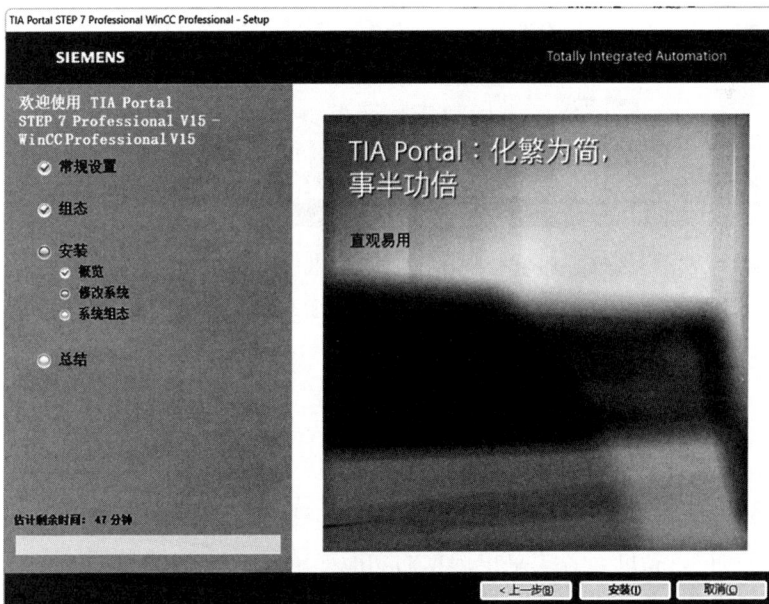

图 A-8　等待安装完成

⑨ 提示安装成功后，需要重新启动计算机，软件安装完成。

A.2 编程软件的窗口组件

A.2.1 编程软件的主界面

博途软件的主界面如图 A-9 所示。界面一般可以分成以下几个区：主菜单、项目树、指令输入窗口、程序运行输出窗口。指令选择窗口。还包含标准工具、LAD 指令工具和编辑调试工具。

图 A-9 博途编程软件主界面

A.2.2 编程软件的主菜单

在主菜单中共有 9 个主菜单选项，包括：项目、编辑、视图、插入、在线、选项、工具、窗口、帮助。各主菜单选项的功能如下。

1.项目（P）

项目（P）菜单项可完成：新建（N）、打开（O）、移植项目（M）、关闭（C）、保存（S）、另存（A）、删除项目（E）、归档（H）、恢复（R）、多用户、读卡器 /

USB 寄存器的显示或添加、存储卡文件（F）新建或打开、启动完整性基本检查（K）、打印（P）、预览、最近使用文件、退出等操作。

2. 编辑（E）

编辑菜单项提供编辑程序的各种工具，包括：打开对象（E）、撤销（U）编译所选对象、重做（R）、剪切（T）、复制（Y）、粘贴（P）、删除（D）、全选（S）、在项目中搜索（U）、查找和替换（F）、书签、交叉引用信息、转到（G）、编译、属性等项目。

3. 视图（V）

视图菜单项下可对软件显示窗口进行设置，包括：项目树、总览、任务卡、详细视图、巡视窗口、参考项目、屏幕键盘。还可以设置转到 Portal 视图（G）。

4. 插入（I）

主要进行插入程序段操作。

5. 在线（O）

在线栏主要进行项目下载和上传、项目仿真、离线和在线设置等操作，具体包括：转至在线（N）、扩展在线、转至离线、仿真（T）、停止进行系统仿真（I）、下载到设备（L）、扩展的下载到设备（X）、下载并复位 PLC 程序、将用户程序下载到存储卡（Y）、实际值的快照、将快照加载为实际值、将起始值加载为实际值、从设备中上传（软件）（U）、将设备作为新站上传（硬件和软件）、从在线设备备份、硬件检测、设备维护（V）、可访问的设备、启动 CPU（A）、停止 CPU（P）、监视（M）、断电（K）、修改（O）等。

在线方式：有编程软件的计算机与 PLC 连接，两者之间可以直接通信。

离线方式：有编程软件的计算机与 PLC 断开连接。此时可进行编程、编译。

在线方式和离线方式的主要区别是：在线方式可直接针对连接 PLC 进行操作，如上传、下载用户程序等。离线方式不直接与 PLC 联系，所有的程序和参数都暂时存放在磁盘上，等联机后再下载到 PLC 中。

6. 选项（N）

选项菜单项包括设置、支持包、管理通用站描述文件（GSD）（D）、启动 Automation Manager（A）、显示参考文本（W）、全局库（G）、块调用（B）等选项的选择。其中，全局库包括创建新库、打开库和恢复库。块调用包括打开块、打开并监视、创建实例、更新块调用、更新块所有调用。

7. 工具（T）

工具栏主要进行项目设置和文本、数据的导入和导出。主要包括交叉引用（R）、项目文本（T）、项目语言（L）、导出项目文本、导入项目文本、调用结构（C）、分配列表（A）、从属性结构（D）、资源（R）、导出 CAx 数据、导入 CAx 数据和外部应用程序。

8. 窗口（W）

窗口菜单项的功能是打开一个或多个窗口，并进行窗口间的切换。可以设置窗口的排列方式（如水平、垂直或层叠）。

9. 帮助（H）

帮助菜单项可以进行博途的指令系统及编程软件的所有信息的查询，并提供在线帮助、网上查询、访问等功能。

A.2.3　编程软件的工具条

1. 标准工具条

如图 A-10 所示，各快捷按钮从左到右分别为：新建项目、打开现有项目、保存当前项目、打印、剪切选项并复制至剪贴板、将选项复制至剪贴板、在光标位置粘贴剪贴板内容、删除所选内容、撤销最后一个条目、重做、编译程序块或数据块（任意一个现用窗口）、全部编译（程序块、数据块和系统块）、从博途下载至 PLC、将项目从 PLC 上传至博途、开始仿真、在 PC 上启动运行系统、转至在线、转至离线、可访问的设备查询、启动 CPU、停止 CPU、交叉应用、水平拆分编辑器空间和垂直拆分编辑器空间。

图 A-10　标准工具条

2. 编辑调试工具条

如图 A-11 所示，各快捷按钮从左到右分别为：插入程序段、删除程序段、插入行、添加行、复位启动值、扩展模式、打开所有程序段、关闭所有程序段、启用 / 禁用自由格式的注释、绝对符号操作数、显示变量信息、变量信息的位置、启用 / 禁用程序段注释、在编辑器中显示收藏、转到上一个错误、转到下一个错误、返回读 / 写访问、转至读 / 写访问、注释掉所选的代码行、取消所选的代码行的注释、转到上一个书签、转到下一个书签、详细比较、启用 / 禁用监视、激活存储器预留。

图 A-11　编辑调试工具条

3. LAD 指令工具条

如图 A-12 所示，工具条中的编程按钮有 6 个，触点、线圈和空功能框按钮用于输入编程元件，打开分支和嵌套闭合按钮用于输入连接线，形成复杂的梯形图。

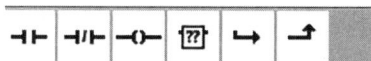

图 A-12　LAD 指令工具条

A.3　编程软件的使用

① 打开 TIA 软件，新建项目，选择项目保存路径，创建一个新项目，如图 A-13 所示。

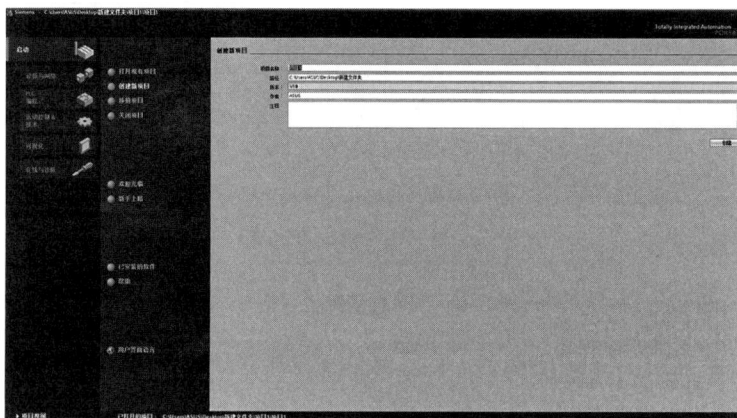

图 A-13　项目路径选择

② 添加新设备→控制器→ SIMATIC S7-1200 → CPU → CPU 1214C AC/DC/Rly（以主控 PLC 为例），选择 PLC 订货号 6ES7 214-1BG40-0XB0，如图 A-14 所示。

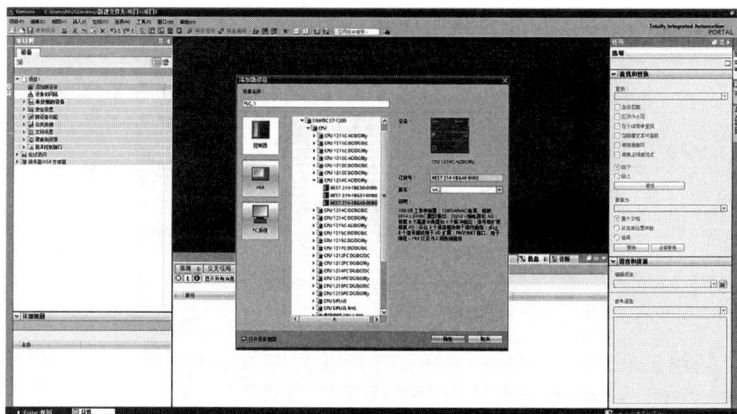

图 A-14　设备型号选择

③ 添加其他 PLC 扩展模块（图 A-15）：

1223 DI8/DQ8x24VDC，订货号 6ES7 223-1BH32-0XB0；

📝 笔记

CM1241（RS232），订货号 6ES7 241-1AH32-0XB0；

CP1243-1，订货号 6GK7 243-1BX30-0XE0。

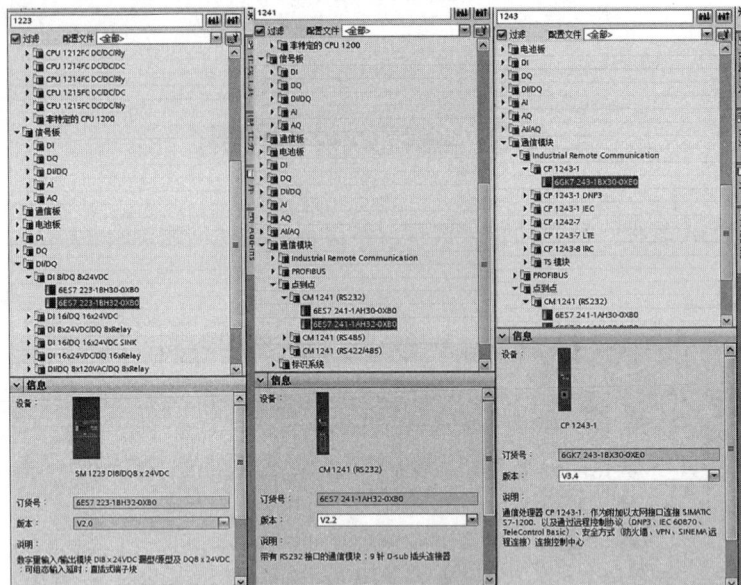

图 A-15　其他设备型号选择

④ 设备添加完成视图，如图 A-16 所示。

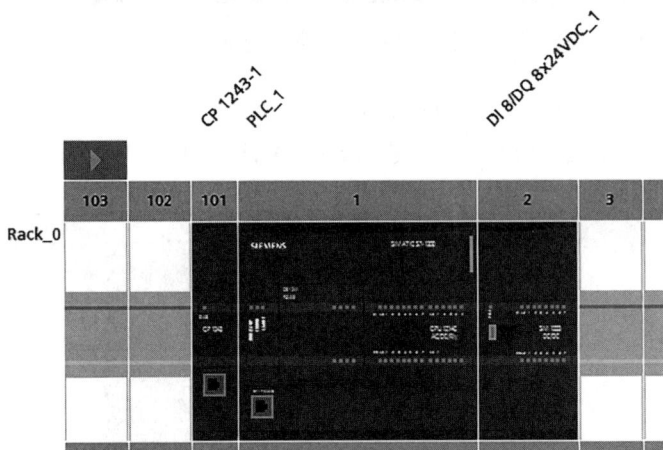

图 A-16　设备添加完成视图

⑤ 添加网络，设置 IP 地址。鼠标双击以太网端口 ▦▦，进入属性设置界面，新建子网 PN/IE_1，设置 IP 地址为 192.168.0.1，如图 A-17 所示。

⑥ 设置 PLC 系统存储器位和时钟存储器位。

S7-1200 可以自定义系统存储器位和时钟存储器位，在 PLC 属性里面找到"系统和时钟存储器"选项，根据编程需要，在"启用系统存储器字节"和"启用时钟存储器字节"打钩，开启对应的存储位，字节可自定义设置，如图 A-18 所示。

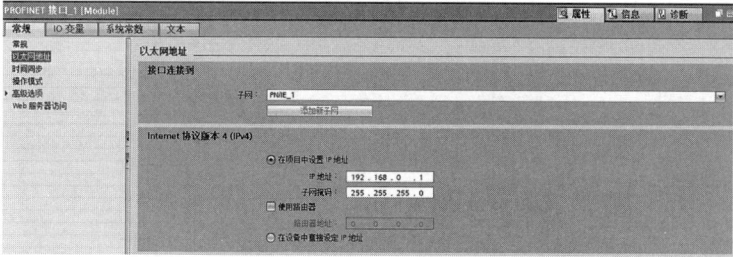

图 A-17　IP 地址设置

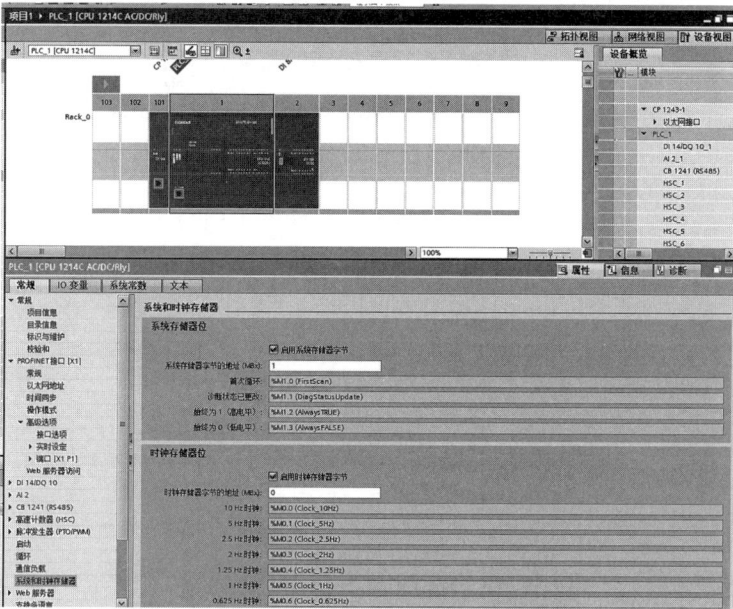

图 A-18　系统存储器位和时钟存储器位定义

⑦ 查看 CPU 及模块 I/O 地址。

在设备组态→设备概览中可以看到 PLC 的组态信息、各模块 I/O 地址及接口信息，以便编程，如图 A-19 所示。

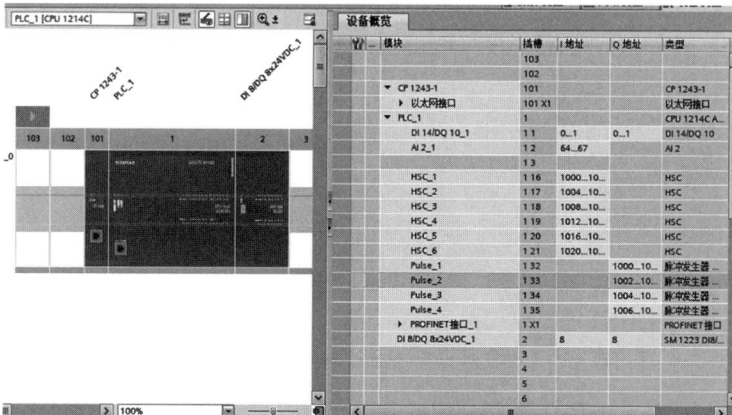

图 A-19　PLC 组态信息查看

⑧ 进入程序编辑窗口，进行程序编辑，如图 A-20 所示。

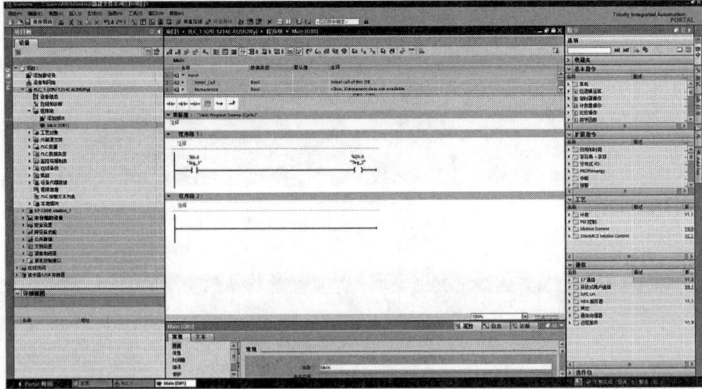

图 A-20　PLC 程序编辑

⑨ 程序编辑完成后，编译运行，查看运行结果，如图 A-21 所示。

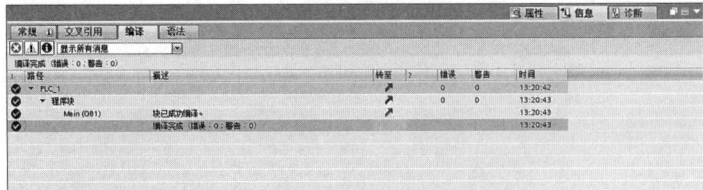

图 A-21　程序运行查看

⑩ 程序编译成功后，将程序下载到设备。选择网口，搜索设备，选中对应设备，下载程序，如图 A-22 所示。

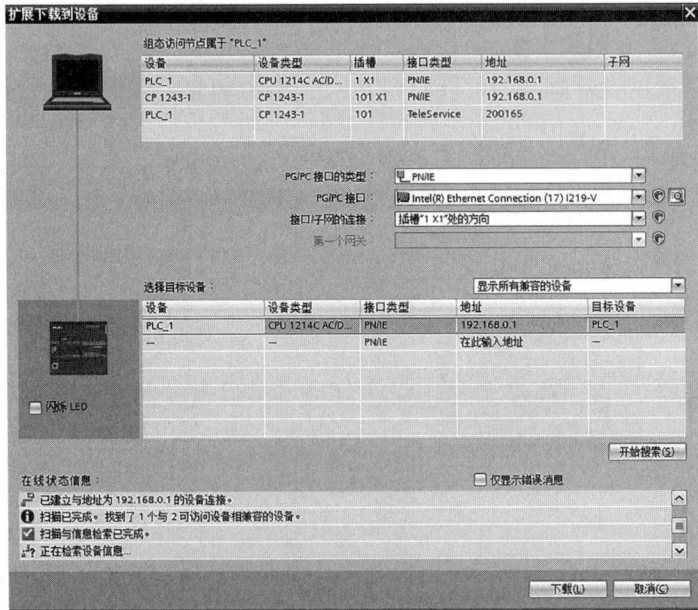

图 A-22　程序下载端口设置

⑪ 下载程序前，将软件进行同步设置，如图 A-23 所示。

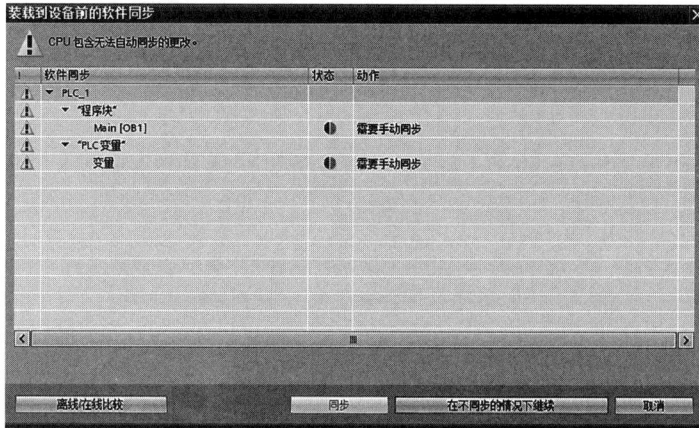

图 A-23　程序下载软件同步

⑫ 设置停止模块，装载程序，如图 A-24 所示。

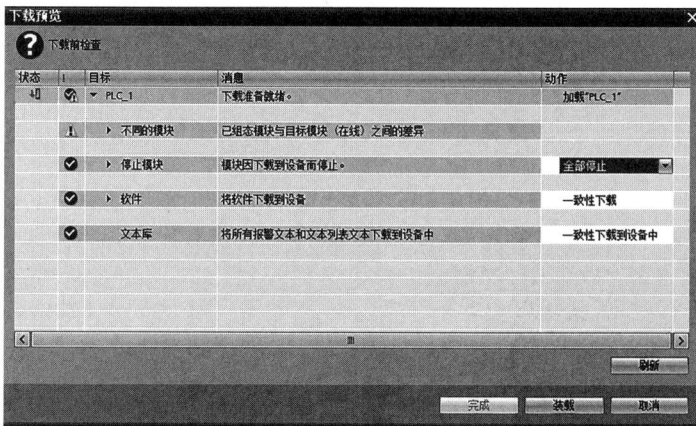

图 A-24　程序装载

⑬ 装载完成后，进入监控，监控运行过程，如图 A-25 所示。

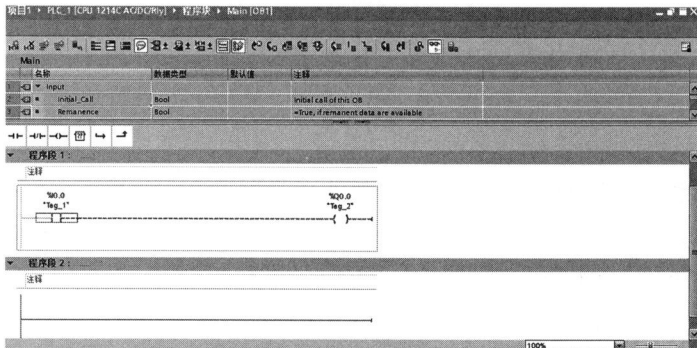

图 A-25　程序监控

⑭ 根据现场 I/O 口接线，进行程序现场验证，查看现场输入输出运行结果。

A.4　S7-1200 的在线仿真

① TIA 中进行 S7-1200 在线仿真，需添加 S7-1200 PLC 和 CM 1241（RS422/RS485）模块，添加步骤见附录 A.3。编写程序，进行程序编译，如图 A-26 所示。

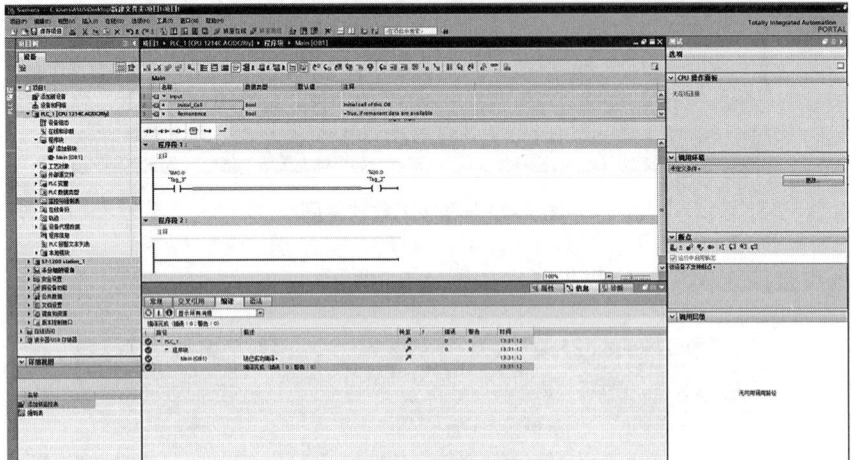

图 A-26　程序编辑编译

② 断开与在线设备的连接，启动仿真。搜索到仿真设备，选择该仿真设备，下载程序到仿真设备，如图 A-27 所示。

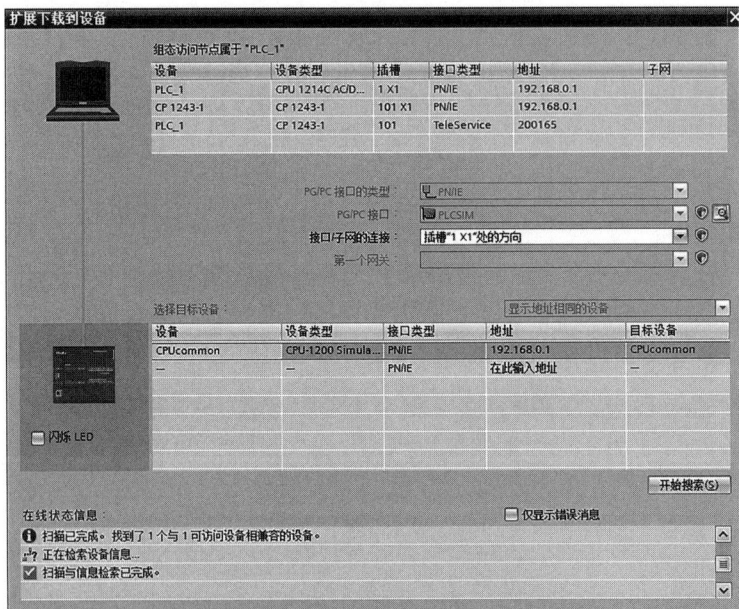

图 A-27　下载程序到仿真设备

③ 下载完成后，装载程序，如图 A-28 所示。

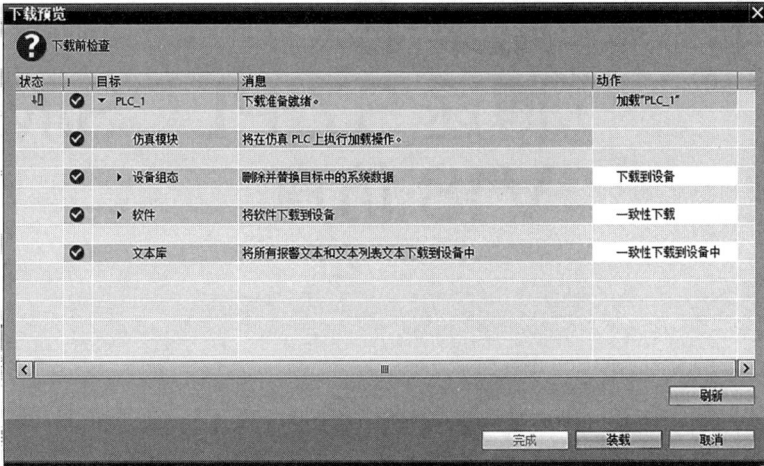

图 A-28　装载程序到仿真设备

④ 启动仿真，将 CPU 设置为 RUN，启动监视，如图 A-29 所示。

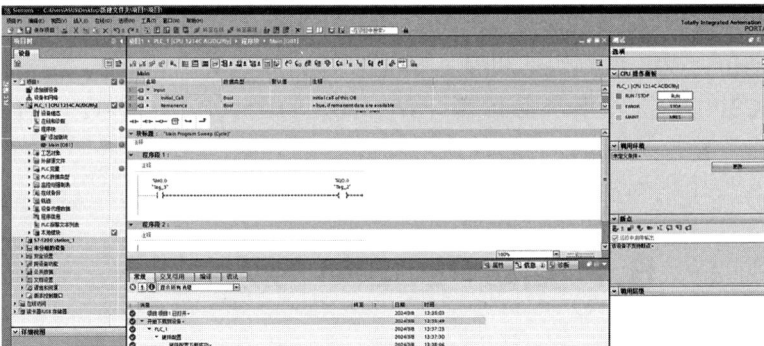

图 A-29　仿真运行程序

⑤ 更改输入元件的值，查看仿真结果并验证，如图 A-30 所示。

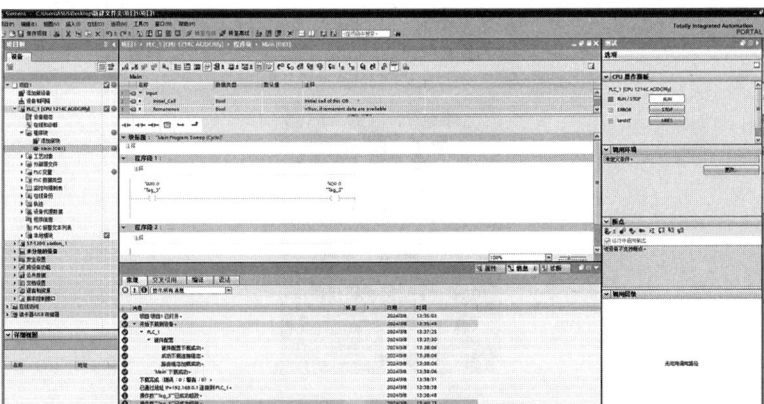

图 A-30　程序仿真运行调试

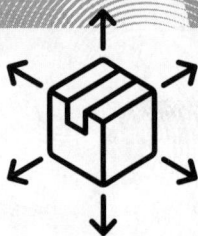

附录 B
博途 S7-PLCSIM V18 仿真

笔记

S7-PLCSIM 支持对 PLC 程序进行调试和验证，无需真实硬件。借助 S7-PLCSIM 中的仿真 PLC 实例，用户可以使用多种 STEP7 调试工具，包括监控表、程序状态、在线和诊断功能及其他工具。S7-PLCSIM 可与 TIA Portal 中的 STEP7 结合使用。可使用 STEP7 执行以下任务：

① 组态 PLC 和任何相关模块；

② 编写应用程序逻辑；

③ 启动仿真或将 PLC 组态和程序下载到 S7-PLCSIM。

S7-PLCSIM 支持以下产品仿真：S7-1500、S7-1500R/H、S7-1200、ET200 SP、ET200 pro。

B.1　启动 PLCSIM 的两种方法

B.1.1　手动创建 PLC 实例

安装 PLCSIM 后默认在桌面生成快捷方式，鼠标左键双击 PLCSIM 快捷方式，如图 B-1 所示。

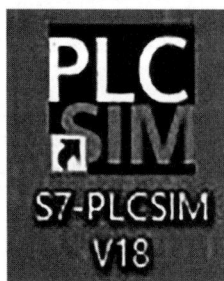

图 B-1　PLCSIM 快捷方式

B.1.2　由 TIA Portal 启动仿真并自动创建 PLC 实例

笔记

① 在 TIA Portal 项目视图，项目树中选中 CPU1214 文件夹。

② 鼠标点击开始仿真按钮，PLCSIM 将会自动开启并创建实例，如图 B-2 所示。

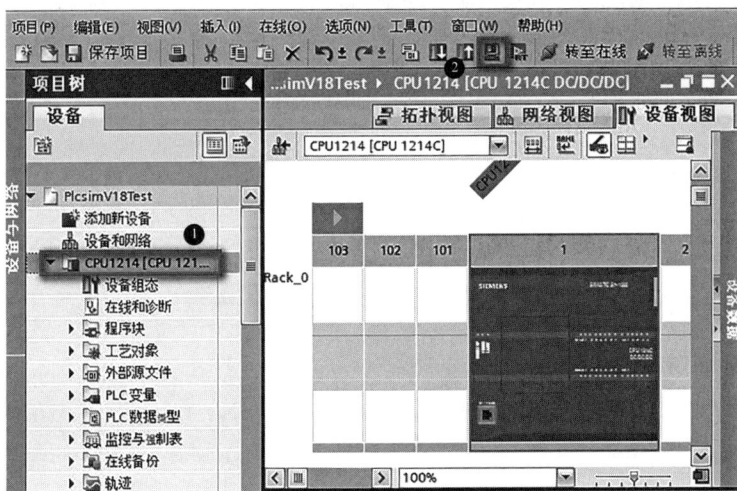

图 B-2　开始仿真按钮

B.1.3　切换界面语言及查看帮助信息

打开 PLCSIM 后默认是英文界面，可以切换界面语言并且查看帮助信息。如图 B-3 所示，点击图中标注①处，下拉菜单中选择中文即可切换界面语言。

点击图中标注②处，即可查看中文版本的 PLCSIM 的帮助信息。帮助信息的语言版本与软件所显示的界面语言版本相同。

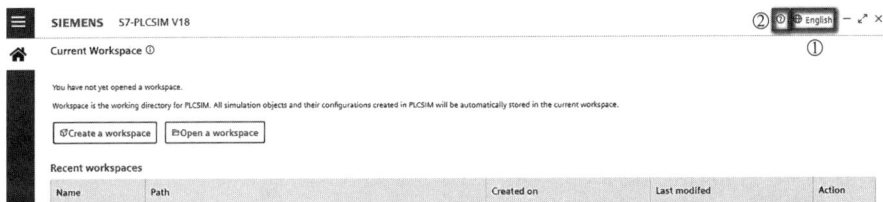

图 B-3　切换界面语言和查看帮助信息

B.2　创建、打开、删除工作区

打开 PLCSIM 后，需要新建或者打开已有的工作区（可以理解为 PLCSIM 的项目）。

笔记

B.2.1 创建工作区

创建工作区，如图 B-4 所示：

① 点击"创建工作区"按钮；

② 在出现的"创建工作区"对话框中新建文件夹；

③ 修改文件夹名称；

④ 选择该文件夹，确认新建该工作区。

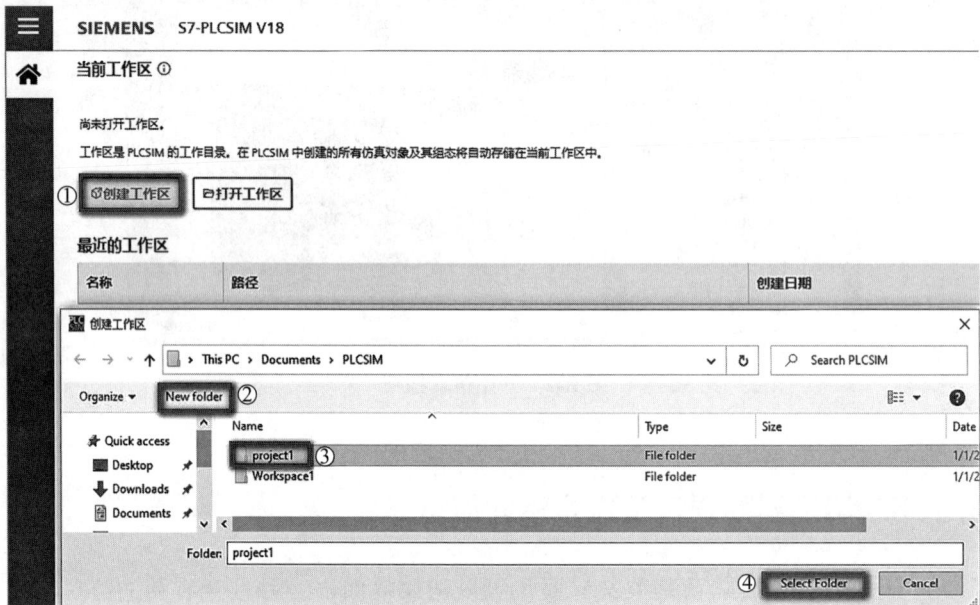

图 B-4 创建工作区

B.2.2 打开工作区

打开工作区，如图 B-5 所示：

① 点击"打开工作区"按钮；

② 在弹出的"打开工作区"对话框中，选择相关路径下已经创建好的工作区；

③ 确认打开。

B.2.3 删除工作区

如果希望删除工作区，如图 B-6 所示，在对应的文件夹中选择要删除的工作区，直接按 Delete 键删除，或者点击鼠标右键，在下拉菜单中选择删除按钮进行删除。

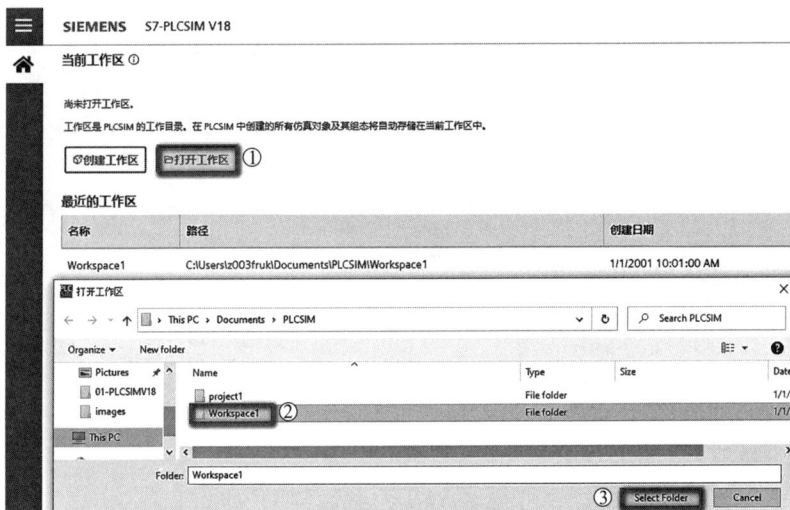

图 B-5　打开工作区

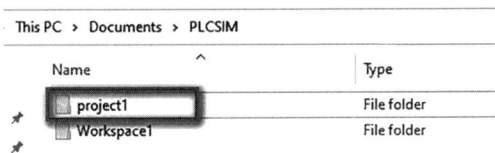

图 B-6　删除工作区

B.3　添加、删除 PLC 实例

B.3.1　添加 PLC 实例

添加 PLC 实例，如图 B-7 所示：

① 鼠标点击实例视图图标；

② 在通信模式下方，选择 PLCSIM Softbus（仅限内部）；

③ 在右侧库下方显示各种可使用的 PLC，在 S7-1200 右侧，点击加号 +，添加 S7-1200 PLC 实例；

④ 在生成的 S7-1200 实例右上角，点击电源按钮，为 S7-1200 上电。

注意：对于 S7-1200 来说，仅支持 PLCSIM Softbus 的通信模式，其他两种通信模式适用于 PLCSIM Advanced，而 PLCSIM Advanced 不支持对 S7-1200 的仿真，所以无法使用。

B.3.2　删除 PLC 实例

如果希望删除 PLC 实例，如图 B-8 所示：

笔记

① 确保待删除的 PLC 实例已经断电；
② 在实例右侧属性页面中，点击删除按钮，将实例删除。

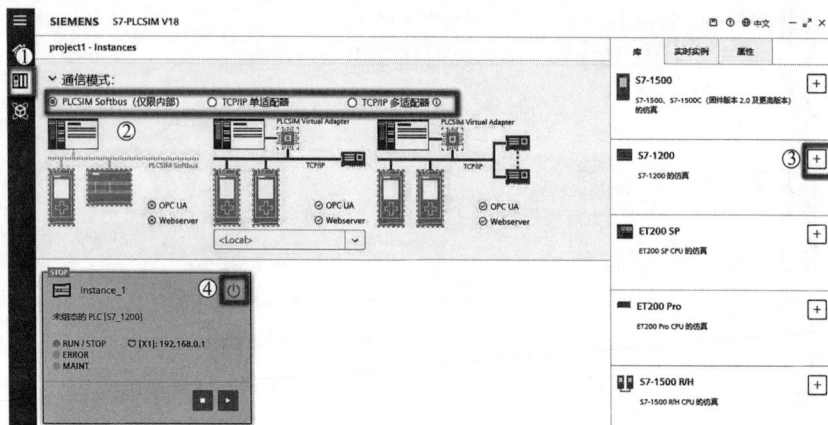

图 B-7　添加 PLC 实例并上电

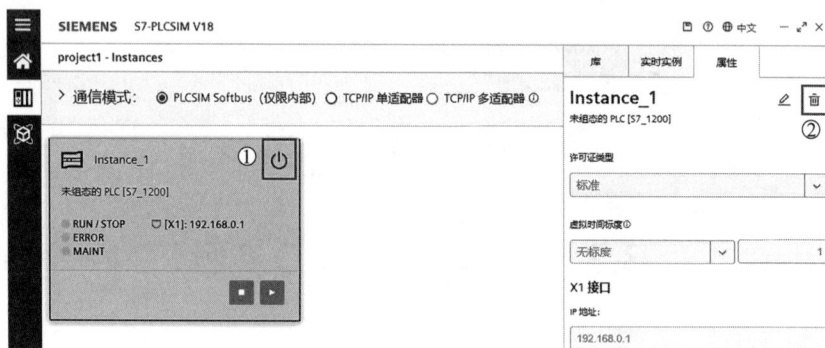

图 B-8　删除 PLC 实例

B.4　下载程序至 PLC 实例

下载程序至 PLC 实例如图 B-9 所示：

① 鼠标选中项目视图项目树的 PLC 文件夹（此处忽略添加硬件及编写程序的步骤）。

② 在工具栏中点击下载按钮。

③ 在"扩展下载到设备"对话框中，点击"开始搜索"按钮。

④ 搜索到 CPU 后，点击下载按钮进行下载。

⑤ 在"与设备建立连接"对话框中点击"连接"按钮，如图 B-10 所示。

⑥ 点击"装载"，如图 B-11 所示。

⑦ 点击"启动模块"后，点击"完成"按钮结束下载，如图 B-12 所示。

⑧ 下载完成后可以看到 PLCSIM 中的 CPU 已经处于运行模式，如图 B-13 所示。

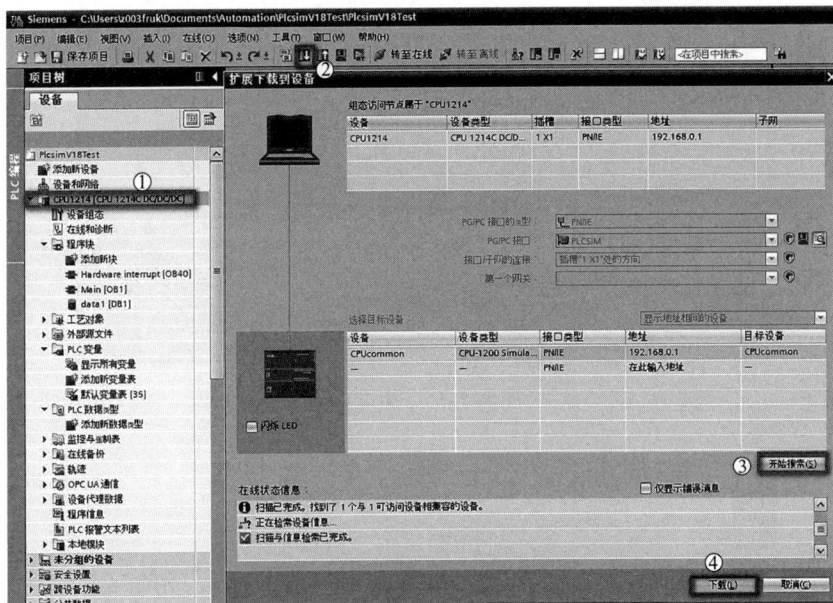

图 B-9　下载程序至 PLC 实例

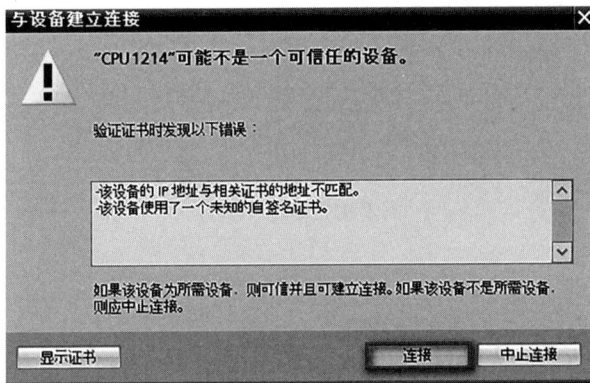

图 B-10　连接 PLC

图 B-11　装载程序至 PLC

笔记

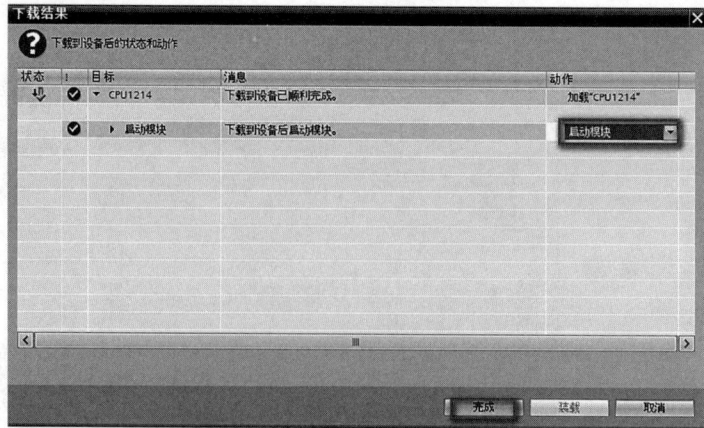

图 B-12　下载完成

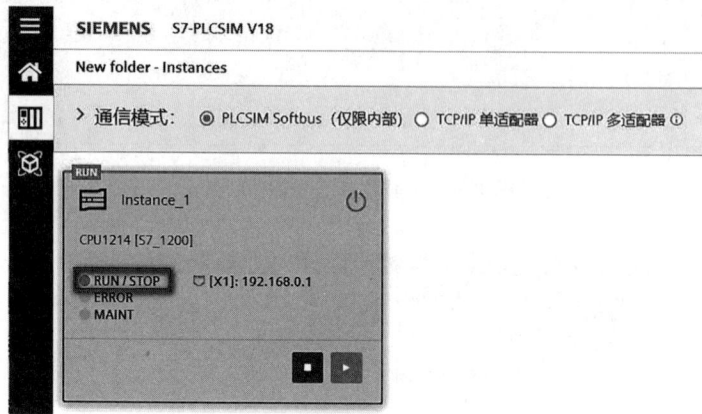

图 B-13　PLC 运行

B.5　添加 / 删除 SIM 表、添加 / 删除变量、修改监视值

B.5.1　添加 / 删除 SIM 表

添加 / 删除 SIM 表，如图 B-14 和图 B-15 所示：
① 鼠标选中 SIM 视图；
② 点击加号 +，可以添加 SimView，最少保留 1 个，最多可以添加 8 个；
③ 在库的下方，可以看到 SIM 表格和事件；
④ 点击 SIM 表格右上角的加号 +，添加 SIM 表格，图中添加的为 SimTable_1；
⑤ 鼠标选中 SimTable_1；
⑥ 点击属性下方的删除按钮，即可删除 SIM 表。

图 B-14　添加 SIM 表

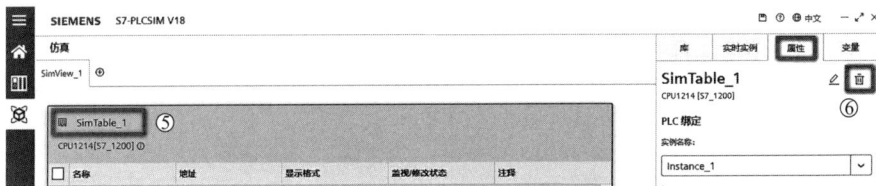

图 B-15　删除 SIM 表

B.5.2　添加 / 删除变量

添加 / 删除变量，如图 B-16 所示：

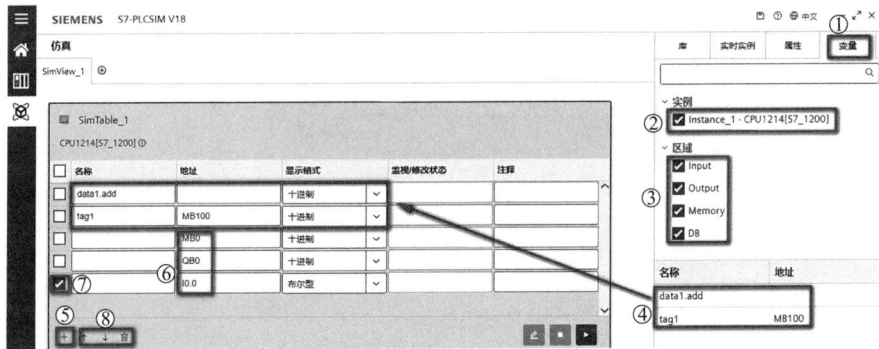

图 B-16　添加 / 删除变量

① 点击"变量"按钮；

② 勾选"实例"复选框 instance_1-CPU1214［S7_1200］，绑定 SIM 表可访问的 PLC 实例；

③ "区域"下方勾选 Input、Output、Memory、DB，筛选可显示的存储区的变量；

④ 勾选区域中的所有定义过的变量，分别点击变量，此时变量会出现在左侧表

笔记

格中；

⑤ 点击 +，可以添加空白行；

⑥ 在添加的空白行中，手动输入变量的名称或者地址以添加变量；

⑦ 勾选某一行变量前的复选框；

⑧ 可以点击向上、向下的箭头调整位置，也可以点击删除按钮，删除选中的那一行。

B.5.3 修改监视值

修改监视值，如图 B-17 和图 B-18 所示：

① 点击监视按钮；

② 在"监视/修改状态"列中输入要修改的值，数值即可发生变化；

③ 点击停止监视按钮，即可停止监视；

④ 勾选 Consistent Modify；

⑤ 此时多出"一致修改"列，对想要一起修改数值的变量行勾选复选框，然后在其后方修改数值；

⑥ 点击立即修改按钮，使修改值生效。

图 B-17 修改监视值

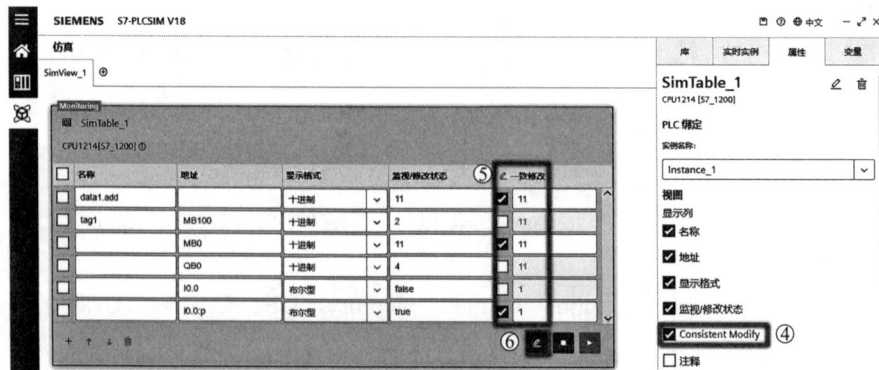

图 B-18 一致性修改

附录 C
任务评价表

班级		姓名		学号		项目名称	
						任务名称	

	实训态度及表现	自评	互评	教师评
评定项目	安全文明实训（10 分）			
	PLC I/O 点的分配（10 分）			
	PLC 控制系统连线（10 分）			
	编写 PLC 控制程序（20 分）			
	PLC 仿真操作能力（20 分）			
	分析与解决问题能力（10 分）			
	团队合作精神（10 分）			
	拓展能力（10 分）			
	实训态度及表现小结			
	实训报告			
	格式规范、结构合理（20 分）			
	内容充实、行文流畅、重点突出（40 分）			
	反映任务实施经历、内容和成果（40 分）			
	实训报告小结			
总评成绩（自评 20%、互评 20%、教师评 30%、实训报告 30%）				
教师评语				

笔记

参 考 文 献

[1] 祝红芳.可编程控制器应用技术（项目化教程）[M].3 版.北京：化学工业出版社，2022.

[2] 吴繁红.西门子 S7-1200 PLC 应用技术项目教程 [M].3 版.北京：电子工业出版社，2024.

[3] 辛顺强.电气控制与 PLC 应用技术——西门子 S7-1200[M].2 版.北京：化学工业出版社，2025.

[4] 申英霞.西门子 S7-1200/1500 PLC 编程入门与实战 [M].北京：化学工业出版社，2023.

[5] 冷雪锋.可编程控制器技术应用（西门子 S7-1500）[M].北京：高等教育出版社，2023.

[6] 王春峰.可编程控制器应用技术项目式教程（西门子 S7-1200）[M].北京：电子工业出版社，2019.

[7] 徐锋.电气及 PLC 控制技术（西门子 S7-1200）[M].北京：高等教育出版社，2021.

[8] 廖常初.S7-1200 PLC 编程及应用 [M].4 版.北京：机械工业出版社，2021.

[9] 梁亚峰.电气控制与 PLC 应用技术（S7-1200）[M].北京：机械工业出版社，2021.

[10] 陈丽.PLC 应用技术（S7-1200）[M].2 版.北京：机械工业出版社，2024.